Instruction of **BIM** and
Intensive Teaching of **Revit**

BIM概论
及Revit精讲

朱溢镕　焦明明　主编

化学工业出版社
·北京·

《BIM 概论及 Revit 精讲》是基于 BIM-Revit 建筑建模基础与应用进行任务情景模式设计的。依托于《BIM 算量一图一练》两个案例工程项目，围绕 BIM 概述、BIM 建模案例讲解、BIM 建模案例实训、Revit 使用常见问题、BIM 建模及应用案例五部分展开编制。

　　本书可以作为广大 BIM 工程师 BIM 入门学习的教材，也可以作为建设、施工、设计、监理、咨询等单位的 BIM 人才培训教材和 BIM 等级考试机构的培训授课教材，还可以作为高等院校建筑类相关专业（如建筑识图、建筑工程建模与制图等课程）的师生用书。

图书在版编目（CIP）数据

BIM 概论及 Revit 精讲 / 朱溢镕，焦明明主编 . —北京：
化学工业出版社，2018.4（2021.4重印）
ISBN 978-7-122-31710-0

Ⅰ . ① B… Ⅱ . ①朱… ②焦… Ⅲ . ①建筑设计—计算
机辅助设计—应用软件 Ⅳ . ① TU201.4

中国版本图书馆 CIP 数据核字（2018）第 047430 号

责任编辑：吕佳丽　　　　　　　　　　　　装帧设计：王晓宇
责任校对：王素芹

出版发行：化学工业出版社（北京市东城区青年湖南街 13 号　邮政编码 100011）
印　　装：涿州市般润文化传播有限公司
787mm × 1092 mm　1/16　印张 24¾　字数 574 千字　2021 年 4 月北京第 1 版第 2 次印刷

购书咨询：010-64518888　　　　　　　　售后服务：010-64518899
网　　址：http://www.cip.com.cn
凡购买本书，如有缺损质量问题，本社销售中心负责调换。

定　　价：98.00 元

编委会名单

编写人员名单

主　　编：朱溢镕　广联达工程教育
　　　　　焦明明　广联达工程院

副主编：马金忠　宁夏建设职业技术学院
　　　　　严　巍　北京城建集团有限责任公司
　　　　　郑晓磊　北京比目鱼工程咨询有限公司

参　　编：张西平　武昌工学院
　　　　　殷许鹏　河南城建学院
　　　　　刘　强　四川攀枝花学院
　　　　　温晓慧　青岛理工大学
　　　　　张永锋　吉林电子信息技术学院
　　　　　冯　卡　北京交通职业技术学院
　　　　　韩风毅　长春工程学院
　　　　　刘　萌　山东商务职业学院
　　　　　王文利　湖北工业大学工程技术学院
　　　　　王玉雅　商丘工学院
　　　　　张士彩　石家庄铁道大学四方学院
　　　　　熊　燕　江西现代职业技术学院
　　　　　樊　娟　黄河建工集团有限公司
　　　　　崔小磊　北京鑫圆智绘工程咨询有限公司
　　　　　陈　静　广联达工程院
　　　　　周迎文　广联达工程院
　　　　　应春颖　广联达 BIM 中心

序

    以 BIM 为核心的建筑信息技术已经成为支撑建设行业实现动能转换、升级转型、转换车道、技术革新、生产方式与管理模式革新的核心技术。中华人民共和国住房与城乡建设部近年来连续推出 BIM 的相关推广意见，2015 年 7 月发布的《关于推进建筑信息模型的指导意见》(建质函〔2015〕159 号) 文件中指出，到 2020 年年末，建筑行业甲级勘察、设计单位以及特级、一级房屋建筑工程施工企业应掌握并实现 BIM 与企业管理系统和其他信息技术的一体化集成应用；到 2020 年年末，以下新立项项目勘察设计、施工、运营维护中，集成应用 BIM 的项目比率达到 90%：以国有资金投资为主的大中型建筑；申报绿色建筑的公共建筑和绿色生态示范小区。中华人民共和国国务院办公厅于 2017 年推出的《关于促进建筑业持续健康发展的意见》也明确指出：加快推进建筑信息模型（BIM）技术在规划、勘察、设计、施工和运营维护全过程的集成应用，实现工程建设项目全生命周期数据共享和信息化管理，为项目方案优化和科学决策提供依据，促进建筑业提质增效。因此，随着企业和工程项目对 BIM 的快速推进，探索 BIM 的最佳实践变得非常重要，特别是在建筑业企业中应用 BIM 技术进行系统化升级改造，优化传统业务，实现减员增效就成了诸多建筑业企业面临的巨大难题。

    本书根据 BIM 工程应用实际，以企业级 BIM 技术应用为出发点，结合建筑业企业的转型升级和传统工程建设项目的 BIM 技术全过程应用，从 BIM 技术的整体应用和具体的实际项目为出发点，以实际案例方式对建筑企业、建筑工程全过程应用 BIM 技术作了详细的阐述。以 Revit 软件为例，介绍了软件操作的技巧和常见问题解析，供读者学习实践，以期达到更好的学习效果。最后还以某商业地产公司、某机场建设项目、某办公大厦运维项目为例，详细解读了在具体实践中的做法和作者的思考，这是本书的亮点之一。

    本书作者在写作的全过程进行了大量的实例分析，以实际开展的 BIM 项目为蓝本，讲述 BIM 实施的方法和经验，值得读者学习。本书最大的特色就是既有理论高度，又密切结合实践，是 BIM 领域里不可多得的图书。本书主编朱溢镕先生是国内最早一批开展 BIM 技术研究与应用的专家，有深厚的学术造诣，对 BIM 有独到的见解。向朱先生及其编写团队的辛勤工作表示敬意！

张江波

2018 年 2 月

前言

二十多年前，由于 CAD 技术的快速普及，一场轰轰烈烈的"甩图板"运动在工程界悄然兴起，随着其应用不断深入，CAD 技术被认为推动建筑工程界的第一次信息化革命。今天，由于 BIM 技术的应用已势不可挡，工程项目描述正从二维概念到三维模型实时呈现转变，BIM 应用范围也在不断扩大及深入，BIM 技术贯穿于建筑全生命周期，涵盖从兴建到营运及最终的拆除过程应用。至此，BIM 技术可以说是推动建筑工程界的第二次信息化革命。

建筑信息模型 BIM（Building Information Modeling）以建筑工程项目的各项相关信息数据作为模型的基础，进行建筑模型的建立，通过数字信息仿真模拟建筑物所具有的真实信息。建筑信息数据在 BIM 模型中的存储，主要以各种数字技术为依托，从而以这个数字信息模型作为各个建筑项目的基础，进行各个相关工作。在建筑工程整个生命周期中，建筑信息模型可以实现集成管理，因此这一模型既包括建筑物的信息模型，同时又包括建筑工程管理行为的模型。综上所述，BIM 模型为 BIM 技术项目实施的基础载体，本书主要围绕 BIM 模型的设计及应用进行展开，并充分讲解了 BIM 建模及应用的案例，可作为 BIM 技术入门的基础应用课程。

《BIM 概论及 Revit 精讲》是基于 BIM-Revit 建筑建模基础与应用进行任务情景模式设计的。依托于《BIM 算量一图一练》两个案例工程项目，围绕 BIM 概述、BIM 建模案例讲解、BIM 建模案例实训、Revit 使用常见问题、BIM 建模及应用案例五部分展开编制。

本书通过专用宿舍楼案例工程，借助 Revit 建筑软件对案例建筑、结构模型的设计及翻模原理过程、业务及软件扩展知识等内容进行了全面、精细化讲解。通过员工宿舍楼案例工程，以阶段任务场景化的实战引导模式，以独立的案例帮助读者进一步掌握 BIM 建模基础实践应用。

本书的优势在于：第一，给读者提供一个建模工作流的样例，循着本书的引导，读者可以掌握 BIM 土建建模的方法、流程；第二，结合当前 BIM 应用现状，详细分析了工程项目基于 BIM 模型的后阶段 BIM 应用；第三，本书提供了广联达二期大厦、北京新机场等多个实际项目、实际 BIM 平台的建模及应用案例；第四，本书提供了 Revit 使用技巧及常见问题解答，可以辅助读者解决在应用 Revit 软件时的各类问题；第五，本书系统地分析了 BIM 是什么，能干什么以及未来的趋势，并结合当前行业应用现状，BIM 技术在实际项目中落地应用的难题进行了深入的剖析，为读者做实际的 BIM 工作提供了帮助。

本书适用人群主要包括：第一，可以作为广大 BIM 工程师 BIM 入门学习的教材；第二，可以作为建设、施工、设计、监理、咨询等单位培养自己企业 BIM 人才的专业教材；第三，可以作为高等院校建筑类相关专业（如建筑识图、建筑工程建模与制图等课程）的教材；第四，可以作为 BIM 等级考试机构的培训专业授课教材。

本书提供有配套的电子资料包，读者可以申请加入 BIM 项目应用实践群【 QQ 群号：296680092（该群为实名制，入群读者申请以"姓名 + 单位"命名）】，入群读者可在群内获得编者提供的下载链接。同时我们也希望该平台为广大读者就 BIM 技术项目落地应用，BIM 系列教程优化改革等展开交流合作。

本书由朱溢镕、焦明明主编，由于编写时间仓促，编者水平有限，书中难免有不足之处，恳请广大读者批评指正，以便及时修订与完善。

编者
2018 年 3 月

目录

1

**BIM 基础
概述**

/001

2

**BIM 建模
前期准备**

/008

3

**结构模型
搭建**

/030

目录

4

**建筑模型
搭建**

/ 110

目录

5 模型后期应用

231

6 与其他软件对接

256

7

**员工宿舍
楼项目
实训**

/273

目录

8

**Revit 使用
技巧及常见
问题解答**

/284

目录

1

BIM 基础概述

1.1 BIM 概述

有记载的最早关于 BIM 概念的名词是"建筑描述系统"（Building Description System），由 Chuck Eastman 发表于 1975 年。1999 年，Chuck Eastman 将"建筑描述系统"发展为"建筑产品模型"（Building Product Model），认为建筑产品模型在概念、设计、施工到拆除的建筑全生命周期过程中，提供建筑产品丰富、整合的信息。2002 年，Autodesk 收购三维建模软件公司 Revit Technology，首次将 Building Information Modeling 的首字母连起来使用，成为今天众所周知的"BIM"，BIM 技术开始在建筑行业广泛应用。值得一提的是，类似于 BIM 的理念同期在制造业也被提出，在 20 世纪 90 年代业已实现，推动了制造业的科技进步和生产力提高，塑造了制造业强有力的竞争力。

1.1.1 BIM 技术的定义

BIM 技术的定义包含了四个方面的内容。

（1）BIM 是一个建筑设施物理和功能特性的数字表达，是工程项目设施实体和功能特性的完整描述。它基于三维几何数据模型，集成了建筑设施其他相关物理信息、功能要求和性能要求等参数化信息，并通过开放式标准实现信息的互用。

（2）BIM 是一个共享的知识资源，实现建筑全生命周期信息共享。基于这个共享的数字模型，工程的规划、设计、施工、运维各个阶段的相关人员都能从中获取他们所需的数据，这些数据是连续、即时、可靠、一致的，为该建筑从概念到拆除的全生命周期中所有工作和决策提供可靠依据。

（3）BIM 是一种应用于设计、建造、运营的数字化管理方法和协同工作过程。这种方法支持建筑工程的集成管理环境，可以使建筑工程在其整个进程中显著提高效率和大量减少风险。

（4）BIM 也是一种信息化技术，它的应用需要信息化软件支撑。在项目的不同阶段，不同利益相关方通过 BIM 软件在 BIM 模型中提取、应用、更新相关信息，并将修改后的信息赋予 BIM 模型，支持和反映各自职责的协同作业，以提高设计、建造和运行的效率和水平。

1.1.2 BIM 的应用价值

1.1.2.1 BIM 在项目规划阶段的应用

是否能够帮助业主把握好产品和市场之间的关系是项目规划阶段至关重要的一点，BIM 则恰好能够为项目各方在项目策划阶段做出使市场收益最大化的工作。同时在规划阶段，BIM 技术对于建设项目在技术和经济上可行性论证提供了帮助，提高了论证结果的准确性和可靠性。在项目规划阶段，业主需要确定出建设项目方案是否既具有技术与经济可行性又能满足类型、质量、功能等要求。但是，只有花费大量的时间、金钱与精力，才能得到可靠性高的论证结果。BIM 技术可以为广大业主提供概要模型，针对建设项目方案进行分析、模拟，从而为整个项目的建设降低成本、缩短工期并提高质量。

1.1.2.2 BIM 在设计阶段的应用

与传统 CAD 时代相比，在建设项目设计阶段存在的诸如图纸冗繁、错误率高、变更频繁、协作沟通困难等缺点都将被 BIM 所解决，BIM 所带来的价值优势是巨大的。

在项目的设计阶段，让建筑设计从二维真正走向三维的正是 BIM 技术，对于建筑设计方法而言这不得不说是一次重大变革。通过 BIM 技术的使用，建筑师们不再困惑于如何用传统的二维图纸表达复杂的三维形态这一难题，深刻地对复杂三维形态的可实施性进行了拓展。而 BIM 的重要特性之一——可视化，使得设计师对于自己的设计思想既能够做到"所见即所得"，而且能够让业主捅破技术壁垒的"窗户纸"，随时了解到自己的投资可以收获什么样的成果。

1.1.2.3 BIM 在施工阶段的应用

正是由于 BIM 模型将反映完整的项目设计情况，因此 BIM 模型中构件模型可以与施工现场中的真实构件一一对应。我们可以通过 BIM 模型发现项目在施工现场中出现的"错、漏、碰、缺"的设计失误，从而达到提高设计质量，减少施工现场的变更，最终缩短工期、降低项目成本的预期目标。

对于传统 CAD 时代存在建设项目施工阶段的图纸可施工性低、施工质量不能保证、工期进度拖延、工作效率低等劣势，BIM 技术针对这些缺陷体现出了巨大的价值优势：施工前改正设计错误与漏洞；4D 施工模拟、优化施工方案；使精益化施工成为可能。

在项目的施工阶段，施工单位通过对 BIM 建模和进度计划的数据集成，实现了 BIM 在时间维度基础上的 4D 应用。正因为 BIM 技术 4D 应用的实施，施工单位既能按天、周、月看到项目的施工进度，又可以根据现场实时状况进行实时调整，在对不同的施工方案进行优劣对比分析后得到最优的施工方案；同时也可以对项目的重难点部分按时、分，甚至精确到秒进行可建性模拟，例如对土建工程的施工顺序、材料的运输堆放安排、建筑机械的行进路线和操作空间、设备管线的安装顺序等施工安装方案的优化。

1.1.2.4　BIM 在运营阶段的应用

BIM 在建筑工程项目的运营阶段也起到非常重要的作用。建设项目中所有系统的信息对于业主实时掌握建筑物的使用情况，及时有效地对建筑物进行维修、管理起着至关重要的作用。那么是否有能够将建设项目中所有系统的信息提供给业主的平台呢？BIM 的参数模型给出了明确的答案。在 BIM 参数模型中，项目施工阶段做出的修改将全部实时更新并形成最终的 BIM 竣工模型，该竣工模型将作为各种设备管理的数据库为系统的维护提供依据。

建筑物的结构设施（如墙、楼板、屋顶等）和设备设施（如设备、管道等）在建筑物使用寿命期间，都需要不断得到维护。BIM 模型则恰恰可以充分发挥数据记录和空间定位的优势，通过结合运营维护管理系统，制定合理的维护计划，依次分配专人做专项维护工作，从而使建筑物在使用过程中出现突发状况的概率大为降低。

1.2　企业级 BIM 应用概述

通过《中国建设行业施工 BIM 应用分析报告（2017）》调研发现，对 BIM 的应用需求选择最多的三项分别是甲方要求使用 BIM 的项目（占 42.4%）、建筑物结构非常复杂的项目（占 40.1%）和需要提升公司品牌影响力的项目（占 37.0%）；分析其应用 BIM 技术的原因如下。

（1）对于甲方要求使用 BIM 的项目，施工企业对 BIM 的应用动力是希望通过响应业主的 BIM 应用需求，证明自身企业的实力，从而提升市场竞争力。

（2）对于结构复杂的项目，由于建造及管理难度大，则需要应用 BIM 技术提升项目的管理能力。

（3）提升公司品牌影响力，则是企业面对建设行业竞争愈趋激烈的大环境所重点关注的。

进行分析并寻找这三类 BIM 应用需求的共性原因为：市场环境的变化。如何利用 BIM 技术去提升每个项目的精细化管理水平，如何利用 BIM 技术去提升施工总包企业的管理水平是目前企业级 BIM 应用的关键。

1.2.1　如何利用 BIM 技术去提升项目的精细化管理水平

（1）影响企业项目精细化管理因素一：企业的标准化程度。

企业现状：由于建筑工程施工现场环境复杂、施工工艺要求较高，要求从业人员具备相对较高的专业能力。但是，目前国内此类从业人员流动性较大且专业能力参差不齐，导致企业施工过程标准化程度低。

解决方案：从企业层面建立统一的标准要求，提高企业标准化水平。如企业级工艺工序库的建设。

（2）影响企业项目精细化管理因素二：企业的精细化深度。

企业现状：对于施工企业，每个项目都有大量的信息数据，这些数据是实现项目精细化管理的基础，更是企业管理的基础。现阶段，很多企业都建立了相对成熟的管理系统，但是现行的管理系统普遍存在两个方面的核心问题，第一是数据需要基层人员执行大量的填报工作，而数据的价值仅仅体现在管理人员层面，带来了大量的数据失真和数据传递不及时的现象。第二就是数据的颗粒度不足以满足管理要求，以成本数据为例，施工项目的成本管理普遍需要以现场实际发生的人工、材料、机械为维度进行核算，并结合工序、进度、施工部位、质量要求等进行综合的成本管理，而现行的管理系统大多是基于工程量清单层面的预算管理。

解决方案：建立项目信息颗粒度标准。如信息交换接口内容等。

（3）影响企业项目精细化管理因素三：企业信息化制度保障。

企业现状：在长期的发展过程中，很多施工企业都积累了自身的标准化要求，但在实际项目中普遍缺乏对标准化要求的执行，企业在实现精细化管理方面也是一样，信息及时、有效的传递也很难通过传统的管理流程实现。这就要求企业要建设信息化的制度来支撑标准化、精细化的落地。

解决方案：企业需要一整套信息化保障制度来实现标准化、精细化的有效执行。

1.2.2　如何利用 BIM 技术提升企业的管理水平

为什么 BIM 技术能提升企业的管理水平？这还要从 BIM 的特点说起，BIM 是以建筑工程项目的各项相关信息数据作为基础，通过数字信息仿真模拟建筑物所具有的真实信息，具有信息完备性、信息关联性、信息一致性、可视化、协同性、模拟性等特点，让各方共享同一建筑信息模型。

（1）利用 BIM 技术可以解决企业各项目信息标准化的问题。

施工过程中，通常会对项目工作进行拆分，以提升标准化程度，但是每个项目拆分的颗粒度不一致会导致企业汇总信息难度加大，数据使用率不高。利用 BIM 技术可将建筑项目的工作内容拆分到相对小的单元，如到现场作业的工艺工序这个单元，就会存在很多标准化的东西，然后通过企业信息化制度，让企业多个项目均按照此信息单元进行数据分析，汇总企业后所有信息就是一个统一的标准，企业对数据分析和使用率会大大提升。

（2）利用 BIM 技术可协助解决企业管理精细化的问题。

BIM 技术可事先模拟，以及可视化和标准化的特性，让多方在项目内容的理解上更加透彻和一致，便于提前发现问题，做出精细安排。如大体积混凝土浇筑，每个项目的浇筑方案可能都不一样，最终考量的还是混凝土罐车、泵送设备、作业环境和操作工人的协调。大体积混凝土浇筑涉及多个工艺的穿插和协调，罐车在哪里下灰，后续罐车在哪里等待，现场平面怎么协调管控等。这些内容，可通过 BIM 技术，结合场地模型信息和进度计划的时间安排，在计算机中完成整个大体积混凝土浇筑的施工推演，让现场管理人员提前发现可能出现问题的地方和可能需要协调的方面，规避了过程中出现问题造成的损失。

有了 BIM 技术，可实现项目信息标准化，支持管理精细化，但是如果要落地的话，保障制度必不可少。如果一个企业能够形成非常标准化的管控体系，能够结合 BIM 技术快速地把项目实施过程分析清楚、管控点落实到位，就意味着只要很少的管理人员就能做到对现场的精细化整体把控和管理，其价值不言而喻。

1.2.3 如何有效落地企业级 BIM 应用

企业级 BIM 应用的核心是对项目数据的应用，而项目上的数据是来源于项目各个岗位环节的数据的集合。据统计，目前国内项目上岗位级 BIM 应用基本实现了普及，项目级 BIM 应用情况也达到了大面积尝试，这都为企业的 BIM 应用做好了数据的准备。国内外 BIM 软硬件厂商也提供了多款 BIM 软件，来支持岗位级和项目级 BIM 应用。企业 BIM 云平台结合项目的信息化管理制度，建立基于数据的管控手段，让企业领导了解每个项目的数据，掌握所有项目真实情况，实现基于数据对技术、生产、商务、质量、安全等业务的有效管理，很大程度上提升了企业领导的决策质量和效率。并且，在企业 BIM 云平台中集合的数据还可以在集采、人力、工艺工序等方面为每个项目带来价值。

企业级 BIM 应用的步骤，首先应该在项目上建立统一的 BIM 应用标准，为企业做好 BIM 人员的储备和精细数据的准备工作，然后根据企业的自身情况，推动企业 BIM 及其他信息化系统的建设。在企业的 BIM 应用过程中，广联达会提供专业化的业务建议和标准化的参考制度，为最终真正实现企业 BIM 平台与其他信息化系统的融合应用提供帮助。

1.3 BIM 应用系列软件概述

工程建设领域是非常复杂的大学科，涉及的专业知识也非常的宽泛，跨学科沟通效果不好，一直是建筑业难以克服的障碍之一。如今有了 BIM 技术，使得数据在各学科之间能够进行信息流动，缓解了建筑业信息孤岛、信息割裂等问题。但是，这需要很多 BIM 类软件共同应用，才能实现。目前，没有哪一款软件，能够做到仅用一个软件就完成 BIM 全过程应用的。

1.3.1 主流 BIM 应用系列软件介绍

BIM 技术有效落地应用最关键的要素之一就是软件，只有通过软件才能充分利用 BIM 的特性，发挥 BIM 应有的作用，实现其价值。迄今为止，BIM 应用系列软件整体多达 60 多种，但主流 BIM 应用软件大致可以分为以下三大系列。

（1）以建模为主辅助设计的 BIM 基础类软件。

BIM 基础软件是指能为多个 BIM 应用软件提供可使用的 BIM 数据软件。例如，基于 BIM 技术的建筑设计软件可用于建立建筑设计 BIM 数据，且该数据可用于基于 BIM 技术的能耗分析软件、日照分析软件等 BIM 应用软件。目前这类软件有，美国 Autodesk 公司的 Revit 软件，其中包含了建筑设计软件、结构设计软件及 MEP 设计软件；匈牙利 Graphisoft 公司的 ArchiCAD 软件等。

（2）以提高单业务点工作效率为主的 BIM 工具类软件。

BIM 工具软件是基于 BIM 模型数据开展各种工作的应用软件。例如，利用建筑设计 BIM 设计模型，进行二次深化设计、碰撞检查及工程量计算的 BIM 软件等。目前这类软件有，美国 Autodesk 公司的 Ecotect 建筑采光模拟和分析软件，广联达公司的 MagiCAD 机电深化设计软件，还有基于 BIM 技术的工程量计算软件、BIM 审图软件、5D 管理软件等。

（3）以协同和集成应用为主的 BIM 平台类软件。

BIM 平台软件实现对各类 BIM 数据进行有效的管理，以便支持建筑全生命期 BIM 数据的共享。该类软件支持工程项目的多参与方及各专业的工作人员之间通过网络高效地共享信息。目前这类软件包括美国 Autodesk BIM 360 软件、Bentley 公司的 Projectwise、Graphisoft 公司的 BIMServer 等，国内有广联达公司的广联云等。这些软件一般支持本公司内部的软件之间的数据交互及协同工作。另外，一些开源组织也开发了开放的 BIMServer 平台，可基于 IFC 标准进行数据交换，满足不同公司软件之间的数据共享需求。

BIM 技术对工程建设领域的作用和价值已在全球范围内得到业界认可，并在工程项目上得以快速发展和应用，BIM 技术已成为继 CAD 技术之后行业内的又一个最重要的信息化应用技术。

1.3.2　建筑行业主流 BIM 应用介绍

随着 BIM 技术应用逐渐深入，BIM 应用从最开始的 BIM 模型创建及各专业模型碰撞检查等应用，开始向基于 BIM 模型深度应用进行转变，广联达作为信息化软件研究开发企业，也是行业主流 BIM 应用软件的研发者。以下基于广联达 BIM 系列为基础，展开施工阶段 BIM 深度应用流程讲解。如基于 BIM 模型造价方向全过程应用，基于 BIM 模型为基础，进行 BIM 商务标制作，进而利用 BIM 5D 平台进行成本管控应用；以及基于 BIM 模型施工方向全过程综合管理应用，基于 BIM 模型为基础，进行 BIM 技术标的制作，进而利用 BIM 5D 平台进行施工综合管理，实现项目精细化管控。

从行业主流 BIM 应用流程图（图 1-1）不难看出，基于 BIM 深度应用的前提为 BIM 模型的解读及创建。如何有效地利用模型指导项目实践，关键在于实施者对 BIM 模型的深度认知。在 BIM 发展的现阶段，基于模型的理解以及模型的翻模创建，还是 BIM 技术在项目落地应用的关键。如目前国内，作为 BIM 技术应用推广的四大学会及协会，从他们的 BIM 认证等级考核就不难看出这一点。学会及协会 BIM 等级培训及资格认证考试是国内 BIM 技术人才认证的最新模式，目前主要 BIM 认证考核组织如下。

（1）中国图学学会及国家人力资源和社会保障部联合颁发：一级 BIM 建模师、二级 BIM 高级建模师（区分专业）、三级 BIM 设计应用建模师（区分专业基础之上偏重模型的具体分析）。

（2）中国建设教育协会单独机构颁发：一级 BIM 建模师、二级专业 BIM 应用师（区分专业）、三级综合 BIM 应用师（拥有建模能力包括与各个专业的结合、实施 BIM 流程、制定 BIM 标准、多方协同等，偏重于 BIM 在管理上的应用）。

（3）工业和信息化部电子行业职业技能鉴定指导中心和北京绿色建筑产业联盟联合颁

发：BIM 建模技术、BIM 项目管理、BIM 战略规划考试。

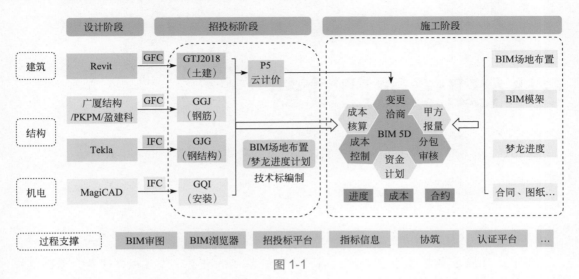

图 1-1

（4）国际建设管理学会（ICM）颁发：BIM 工程师、BIM 项目管理总监。

鉴于现阶段 BIM 应用发展现状，本书将重点着手于基于实际项目案例工程的建模应用讲解，为后续看模及 BIM 用模打下基础，同时也为项目 BIM 模型深化应用做铺垫。

2

BIM 建模前期准备

在正式 BIM 实体模型创建之前，需要先做好基本的准备工作及操作设置，基础的操作就是创建一个 Revit 模型文件，然后创建标高、创建轴网。在这些基础工作做好之后再开始整个项目的建模工作。本书以 Revit 2016 为例讲解，具体的建模前期准备工作如图 2-1 所示。

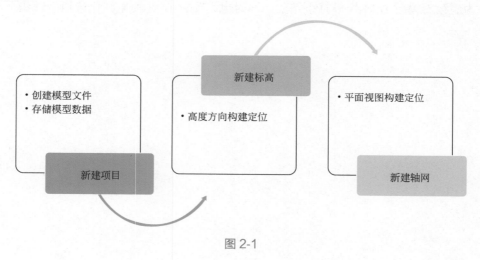

- 创建模型文件
- 存储模型数据

新建项目

- 高度方向构建定位

新建标高

- 平面视图构建定位

新建轴网

图 2-1

2.1 新建项目

2.1.1 内容前瞻

在学习 Revit 软件具体操作之前，先从以下三方面简单了解本节【新建项目】所涉及的业务知识、图纸信息、软件操作等内容，帮助读者对本节内容有总体认识，降低后面操作难度。知识总体架构如表 2-1 所示。

表 2-1

序号	知识体系开项	所需了解的具体内容
1	业务知识	（1）项目文件包含了后期建模过程中的所有数据，建立项目文件是后期所有工作的第一步 （2）找到已提供的"项目模板2016.rte"文件，以此为基础建立项目文件
2	图纸信息	（1）创建项目文件暂不需要分析图纸信息，创建好".rvt"文件后保存项目文件即可
3	软件操作	（1）学习使用"新建"—"项目"命令建立项目文件 （2）学习使用"项目单位"命令修改项目文件基础设置 （3）学习使用"保存"命令保存项目文件

2.1.2　实施操作

通过前面对业务知识、软件操作、图纸信息解读等内容的整体了解，下面以《BIM 算量一图一练》中的专用宿舍楼项目为例，讲解新建项目文件的操作步骤。

（1）打开合适的项目模板。启动 Revit，默认打开"最近使用的文件"页面，单击左上角的"应用程序"按钮，在列表中选择"新建"—"项目"命令，弹出"新建项目"窗口如图 2-2 所示。单击"浏览"按钮，找到提供的"专用宿舍楼配套资料 \02 – 项目模板 2016.rte"，选择"项目模板 2016.rte"样板文件，点击"打开"按钮，确认"新建项目"窗口中的"新建"类型为"项目"，单击"确定"按钮，Revit 将以"项目模板 2016.rte"为样板建立新项目。弹出"模型升级"窗口，如图 2-3 所示，这是由于 Revit 版本为 2016，样板文件为低于 Revit 2016 的版本，需要将文件进行升级，等待片刻后"模型升级"窗口自动消失，完成新项目的创建。

图 2-2

图 2-3

（2）在新项目中进行简单编辑。升级完成后，默认将打开"场地"楼层平面视图。切换至"管理"选项卡，单击"设置"面板中的"项目单位"工具，打开"项目单位"窗口，如图 2-4 所示。设置当前项目中的"长度"单位为"mm"，"面积"单位为"m²"，单击"确定"按钮退出"项目单位"窗口。

（3）保存设置好的项目文件。单击"快速访问栏"中保存按钮，弹出"另存为"窗口，指定存放路径为"Desktop\ 案例工程 \ 专用宿舍楼 \ 项目文件"，命名为"专用宿舍楼"，默认文件类型为".rvt"格式，点击"保存"按钮，关闭窗口。将项目保存为"专用宿舍楼"。如图 2-5 所示。

图 2-4

图 2-5

2.1.3 总结拓展

2.1.3.1 步骤总结

在创建项目文件前一定梳理清楚相应思路，理解软件的同时也能更好地理解业务和图纸。总结上述 Revit 软件建立项目文件的操作步骤主要分为三步。按照本操作流程读者可以完成专用宿舍楼项目文件的创建。具体步骤如表 2-2 所示。

表 2-2

序号	操作步骤	具体步骤内容	重点中间过程
1	第一步	打开合适项目模板	
2	第二步	在新项目中进行简单编辑	
3	第三步	保存设置好的项目文件	

2.1.3.2 业务拓展

Revit 作为一款优秀的 BIM 软件，具有专用的数据存储格式，且针对不同的用途，Revit 将会存储为不同格式的文件。在 Revit 中，最常见的几种文件类型为项目文件、样板文件和族文件。具体内容如表 2-3 所示。

表 2-3

序号	格式分类	不同格式文件简介
1	项目文件	（1）在 Revit 中，所有的模型成果、材料表、图纸等信息全部存储在一个后缀名为 " .rvt" 的 Revit 项目文件中 （2）Revit 中项目文件的功能相当于 CAD 的 " .dwg" 文件 （3）项目文件包含设计所需的全部信息，例如后面章节将讲到的建筑、结构模型，渲染的图片，制作的漫游动画，统计的材料量表等
2	样板文件	（1）在 Revit 中新建项目时，Revit 会自动以一个后缀为 " .rte" 的文件作为项目的初始选择，这个 " .rte" 格式的文件就被称为 "样板文件" （2）Revit 中样板文件的功能相当于 CAD 的 " .dwt" 文件 （3）样板文件中定义了新建项目中默认的初始参数，例如项目默认的度量单位、楼层数量的设置、层高信息、线型设置、显示设置等 （4）Revit 允许用户自定义属于自己的样板文件，并保存为新的 " .rte" 文件
3	族文件	（1）在 Revit 中进行设计时，基本的图形单元被称为图元，如在项目中建立的墙、门、窗、柱、梁、板等都被称为图元 （2）所有这些图元都是使用 "族" 来创建的，"族" 可以理解为 Revit 的设计基础 （3）在 Revit 的项目中用到的族是随项目文件一同存储的，可以通过展开 "项目浏览器" 中 "族" 类别进行查看 （4）"族" 还可以保存为独立的后缀为 " .rfa" 格式的文件，方便与其他项目共享使用，如 "门"、"窗" 等构件，这类族称为 "可载入族" （5）Revit 中族文件的功能相当于 CAD 中的块文件 （6）Revit 还提供了族编辑器，可以根据项目需求自由创建、修改所需的族文件

2.1.3.3　软件拓展

上述内容详细讲解了【新建项目】的操作方法，除了上述方法外，Revit 软件还提供了其他创建项目文件的方法，具体操作方法及步骤读者可以扫描下面的二维码，进入教学补充链接进行更详细直观的视频收听。具体视频内容如表 2-4 所示。

表 2-4

序号	视频分类	视频内容	二维码
1	新建项目	主要按照上述实施操作部分内容制作的视频操作	见下面
2	其他新建项目方法	主要补充其他新建项目的方法或注意事项	见下面

2.2　新建标高

2.2.1　内容前瞻

1　新建项目　　2　其他新建项目方法

在学习 Revit 软件具体操作之前，先从以下三方面简单了解本节【新建标高】所涉及的业务知识、图纸信息、软件操作等内容，帮助读者对本节内容有总体认识，降低后面操作难度。知识总体架构如表 2-5 所示。

表 2-5

序号	知识体系开项	所需了解的具体内容
1	业务知识	（1）Revit 中标高用于反映建筑构件在高度方向上的定位情况 （2）在开始建立实体模型前，需要对项目的层高和标高信息进行整理规划
2	图纸信息	（1）翻阅专用宿舍楼图纸找到"建施 – 01"中"建筑楼层信息表"，以此为基础创建标高 （2）找到"结施 – 02"，"基础平面布置图"下注明的基础底标高为 –2.450m，以此为基础创建基础底标高
3	软件操作	（1）Revit 软件提供了"标高"工具用于创建标高对象 （2）学习使用"标高"命令创建标高 （3）学习使用"复制"命令快速创建标高 （4）学习使用"平面视图"命令创建标高对应平面视图

2.2.2 实施操作

保存项目文件之后，可以进行标高体系的创建。下面以《BIM 算量一图一练》中的专用宿舍楼项目为例，讲解从空白项目开始创建项目标高的操作步骤。

（1）进入立面视图。在"项目浏览器"中展开"立面"视图类别，双击"南立面"视图名称，切换至南立面视图，在绘图区域显示项目样板中设置的默认标高 1F 与 2F，且 1F 标高为 ±0.000m，2F 标高为 3.000m。如图 2-6、图 2-7 所示。

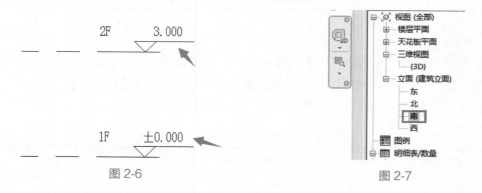

图 2-6

图 2-7

（2）对原有标高体系修改。根据"建施 – 01"中的"建筑楼层信息表"中标高和层高信息进行标高创建。单击"2F"标高线选择该标高，标高"2F"高亮显示。鼠标单击"2F"标高值位置，进入文本编辑状态，Delete 键删除文本编辑框内原有数字，输入"3.6"，Enter 键确认输入，Revit 将"2F"标高向上移至 3.6m 的位置，同时该标高与"1F"标高距离变为 3600mm。如图 2-8、图 2-9 所示。

（3）绘制新标高设置。单击"建筑"选项卡"基准"面板中的"标高"工具（图 2-10），Revit 自动切换至"修改 | 放置标高"上下文选项卡。确认"绘制"面板中标高的生成方式为"直线"，确认选项栏中已经勾选"创建平面视图"，设置"偏移量"为"0"（图 2-11）。单击选项栏中的"平面视图类型"按钮，打开"平面视图类型"窗口（图 2-12），在视图类型列表中选择"楼层平面"，单击"确定"按钮退出窗口（图 2-13）。这样将在绘制标高时自动为标高创建与标高同名的楼层平面视图。

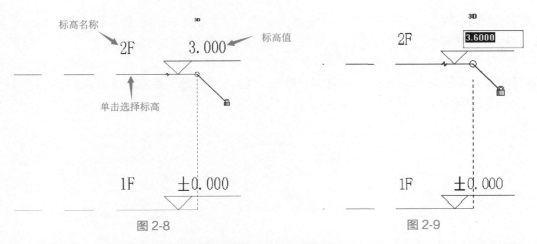

图 2-8　　　　　　　　　　　　　　　　　　图 2-9

图 2-10

图 2-11

图 2-12

（4）绘制新标高。将鼠标移动至标高"2F"上方任意位置，鼠标指针显示为绘制状态，并在指针与标高"2F"间显示临时尺寸标注（临时尺寸的长度单位为 mm）。移动鼠标指针，当指针与标高"2F"端点对齐时，Revit 将捕捉已有标高端点并显示端点对齐蓝色虚线，单击鼠标左键，确定为标高起点。如图 2-14 所示。

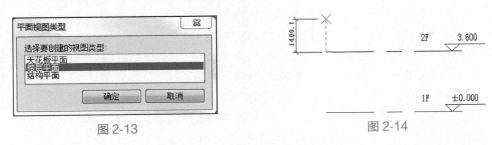

图 2-13　　　　　　　　　　　　　　　　　　图 2-14

（5）沿水平方向向右移动鼠标，在指针与起点间绘制标高。适当缩放视图，当指针移动至已有标高右侧端点位置时，Revit 将显示端点对齐位置，单击鼠标左键完成标高绘制。

Revit 将自动命名该标高为 "-1F-2",并根据与标高 "2F" 的距离自动计算标高值。Esc 键两次退出标高绘制模式。在"项目浏览器"—"楼层平面视图"中自动建立 "-1F-2"楼层平面视图。单击标高 "-1F-2",Revit 在标高 "-1F-2"与标高 "2F"之间显示临时尺寸标注,修改临时尺寸标注值为 "3600",Enter 键确认输入。Revit 将自动调整标高 "-1F-2"的位置,同时修改标高值为 7.2m。如图 2-15 所示。

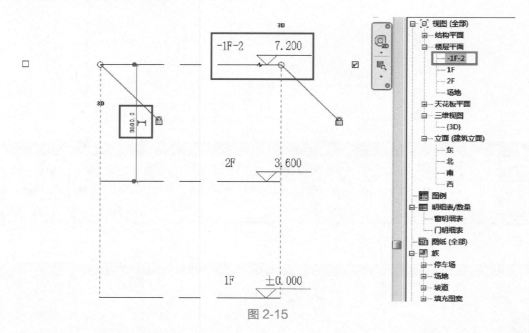

图 2-15

（6）复制方式创建标高。选择标高 "-1F-2",Revit 自动切换到"修改 | 标高"选项卡,单击"修改"面板中"复制"工具,单击标高 "-1F-2"任意一点作为复制基点,向上移动鼠标,键盘输入 "3600",Enter 键确认,Revit 将自动在标高 "-1F-2"上方 3600mm 处复制生成新标高,并自动命名该标高为 "-1F-3"。Esc 键完成复制操作。如图 2-16 所示。

（7）使用复制方式创建的标高生成楼层平面视图。需要注意,复制出来的标高 "-1F-3"在"项目浏览器"平面视图列表中并未生成 "-1F-3"的楼层平面视图,并且 Revit 以黑色标高标头显示没有生成平面视图类型的标高。需要单击"视图"选项卡"创建"面板中的"平面视图"—"楼层平面"工具,如图 2-17 所示。打开"新建楼层平面"窗口,选中 "-1F-3",如图 2-18 所示。点击"确定"按钮关闭窗口,此时"项目浏览器"楼层平面位置出现"-1F-3",并且当前默认视图切换到"-1F-3"。双击'南立面'回到南立面视图,可以看到标高"-1F-3"的标头与其他标高标头颜色一致。如图 2-19 所示。

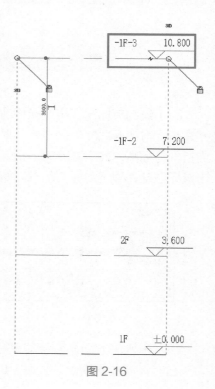

图 2-16

图 2-17

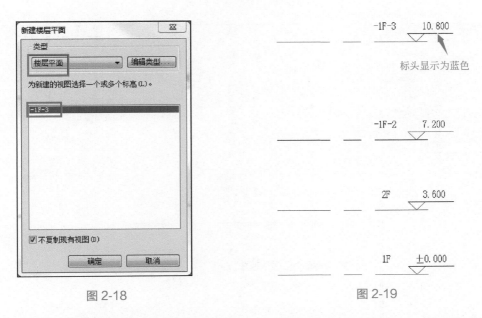

图 2-18   图 2-19

（8）建立基础底标高。查阅"结施 - 02"中，"基础平面布置图"下注明的基础底标高为 –2.450m。如图 2-20 所示，为了后期结构基础建模时标高使用方便，可在上述已完成标高体系中再添加一条标高为 –2.450m 的标高线。操作时可以使用"直线"工具绘制新的标高，也可以利用原有标高"复制"出新的标高。基础底标高建立完成后的标高体系如图 2-21 所示。

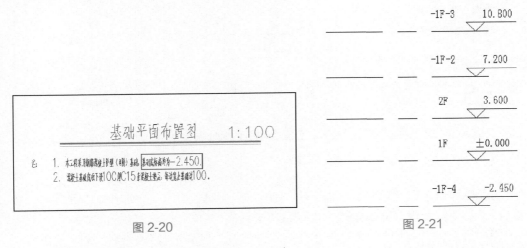

图 2-20   图 2-21

（9）修改目前各标高名称，使其与"建施 - 01"中"建筑楼层信息表"中标高名称一致，具体操作如下。移动鼠标，单击标高"1F"线条，可以看到"标高名称"、"项目浏览器"中楼层平面名称、标高"属性"面板"名称"一栏中都显示为"1F"。单击标高名称"1F"，激活 1F 文本框，如图 2-22 所示。删除原有内容，输入"首层"，Enter 键确认，弹出"Revit 窗口"，点击"是"按钮，如图 2-23 所示。Revit "1F"中"标高名称"、"项目浏览器"中楼层平面名称、标高"属性"面板"名称"一栏中都修改为"首层"。如图 2-24 所示。

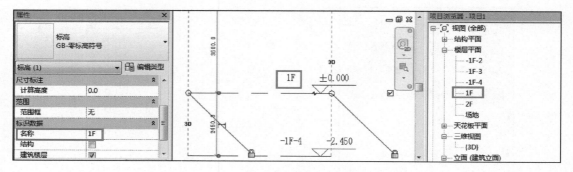

图 2-22

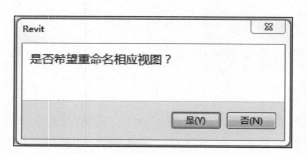

图 2-23

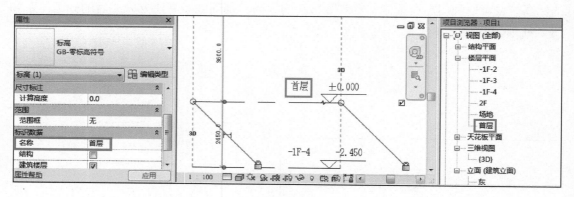

图 2-24

（10）同理也可以单击"项目浏览器"中"1F"楼层平面名称，右键选择"重命名"修改为"首层"，其他两处也会同步修改；也可以单击标高"1F"线条，在标高"属性"面板"名称"一栏中修改为"首层"，其他两处也会同步修改。同样的操作，修改其他标高的标高名称，至此完成标高创建。完成后的标高体系如图 2-25 所示。单击"快速访问栏"中保存按钮，保存当前项目成果。

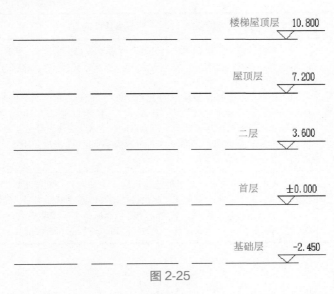

图 2-25

2.2.3 总结拓展

2.2.3.1 步骤总结

在创建标高前一定梳理清楚相应思路，理解软件的同时也能更好地理解业务和图纸。总结上述 Revit 软件建立标高的操作步骤主要分为三步。按照本操作流程读者可以完成专用宿舍楼项目标高体系的创建。具体步骤如表 2-6 所示。

表 2-6

序号	操作步骤	具体步骤内容	重点中间过程
1	第一步	进入立面视图	
2	第二步	创建初始标高体系	含有修改原有标高数据、绘制新标高数据、复制生成标高数据等小步骤
3	第三步	修改完善本项目标高体系	

2.2.3.2 业务拓展

Revit 中标高的作用相当于通常意义上的楼层信息，建立正确的标高体系是创建正确模型的前提条件。在实际项目中创建标高时给读者以下两点建议，具体内容如表 2-7 所示。

表 2-7

序号	建议开项	具体建议内容
1	结构标高体系或建筑标高体系	（1）土建专业（包含建筑、结构、精装修、幕墙）一般建议采用结构标高体系创建，机电专业（给排水、采暖、燃气、电气、消防、通风空调、智控弱电）一般建议采用建筑标高体系创建，这是为了便于将 Revit 模型数据顺利导入其他 BIM 平台（如 BIM 5D）中所建议的

序号	建议开项	具体建议内容
1	结构标高体系或建筑标高体系	（2）本书针对专用宿舍楼项目侧重于讲解 Revit 建模操作，且建筑部分构建较复杂，所以本书暂不考虑上述建议，统一使用建筑标高创建模型，以减少建筑标高结构标高数值差的反算 （3）在本项目专用宿舍楼图纸中，结施从"结施 – 01"到"结施 – 11"共计 11 张结构图纸，建施从"建施 – 01"到"建施 – 11"共计 11 张建筑图纸。在这么多的图纸中，可依据建施图纸所给的标高信息进行 Revit 标高体系搭建，且主要由建施图纸的楼层信息表中获取相关数据信息。如果没有完整的楼层信息表，一般以图纸立面图中所标注的标高数据为参考建立标高体系
2	标高体系要建立完整，不宜反复修改	（1）Revit 软件通过标高来确定建筑构件的高度和空间位置。因此在建立标高体系时，需要对项目图纸进行全面阅读，尽量保持标高体系完整且实用、简洁不冗余 （2）建议按层建立标高，若单一楼层出现标高不一或降板情况，建议选择大多数构件统一的标高作为本层标高，其他少数标高可以进行标高数值反算

2.2.3.3 软件拓展

上述内容详细讲解了【新建标高】的操作方法，除此之外，Revit 软件还可以对标高做更加个性化的编辑及修改操作，具体编辑方法读者可以扫描下面的二维码，进入教学补充链接进行更详细直观的视频收听。具体视频内容如表 2-8 所示。

表 2-8

序号	视频分类	视频内容	二维码
1	新建标高	主要按照上述实施操作部分内容制作的视频操作	见下面
2	其他新建标高方法	主要补充其他新建标高的方法或注意事项	见下面

2.3 新建轴网

2.3.1 内容前瞻

1 新建标高 　 2 其他新建标高方法

在学习 Revit 软件具体操作之前，先从以下三方面简单了解本节【新建轴网】所涉及的业务知识、图纸信息、软件操作等内容，帮助读者对本节内容有总体认识，降低后面操作难度。知识总体架构如表 2-9 所示。

表 2-9

序号	知识体系开项	所需了解的具体内容
1	业务知识	（1）Revit 中轴网用于反映建筑构件在平面视图中的定位情况 （2）在开始建立实体模型前，需要对项目的轴网信息进行整理规划
2	图纸信息	（1）翻阅专用宿舍楼图纸找到"建施 – 03"中"一层平面图"，以此为基础创建轴网体系 （2）轴网一般只需在首层楼层平面视图创建，其他楼层平面视图会自动使用首层轴网

续表

序号	知识体系开项	所需了解的具体内容
3	软件操作	（1）Revit 软件提供了"轴网"工具用于创建轴网对象 （2）学习使用"轴网"命令创建轴网 （3）学习使用"阵列"、"复制"命令快速创建轴网 （4）学习使用"对齐"命令建立轴网尺寸标注

2.3.2 实施操作

标高体系创建完成后，可以切换至任意楼层平面视图来创建和编辑轴网。下面以《BIM 算量一图一练》中的专用宿舍楼项目为例，讲解创建项目轴网的操作步骤。

（1）进入楼层平面视图。根据"建施 – 03"中"一层平面图"轴网定位进行 Revit 轴网的绘制。在上述已完成项目成果的基础上双击"项目浏览器"中"首层"切换至"首层楼层平面视图"，单击"建筑"选项卡"基准"面板中的"轴网"工具，自动切换至"修改 | 放置轴网"上下文选项，进入轴网放置状态，"绘制"面板中绘制方式为"直线"，其他设置默认。如图 2-26 所示。

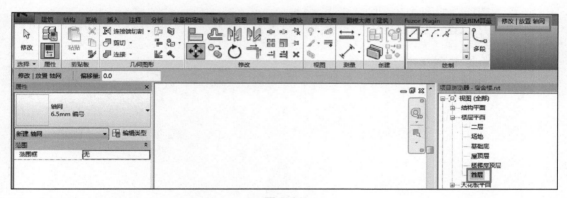

图 2-26

（2）绘制第一根竖向轴线。移动鼠标指针至空白绘图区域左下角位置单击，作为轴线起点，沿垂直方向向上移动鼠标指针至左上角位置时，单击鼠标左键完成第一条轴线的绘制，并自动为该轴线编号为 1。注意，确定起点后按住"Shift"键不放，Revit 将进入正交绘制模式，可以约束在水平或垂直方向绘制。如图 2-27 所示。

（3）绘制第二根竖向轴线。确定 Revit 仍处于放置轴线状态，移动鼠标指针至 1 轴线起点右侧任意位置，Revit 自动捕捉该轴线的起点，给出端点对齐捕捉参考线，并在鼠标指针与 1 轴线间显示临时尺寸标注，输入"3600"并按Enter 键确认，将距离 1 轴右侧 3600mm 处确定为第二条轴线起点，沿垂直方向向上移动鼠标，直至捕捉至 1 轴线另一侧端点时单击鼠标左键，完成第 2 条轴线的绘制。该轴线自动编号为 2，按 Esc 键两次退出轴网绘制模式。如图 2-28、图 2-29 所示。

图 2-27

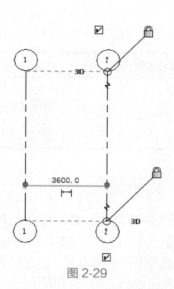

图 2-29

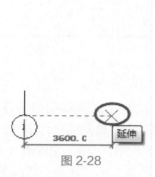

图 2-28

（4）利用阵列方式快速创建轴线。选择 2 号轴线，自动切换至"修改｜轴网"上下文选项卡，单击"修改"面板中的"阵列"工具，进入阵列修改状态，设置选项栏中的阵列方式为"线性"，取消勾选"成组并关联"选项，设置项目数为 13，移动到"第二个"，勾选"约束"选项。如图 2-30、图 2-31 所示。

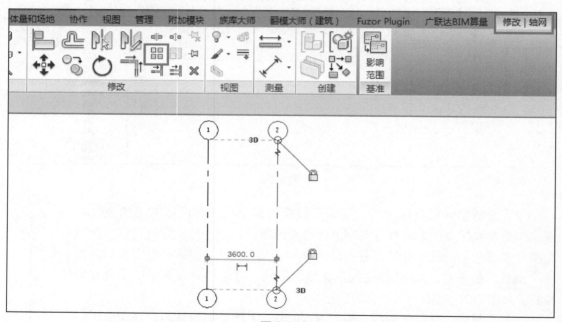

图 2-30

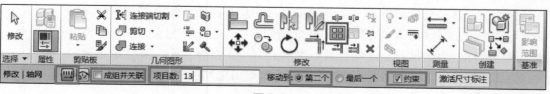

图 2-31

（5）鼠标单击 2 号轴线上任意一点，作为阵列基点；向右移动鼠标指针至与基点间出现临时尺寸标注，键盘输入"3600"作为阵列间距，按 Enter 键确认；Revit 将向右阵列生成轴线，并按数值累加的方式为轴线编号。如图 2-32、图 2-33 所示。

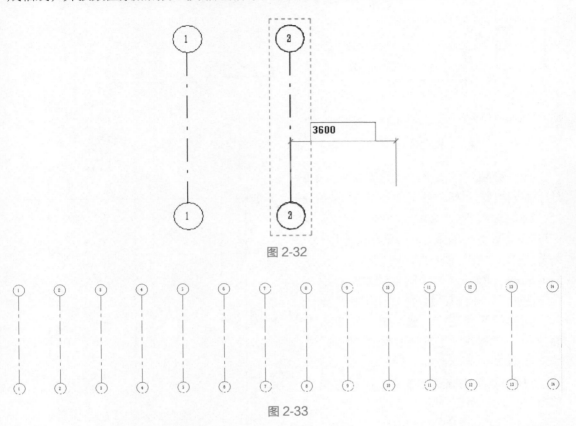

图 2-32

图 2-33

（6）对竖向轴线进行尺寸标注。单击"注释"选项卡"尺寸标注"面板中的"对齐"工具，鼠标指针依次点击轴线 1 到轴线 14，随鼠标移动出现临时尺寸标注，左键点击空白位置，生成线性尺寸标注，以此来检查刚才阵列轴网的正确性。局部轴网如图 2-34 所示。

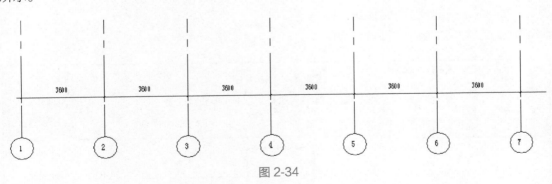

图 2-34

（7）绘制第一根水平轴线。单击"建筑"选项卡"基准"面板中的"轴网"工具，继续使用"绘制"面板中"直线"方式，沿水平方向绘制第一根水平轴网，Revit 自动按轴线编号累计加 1 的方式命名该轴线编号为 15。如图 2-35 所示。

（8）选择刚刚绘制的轴线 15，点击轴线标头中的轴线编号，进入编号文本编辑状态，删除原有编号值，输入"A"，按 Enter 键确认，该轴线编号将修改为 A。如图 2-36 所示。

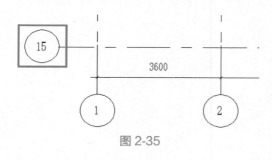

图 2-35

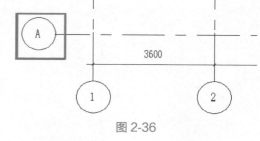

图 2-36

（9）绘制其他水平轴线。确认 Revit 仍处于轴网绘制状态，在 A 轴正上方 1800mm 处，确保轴线端点与 A 轴线端点对齐，自左向右绘制水平轴线，Revit 自动为该轴线编号为 B。使用同样的方式在 B 轴线上方 5400mm、2400mm 处绘制轴线 C、轴线 D。绘制完成后，按 Esc 键两次退出轴网绘制模式。同样使用"注释"选项卡"尺寸标注"面板中的"对齐"工具建立线性尺寸标注。结果如图 2-37 所示。

（10）复制生成其他轴线。选择轴线 D，单击"修改"面板中的"复制"工具，进入复制编辑状态，勾选选项栏中的"约束"选项，取消勾选"多个"选项。单击轴线 D 上的任意一点作为复制操作的基点，沿垂直方向向上移动鼠标指针，出现临时尺寸标注，输入"5400"，Enter 键确认。在 D 轴线上方 5400mm 处复制生成轴线，Revit 自动编号为 E。如图 2-38、图 2-39 所示。

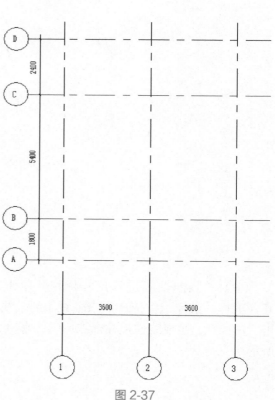

图 2-37

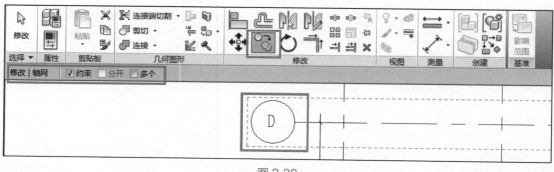

图 2-38

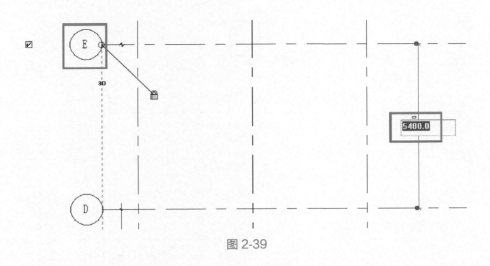

图 2-39

（11）同样的操作在 E 轴上方 1800mm 处复制生成轴线 F。至此完成该项目轴网的绘制。如图 2-40 所示。

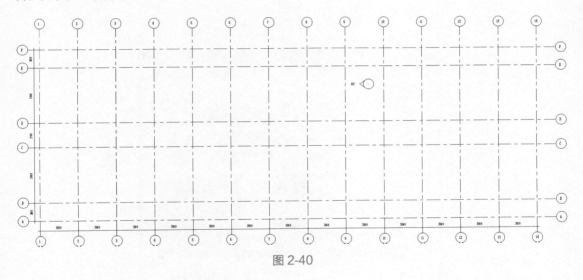

图 2-40

（12）完成轴线绘制。绘图区域符号表示项目中的东、西、南、北各立面视图的位置。分别框选这四个立面视图符号，将其移动到轴线外，至此完成创建轴网的操作。结果如图 2-41 所示。

（13）将项目基点调出。在"首层楼层平面视图"空白位置，点击键盘"VV"，调出"楼层平面：首层的可见性 / 图形替换"窗口，在"模型类别"页签中找到"场地"，在"场地"的下拉内容中找到"项目基点"勾选，如图 2-42 所示。此时绘图区域出现蓝色原点，如图 2-43 所示。

（14）将轴网左下角点与项目基点对齐。使用"移动"功能进行对齐。在"首层楼层平面视图"中，按住鼠标左键从左上角到有右下角将绘图区域内轴网、尺寸标注、东、西、南、北视图、项目基点全部选中。如图 2-44 所示。在当前选中状态下，按住键盘 Shift 键，鼠标放在"项目基点"处，当出现"−"图标时，单击"项目基点"，此时将"项目基点"排除在选中状态外。如图 2-45 所示。

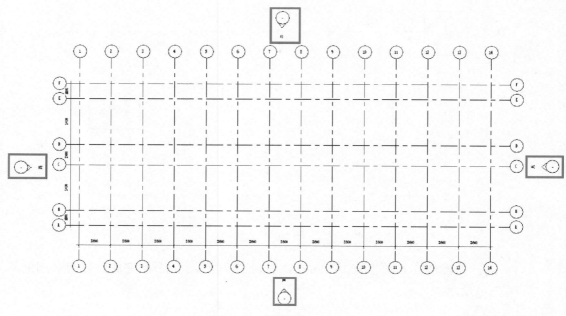

图 2-41

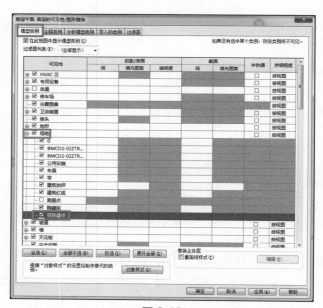

图 2-42

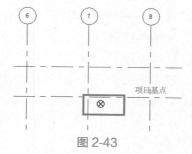

图 2-43

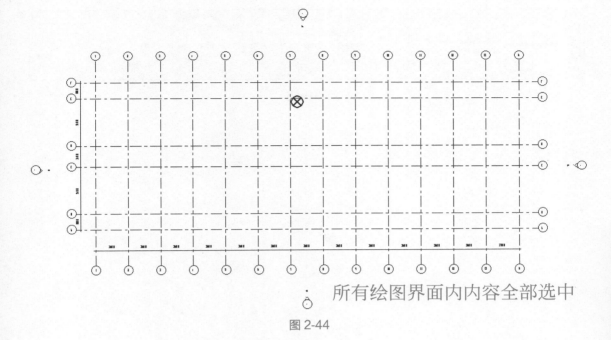

所有绘图界面内内容全部选中

图 2-44

通过键盘 Shift 配合左键单击，
将项目基点不再选择

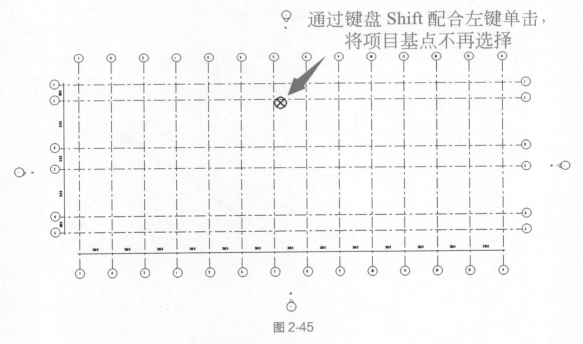

图 2-45

（15）继续上述操作，点击"修改 | 选择多个"上下文选项卡"修改"面板中的"移动"
工具。如图 2-46 所示。滚动鼠标滚轮将轴网左下角放大在主界面，左键点击 1 轴与 A 轴交
点位置，松开鼠标，将其移动指定到"项目基点"位置，如图 2-47 所示。完成轴网左下角
点与"项目基点"位置的对齐操作。注意：本项目是将左下角点，即 1 轴与 A 轴交点与项
目基点进行了对齐操作，在做实际项目时，可以约定轴网的具体某个位置与项目基点对齐，
只需保证同一项目的所有模型设置的项目基点位置一致即可。完成后如图 2-48 所示。

图 2-46

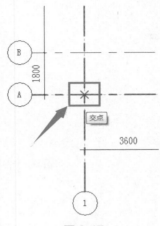

图 2-47

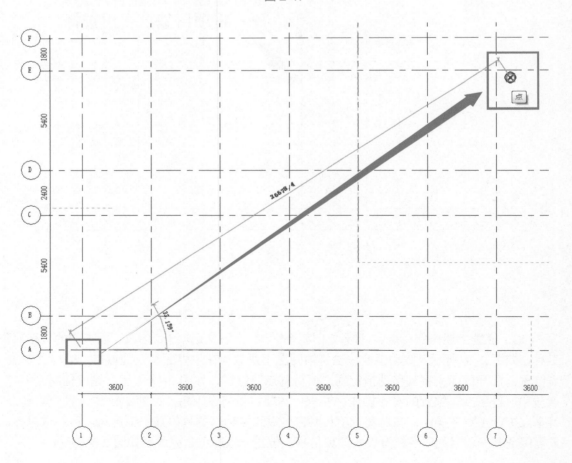

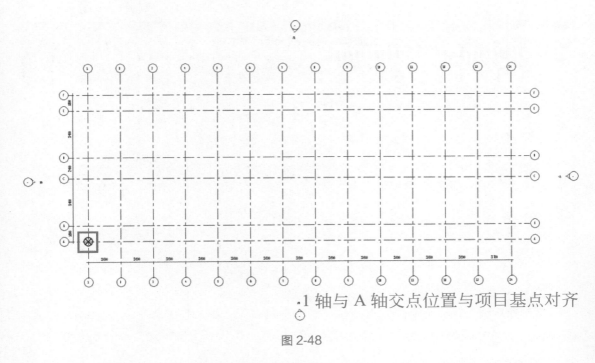

1 轴与 A 轴交点位置与项目基点对齐

图 2-48

（16）将轴网锁定。在步骤（15）的选择状态下，按住键盘 Shift 键，逐个单击东、西、南、北视图以及尺寸标注，取消其选择状态，保证最后只有完整的轴网被选中。如图 2-49 所示。点击"修改 | 轴网"上下文选项卡"修改"面板中的"锁定"工具将整个轴网锁定。注意：轴网锁定后，将不能进行移动、删除等操作，可以保证后期建模过程中所创建的构件定位正确。如图 2-50 所示。

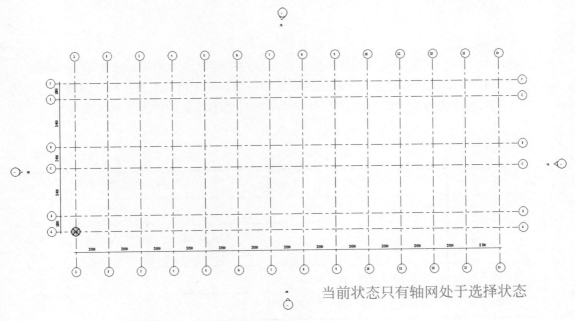

当前状态只有轴网处于选择状态

图 2-49

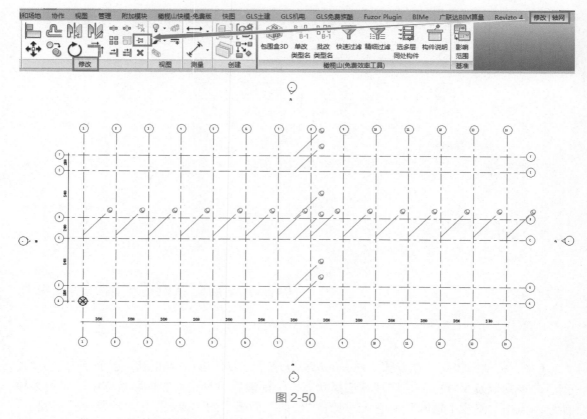

图 2-50

（17）单击"快速访问栏"中保存按钮，保存当前项目成果。

2.3.3 总结拓展

2.3.3.1 步骤总结

在创建轴网前一定梳理清楚相应思路，理解软件的同时也能更好地理解业务和图纸。

总结上述 Revit 软件建立轴网、轴网的轴网左下角点与项目基点对齐操作步骤主要分为四步。按照本操作流程读者可以完成专用宿舍楼项目轴网体系的创建。具体步骤如表 2-10 所示。

表 2-10

序号	操作步骤	具体步骤内容	重点中间过程
1	第一步	进入楼层平面视图	
2	第二步	创建轴网体系	含有建立竖向轴网、水平轴网及阵列、复制快速生成轴网数据、尺寸标注等小步骤
3	第三步	将项目基点调出	
4	第四步	将轴网左下角点与项目基点对齐	

2.3.3.2　业务拓展

绘制轴网的过程与基于 CAD 的二维绘图方式无太大区别，但 Revit 中的轴网是具有三维属性信息的，轴网与标高共同构成了建筑模型的三维网格定位体系。

一般情况下，轴网分为直线轴网、斜交轴网和弧线轴网。轴网由定位轴线（建筑结构中的墙或柱的中心线）、标志尺寸（用于标注建筑物定位轴线之间的距离大小）和轴号组成。

在施工中，轴网用来确定建（构）筑物主要结构或构件位置及尺寸的控制线，决定墙体、柱子、屋架、梁、板、楼梯的位置。

在平面图中，横向与纵向的轴线构成轴线网，它是设计绘图时决定主要结构位置和施工时测量放线的基本依据。一般情况下主要结构或构件的自身中线与定位轴线是一致的，但也常有不一致的情况出现，这在审图、放线和向施工人员交底时，均应特别注意，以防造成工程错位事故。

2.3.3.3　软件拓展

上述内容详细讲解了【新建轴网】的操作方法，本项目创建的为直线轴网，在实际复杂的项目中，还会遇到斜交轴网和弧线轴网。针对斜交轴网和弧线轴网的具体绘制方法读者可以扫描下面的二维码，进入教学补充链接进行更详细直观的视频收听。具体视频内容如表 2-11 所示。

表 2-11

序号	视频分类	视频内容	二维码
1	新建轴网	主要按照上述实施操作部分内容制作的视频操作	见下面
2	弧形轴网	主要补充弧形轴网创建的方法或注意事项	见下面
3	斜交轴网	主要补充斜交轴网创建的方法或注意事项	见下面

1　新建轴网　　　2　弧形轴网　　　3　斜交轴网

3

结构模型搭建

3.1　结构图纸解读

　　《BIM 算量一图一练》专用宿舍楼结施图纸包括从"结施 – 01"到"结施 – 11"共计 11 张结构图纸。在结构建模过程中需重点关注以下图纸信息。具体内容如表 3-1 所示。

表 3-1

序号	图纸编号	图纸需要关注内容
1	结施 – 01	关注混凝土强度等级表格、构造柱截面图、过梁截面图、结构楼层信息表
2	结施 – 02	关注独立基础的平面定位、尺寸信息、基础标高信息以及基础垫层信息
3	结施 – 03	关注结构柱的平面定位信息
4	结施 – 04	关注柱配筋表，关注女儿墙标高、圈梁尺寸及标高信息
5	结施 – 05	关注一层结构梁的平面定位、尺寸信息、标高信息
6	结施 – 06	关注二层结构梁的平面定位、尺寸信息、标高信息
7	结施 – 07	关注屋顶层结构梁的平面定位、尺寸信息、标高信息
8	结施 – 08	关注二层结构板的平面定位、板厚、标高信息
9	结施 – 09	关注屋顶层结构板的平面定位、板厚、标高信息
10	结施 – 10	关注楼梯顶层结构梁的平面定位、尺寸信息、标高信息；结构板的平面定位、板厚、标高信息
11	结施 – 11	关注梯梁、梯柱、楼梯属性等信息

3.2　Revit 软件结构工具解读

　　在 Revit 软件中专门设置有"结构"选项卡，含有"结构"、"基础"、"钢筋"等面板，并有结构柱、结构梁、结构板、结构基础等多种建模工具。在专用宿舍楼项目的建模操作中，可以使用以下工具进行结构模型搭建。具体使用工具如表 3-2 所示。

表 3-2

序号	软件功能	功能用途
1	族文件	使用"族文件"命令创建独立基础族构件
2	族参数	使用"族参数"命令创建独立基础参变族文件
3	结构基础：楼板	使用"结构基础：楼板"命令创建独立基础垫层
4	结构柱 梯柱 构造柱	使用"结构柱"、"移动"、"复制到剪贴板"、"粘贴"等命令创建全楼结构柱、梯柱、构造柱
5	结构梁、梯梁	使用"结构梁"、"对齐"、"复制到剪贴板"、"粘贴"等命令创建全楼结构梁、梯梁
6	楼板：结构	使用"楼板：结构"、"参照平面"等命令创建全楼结构板
7	楼梯（按草图）	使用"楼梯（按草图）"、"多层顶部标高"、"参照平面"等命令创建全楼楼梯

3.3　结构模型创建流程

实际项目中建筑结构体系复杂多样，简要介绍项目中常用的结构体系。如表 3-3 所示。

表 3-3

序号	建筑结构体系	简介
1	混合结构体系	适合 6 层以下，横向刚度大，整体性好，但平面灵活性差
2	框架结构体系	框架结构是利用梁柱组成的纵、横向框架，同时承受竖向荷载及水平荷载的结构，适合 15 层以下建筑
3	剪力墙结构体系	剪力墙结构是利用建筑物的纵、横墙体承受竖向荷载及水平荷载的结构。剪力墙结构的优点是侧向刚度大，在水平荷载作用下侧移小；其缺点是剪力墙间距小，建筑平面布置不灵活，不适合于要求大空间的公共建筑
4	框架 – 剪力墙结构体系	框架 – 剪力墙结构是在框架结构中设置适当剪力墙的结构，它具有框架结构平面布置灵活，有较大空间的优点，又具有侧向刚度大的优点。框架 – 剪力墙结构中，剪力墙主要承受水平荷载，竖向荷载主要由框架承担。框架 – 剪力墙结构一般用于 10～20 层的建筑
5	简体结构体系	在超高层建筑水平荷载中起控制作用 简体结构适合于 30～50 层的建筑
6	网架结构	网架结构可分为平板网架和曲面网架两种。平板网架采用较多，其为空间受力体系，杆件主要承受轴向力，受力合理，节省材料；整体性好，刚度大、稳定、抗震性能好，可悬挂吊车；杆件类型较少，适于工业化生产
7	拱式结构	拱式结构的主要内力为轴向压力，可利用抗压性能良好的混凝土建造大跨度的拱式结构。由于拱式结构受力合理，在建筑和桥梁中被广泛应用，且适用于体育馆、展览馆等建筑中

本专用宿舍楼项目"建施 – 01"的项目概况中已明确项目结构类型为框架结构。根据本专用宿舍楼项目类型及提供的图纸信息并结合 Revit 软件的建模工具，归纳本项目结构部分建模的流程如图 3-1 所示。

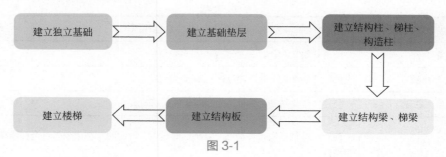

图 3-1

对于上述所讲解的结构部分内容的解读，读者可以扫描下面的二维码，进入教学补充链接进行更详细直观的视频收听。具体视频内容如表 3-4 所示。

表 3-4

视频分类	视频内容	二维码
结构模型搭建流程	主要按照上述讲解内容制作的视频操作	见下面

下面将按照构件类型分为多个小节，依据此结构建模流程进行专用宿舍楼整体结构模型的搭建，并在讲解过程中结合 Revit 软件操作技巧以便快速提高建模效率。

结构模型搭建流程

3.4　新建独立基础

3.4.1　内容前瞻

在学习 Revit 软件具体操作之前，先从以下三方面简单了解本节【新建独立基础】所涉及的业务知识、图纸信息、软件操作等内容，帮助读者对本节内容有总体认识，降低后面操作难度。知识总体架构如表 3-5 所示。

表 3-5

序号	知识体系开项	所需了解的具体内容
1	业务知识	（1）基础是将结构所承受的各种作用传递到地基上的结构组成部分 （2）最常见基础类型为条形基础、独立基础、满堂基础和桩基础
2	图纸信息	（1）建立基础模型前，先根据专用宿舍楼图纸查阅独立基础的尺寸、定位、属性等信息，保证独立基础模型布置的正确性 （2）根据"结施 – 02"中"基础平面布置图"可知，基础底标高均为 –2.450m，为钢筋混凝土阶型（两阶）基础 （3）项目中两阶基础共有 8 种不同尺寸，分别为：DJj01-250/200、DJj02-300/250、DJj03-350/250、DJj04-350/250、DJj05-350/250、DJj06-300/250、DJj07-350/250、DJj08-400/300

续表

序号	知识体系开项	所需了解的具体内容
2	图纸信息	（4）根据"结施 – 01"中"混凝土强度等级"表格可知基础混凝土强度等级为 C30，根据"结施 – 02"，"基础平面布置图"下注明的基础底标高可知为 –2.450m，以此为基础创建基础底标高
3	软件操作	学习使用"创建族"命令创建独立基础 – 二阶族 学习使用"移动"命令精确修改独立基础 – 二阶构件位置 学习使用"尺寸标注"命令建立独立基础 - 二阶构件尺寸标注

3.4.2 实施操作

Revit 软件提供了三种基础形式，分别为条形基础、独立基础和基础底板，用于生成建筑不同类型的基础形式。条形基础的用法为沿墙底部生成带状基础模型；独立基础是将自定义的基础族放置在项目中，作为基础参与结构计算；基础底板可以用于创建建筑筏板基础，用法和楼板一致。下面以《BIM 算量一图一练》中的专用宿舍楼项目为例，讲解创建项目独立基础的操作步骤。

（1）以"独立基础 – 三阶"族文件为基础创建"独立基础 – 二阶"族。Revti 软件族库本身有三阶基础族文件，没有二阶基础族文件，本项目的二阶独立基础可以使用 Revit 默认族库中三阶基础族文件修改而成。具体操作方法为：单击左上角的"应用程序"按钮，选择"打开"—"族"命令，弹出"打开"窗口，默认进入 Revit 族库文件夹，点击"结构"文件夹—"基础"文件夹，找到"独立基础 – 三阶 .rfa"文件，点击"打开"命令，将"独立基础 – 三阶 .rfa"打开。如图 3-2 ～图 3-4 所示。

图 3-2

图 3-3

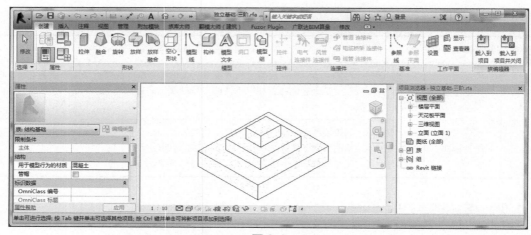

图 3-4

（2）为了不修改原始族文件，将打开后的
"独立基础－三阶.rfa"另存为"独立基础－二
阶.rfa"族文件。如图 3-5 所示，单击左上角
的"应用程序"按钮，选择"另存为"—"族"
命令，弹出"另存为"窗口，指定存放路径为
"Desktop\案例工程\专用宿舍\族\独立基础
族"，命名为"独立基础－二阶.rfa"，默认文件
类型格式为".rfa"格式，点击"保存"按钮，
关闭窗口。"独立基础－二阶.rfa"保存完成后如
图 3-6 所示。

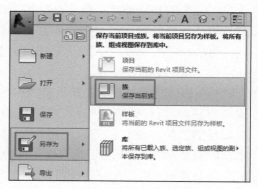

图 3-5

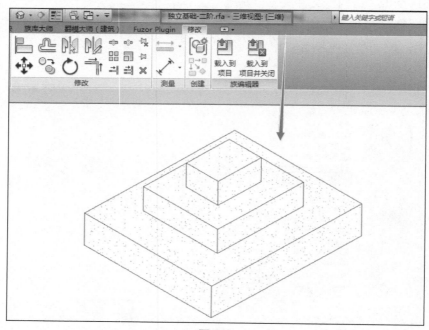

图 3-6

（3）现在可以对三阶基础进行改造，修改为可参变的二阶基础。鼠标放在独立基础最上面的独立基础三阶位置，鼠标左键点击选择后，按 Delete 键删除独立基础上面第三阶。如图 3-7、图 3-8 所示。

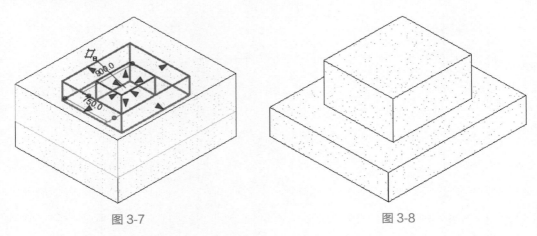

图 3-7   图 3-8

（4）在"项目浏览器"中展开"楼层平面"视图类别，双击"参照标高"进入"参照标高"视图。如图 3-9 所示。

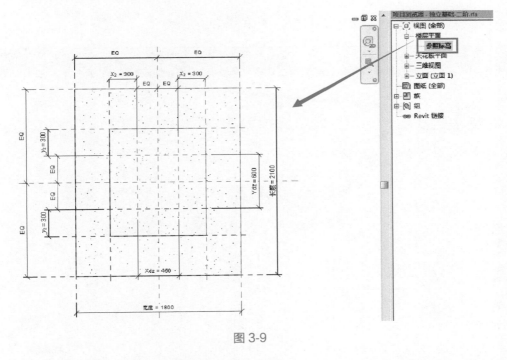

图 3-9

（5）鼠标点击 $x_2 = 300$，$y_2 = 300$ 等线性尺寸标注，按 Delete 键删除，删除之后的绘图区域模型如图 3-10 所示。

（6）单击"修改"选项卡"属性"面板中的"族类型"工具，打开"族类型"窗口，选择除"宽度"、"长度"之外的其他尺寸标注，使用"参数"下面的"删除"按钮逐一删除。删除完毕之后点击"确定"，关闭"族类型"窗口。删除之前与删除之后，如图 3-11、

图 3-12 所示。

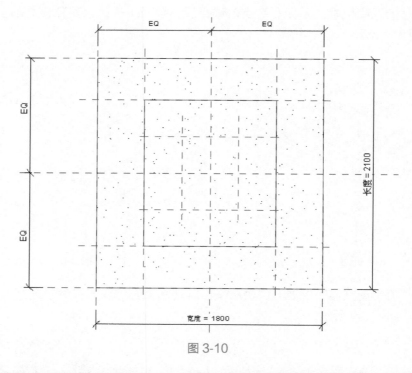

图 3-10

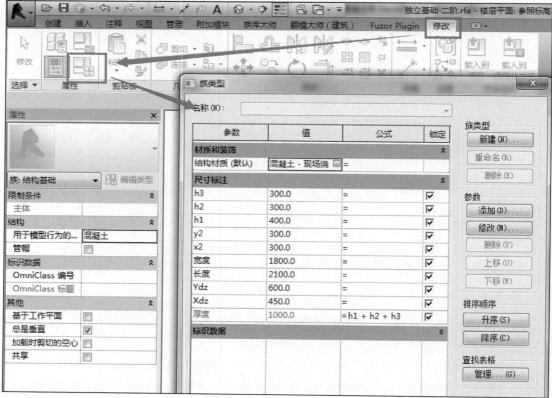

图 3-11

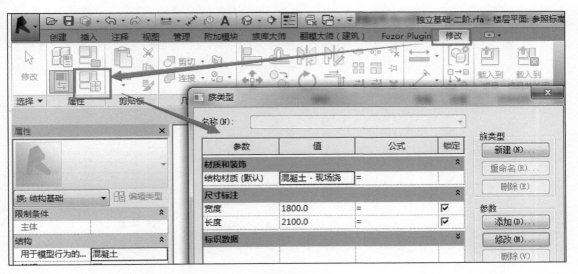

图 3-12

（7）回到"参照标高"平面视图，双击鼠标滚轮，使图形显示在绘图界面正中心。单击"注释"选项卡"尺寸标注"面板中的"对齐"工具，逐一点击独立基础上面二阶的左侧参照平面（绿色虚线条）、中间参照平面（绿色虚线条）、右侧参照平面（绿色虚线条），出现临时尺寸标注后，左键点击空白位置，生成线性尺寸标注。鼠标点击EQ图标，线性尺寸标注均等平分。上述操作步骤如图 3-13 ～图 3-15 所示。

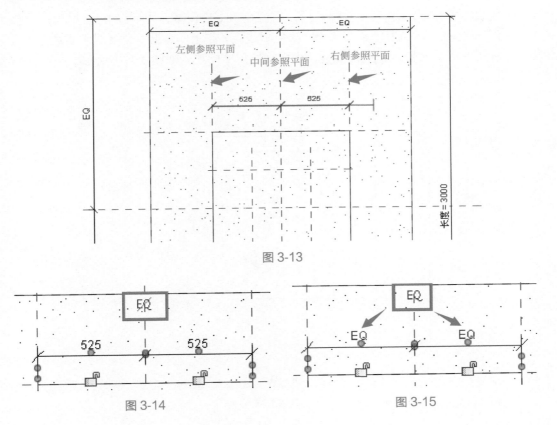

图 3-13

图 3-14   图 3-15

（8）继续点击"对齐"工具，逐一点击独立基础上面二阶的下侧参照平面（绿色虚线条），中间参照平面（绿色虚线条），上侧参照平面（绿色虚线条），出现临时尺寸标注后，左键点击空白位置，生成线性尺寸标注。鼠标点击 EQ 图标，线性尺寸标注均等平分。如图 3-16 所示。

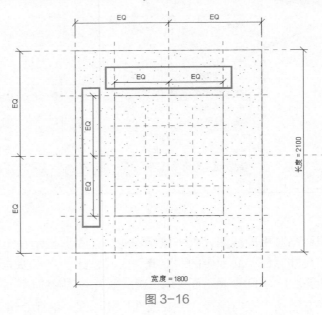

图 3-16

（9）继续点击"对齐"工具，逐一点击独立基础上面二阶的左侧参照平面、右侧参照平面（绿色虚线条），出现临时尺寸标注后，左键点击空白位置，生成线性尺寸标注。逐一点击独立基础上面二阶的下侧参照平面（绿色虚线条）和上侧参照平面（绿色虚线条），出现临时尺寸标注后，左键点击空白位置，生成线性尺寸标注。如图 3-17 所示。

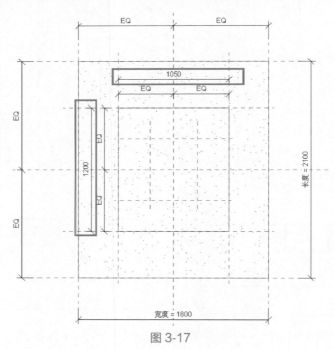

图 3-17

（10）选择步骤（9）中生成的"1050"的线性尺寸标注，切换到"修改 | 尺寸标注"上下文选项，单击选项卡中"标签"右侧下拉小三角，点击"添加参数"，打开"参数属性"窗口，在"名称"中输入"宽度－1"，其他保持默认不变，点击"确定"按钮，退出"参数属性"窗口，"宽度－1"参数添加完成。操作步骤如图 3-18 ～图 3-20 所示。

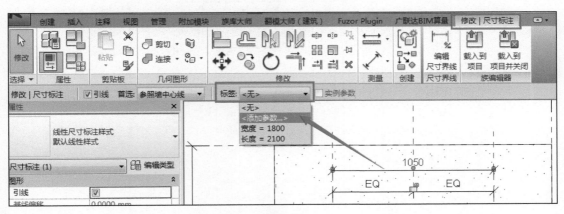

图 3-18

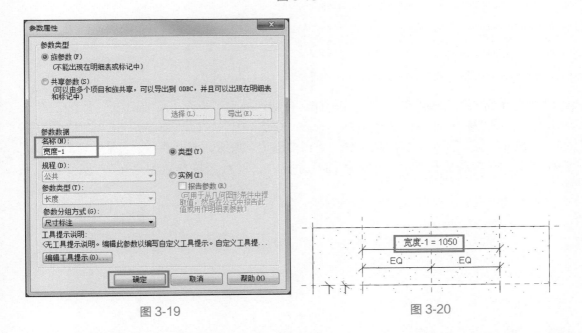

图 3-19

图 3-20

（11）同样的操作，选择步骤（9）中生成的"1200"的线性尺寸标注，切换到"修改 | 尺寸标注"上下文选项，单击选项卡中"标签"右侧下拉小三角，点击"添加参数"，打开"参数属性"窗口，在"名称"中输入"长度－1"，其他保持默认不变，点击"确定"按钮，退出"参数属性"窗口，"长度－1"参数添加完成。完成之后如图 3-21 所示。

（12）在"项目浏览器"中展开"立面（立面1）"视图类别，双击"前"立面进入"前"立面视图。鼠标逐一点击显示为 300 的两个线性尺寸标注，按 Delete 键删除。单击"注释"选项卡"尺寸标注"面板中的"对齐"工具，逐一点击独立基础二阶的顶部参照标高（绿色虚线条）和一阶的顶部参照平面（绿色虚线条），生成长度为 600 的线性尺寸标注。两次

Esc 键退出放置尺寸标注模式。如图 3-22 所示。

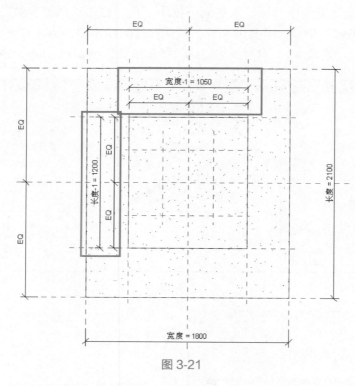

图 3-21

（13）单击长度为 600 的线性尺寸标注，自动切换到"修改 | 尺寸标注"上下文选项，单击选项卡中"标签"右侧下拉小三角，点击"添加参数"，打开"参数属性"窗口，在"名称"中输入" h_2 "，其他保持默认不变，点击"确定"按钮，退出"参数属性"窗口，" h_2 "参数完成。同样选择长度为 400 的线性尺寸标注，设置标签参数为" h_1 "。操作结果如图 3-23 所示。

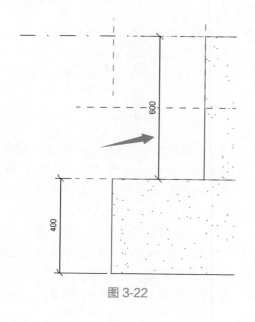

图 3-22

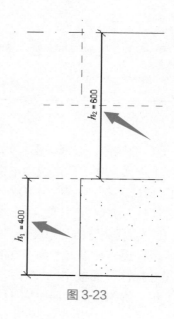

图 3-23

（14）单击"修改"选项卡"属性"面板中的"族类型"工具，打开"族类型"窗口，二阶基础参变参数全部设置完成。点击"确定"按钮，退出"族类型"窗口。如图 3-24 所示。

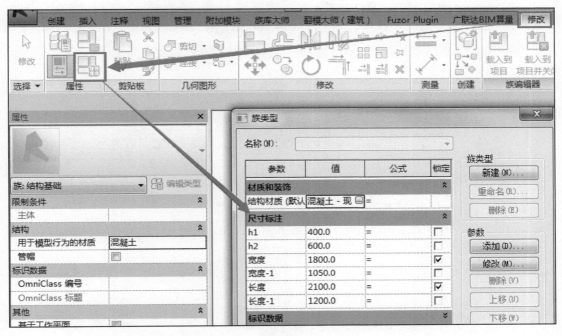

图 3-24

（15）单击"快速访问栏"中三维视图按钮，切换到三维查看，修改好的独立基础 – 二阶如图 3-25 所示。

（16）将做好的"独立基础 – 二阶"族导入到项目中。点击"修改"选项卡"族编辑器"面板中的"载入到项目"工具，默认切换到"专用宿舍楼"项目文件中。"独立基础 – 二阶"的族构件就已经载入到"专用宿舍楼"项目。切换到"专用宿舍楼"项目，点击"建筑"选项卡"构建"面板中的"构件"下拉下的"放置构件"工具，就可以找到载入到项目中的"独立基础 – 二阶"构件。如图 3-26 所示。

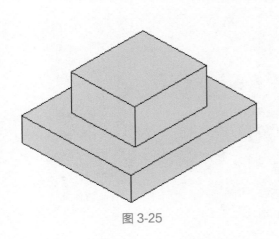

图 3-25

图 3-26

Chapter 3

（17）在项目中对"独立基础 – 二阶"进行构件定义。在"项目浏览器"中展开"楼层平面"视图类别，双击"基础底"视图名称，进入"基础底"楼层平面视图，单击"建筑"选项卡"构建"面板中的"构件"下拉下的"放置构件"工具，找到载入到项目中的独立基础 – 二阶构件。点击"属性"面板的中"编辑类型"，打开"类型属性"窗口，点击"复制"按钮，弹出"名称"窗口，输入"S-DJj01-250/200"（注意：基础前面的"S"为 Structure 的首字母，为"结构"的意思），点击"确定"关闭窗口；根据"结施 – 02"中 DJj01-250/200 的信息，分别在"h_1"、"h_2"、"宽度"、"宽度 – 1"、"长度"、"长度 – 1"位置输入"250"、"200"、"2700"、"2300"、"2700"、"2300"。输入完毕后，点击"确定"按钮，退出"类型属性"窗口。如图 3-27 所示。

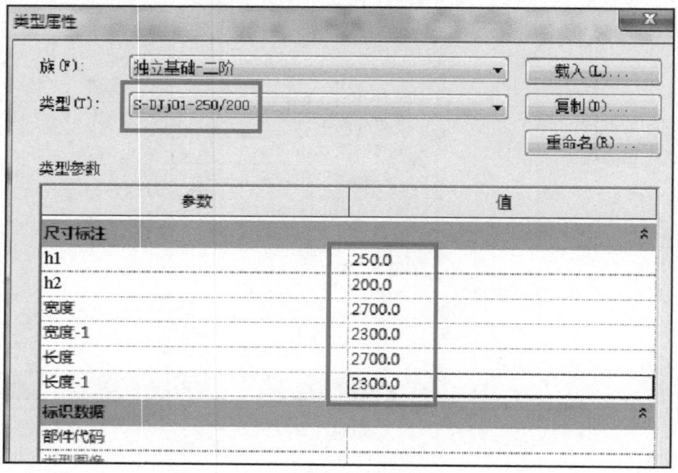

图 3-27

（18）点击"属性"面板中的"结构材质"右侧按钮，打开"材质浏览器"窗口，当前选择为"混凝土 – 现场浇注混凝土"，鼠标右键，选择"重命名"，修改为"混凝土 – 现场浇注混凝土 – C30"。点击"确定"按钮，退出"材质浏览器"窗口。如图 3-28 所示。

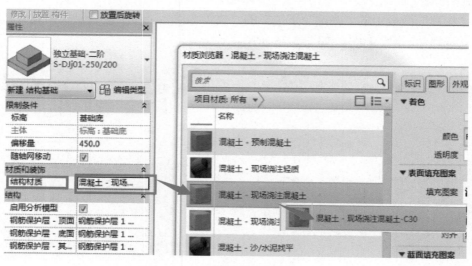

图 3-28

（19）依照同样的方法，根据"结施 – 02"中"基础平面布置图"中其他独立基础信息，建立构件类型并进行相应尺寸及结构材质的设置。全部输入完毕后，"类型属性"窗口中构件类型如图 3-29 所示。

（20）构件定义完成后，开始布置"独立基础 – 二阶"构件。根据"结施 – 02"中"基础平面布置图"布置二阶独立基础。在"属性"面板中找到"S-DJj01-250/200"，设置"标高"为"基础底"，"偏移量"为"450"，Enter 键确认。鼠标移动到 1 轴与 F

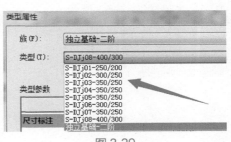

图 3-29

轴交点位置处，点击左键，布置"S-DJj01-250/200"构件。布置过程如图 3-30 ～图 3-33 所示。

图 3-30

图 3-31

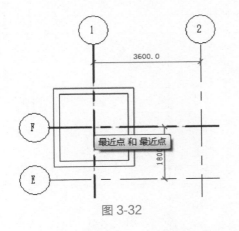

图 3-32

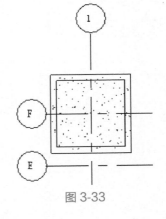

图 3-33

（21）修改"独立基础 – 二阶"构件位置。对刚刚布置的" S-DJj01-250/200"构件进行位置精确修改。点击刚布置好的" S-DJj01-250/200"构件，切换至"修改 | 结构基础"上下文选项，单击"修改"面板中的"移动"工具，进入移动编辑状态，勾选选项栏中的"约束"选项，单击" S-DJj01-250/200"上的任意一点作为移动操作的基点，沿垂直方向向上移动鼠标指针，出现临时尺寸标注，输入"150"，Enter 键确认。再次单击修改面板中的"移动"工具，单击" S-DJj01-250/200"上的任意一点作为移动操作的基点，沿水平方向向

左移动鼠标指针，出现临时尺寸标注，输入"100"，Enter 键确认。按两次 Esc 键退出编辑模式。结果如图 3-34 所示。

（22）对"独立基础 – 二阶"构件进行尺寸标注。"S-DJj01-250/200"构件位置精确修改后，单击"注释"选项卡"尺寸标注"面板中的"对齐"工具，参照"结施 – 02"中"基础平面布置图"对"S-DJj01-250/200"进行线性尺寸标注。标注完成后如图 3-35 所示。

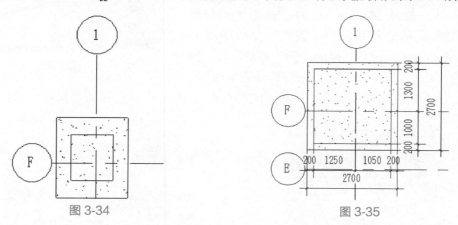

图 3-34　　　　　　　　　　　图 3-35

（23）按照上面布置及修改的操作步骤，在 14 轴与 A 轴交线位置，14 轴与 C 轴交线位置，14 轴与 D 轴交线位置，14 轴与 F 轴交线位置布置"S-DJj01-250/200"构件。布置完成后如图 3-36 所示。

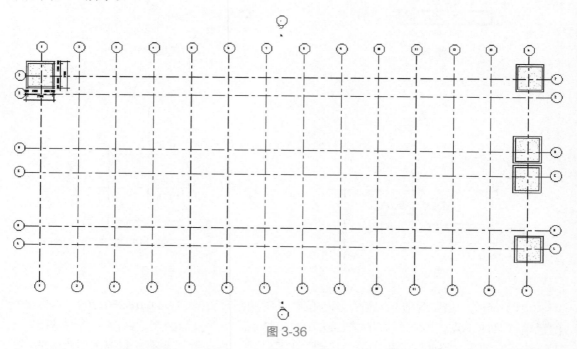

图 3-36

（24）参照上面的操作方法，将其他"独立基础 – 二阶"构件进行布置并进行位置精确修改。需注意各构件标高设置不同，具体如下。

① "S-DJj02-300/250"，设置"标高"为"基础底"，"偏移量"为"550"。

② "S-DJj03-350/250"，设置"标高"为"基础底"，"偏移量"为"600"。

③ "S-DJj04-350/250"，设置"标高"为"基础底"，"偏移量"为"600"。

④ "S-DJj05-350/250"，设置"标高"为"基础底"，"偏移量"为"600"。

⑤ "S-DJj06-300/250"，设置"标高"为"基础底"，"偏移量"为"550"。

⑥ "S-DJj07-350/250"，设置"标高"为"基础底"，"偏移量"为"600"。

⑦ "S-DJj08-400/300"，设置"标高"为"基础底"，"偏移量"为"700"。

全部布置完成后如图 3-37 所示。

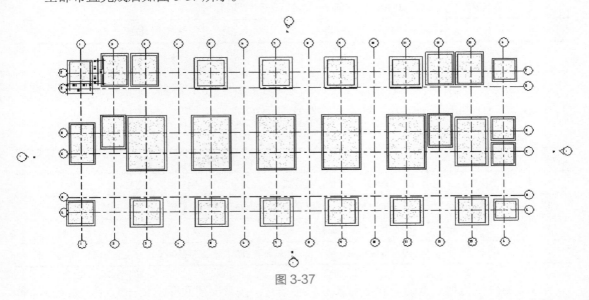

图 3-37

（25）单击"快速访问栏"中三维视图按钮，切换到三维进行查看。单击"视图控制栏"中"视图样式"按钮，选择"真实"模式。模型显示如图 3-38～图 3-40 所示。

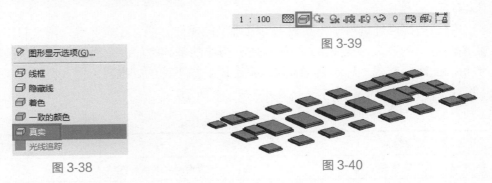

图 3-39

图 3-38

图 3-40

（26）单击"快速访问栏"中保存按钮，保存当前项目成果。

3.4.3 总结拓展

3.4.3.1 步骤总结

在创建独立基础前一定梳理清楚相应思路，理解软件的同时也能更好地理解业务和图纸。总结上述 Revit 软件建立独立基础的操作步骤主要分为四步。按照本操作流程读者可以完成专用宿舍楼项目独立基础的创建。具体步骤如表 3-6 所示。

表 3-6

序号	操作步骤	具体步骤内容	重点中间过程
1	第一步	以"独立基础 – 三阶"族文件为基础创建"独立基础 – 二阶"族	含有修改族设置、族参数等小步骤
2	第二步	将做好的"独立基础 – 二阶"族导入到项目中	
3	第三步	对项目中的"独立基础 – 二阶"进行构件定义	
4	第四步	对项目中的"独立基础 – 二阶"构件进行布置	含有修改位置、尺寸标准等小步骤

3.4.3.2　业务拓展

基础是将结构所承受的各种作用传递到地基上的结构组成部分。基础按照不同的划分维度可以进行不同的类别细分，具体划分如表 3-7 所示。

表 3-7

序号	划分类别	划分具体内容
1	按使用材料分	灰土基础、砖基础、毛石基础、混凝土基础、钢筋混凝土基础
2	按埋置深度分	浅基础、深基础。埋置深度不超过 5m 者称为浅基础，大于 5m 者称为深基础
3	按受力性能分	刚性基础和柔性基础
4	按构造形式分	条形基础、独立基础、满堂基础和桩基础。满堂基础又分为筏形基础和箱形基础

本节中讲到的独立基础一般是用来支承柱子的，按基础截面形式又分为台阶式（或阶梯形）基础、锥形基础、杯形基础（当柱采用预制构件时，则基础做成杯口形，然后将柱子插入并嵌固在杯口内，故称杯形或杯口基础）。当杯的深度大于长边长度时称为高杯口基础。

3.4.3.3　软件拓展

上述内容详细讲解了【新建独立基础】的操作方法，在实际复杂的项目中，基础类型复杂多变，需要灵活应用 Revit 软件建立相应的基础构件。下面将详细讲解条形基础与杯形基础的建模方式，具体绘制方法读者可以扫描下面的二维码，进入教学补充链接进行更详细直观的视频收听。具体视频内容如表 3-8 所示。

表 3-8

序号	视频分类	视频内容	二维码
1	新建独立基础	主要按照上述实施操作部分内容制作的视频操作	见下面
2	新建条形基础	主要补充条形基础创建的操作方法	见下面
3	新建杯形基础	主要补充杯形基础创建的操作方法	见下面

1　新建独立基础　　　2　新建条形基础　　　3　新建杯形基础

3.5 新建基础垫层

3.5.1 内容前瞻

在学习 Revit 软件具体操作之前，先从以下三方面简单了解本节【新建基础垫层】所涉及的业务知识、图纸信息、软件操作等内容，帮助读者对本节内容有总体认识，降低后面操作难度。知识总体架构如表 3-9 所示。

表 3-9

序号	知识体系开项	所需了解的具体内容
1	业务知识	垫层是钢筋混凝土基础与地基土的中间层，作用是使其表面平整便于在上面绑扎钢筋，起找平、隔离、过渡和保护基础的作用
2	图纸信息	（1）建立基础垫层模型前，先根据专用宿舍楼图纸查阅基础垫层的尺寸、定位、属性等信息，保证基础垫层模型布置的正确性 （2）根据"结施 – 02"中"基础平面布置图"可知基础垫层为 100 厚 C15 素混凝土，每边宽出基础边 100mm （3）根据"结施 – 01"中"混凝土强度等级"表格可知基础垫层混凝土强度等级为 C15
3	软件操作	（1）学习使用"结构基础：楼板"命令创建基础垫层 （2）学习使用"视图范围"命令使基础垫层构件显示

3.5.2 实施操作

Revit 软件中没有专门绘制基础垫层构件的命令，一般情况下使用"结构基础：楼板"工具创建基础垫层构件类型，在命名中包含"垫层"字眼即可。下面以《BIM 算量一图一练》中的专用宿舍楼项目为例，讲解创建项目基础垫层的操作步骤。

（1）以"结构基础：楼板"工具为基础创建基础垫层构件类型。在"项目浏览器"中展开"楼层平面"视图类别，双击"基础底"视图名称，进入"基础底"楼层平面视图，单击"结构"选项卡"基础"面板中的"板"下的"结构基础：楼板"工具。点击"属性"面板中的"编辑类型"，打开"类型属性"窗口，点击"复制"按钮，弹出"名称"窗口，输入"100 厚 C15 素混凝土垫层"，点击"确定"按钮关闭窗口。点击"结构"右侧"编辑"按钮，进入"编辑部件"窗口，修改"结构【1】""厚度"为"100"，点击"结构【1】""材质""按类别"进入"材质浏览器"窗口，当前选择为"混凝土 – 现场浇注混凝土 – C30"右键，选择"复制"，修改为"混凝土 – 现场浇注混凝土 – C15"。点击"确定"关闭窗口，再次点击"确定"按钮退出"类型属性"窗口，属性信息修改完毕。修改过程如图 3-41 ～图 3-44 所示。

Chapter 3

图 3-41

图 3-42

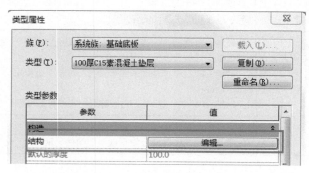

图 3-43

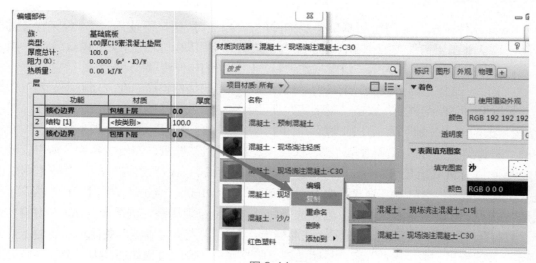

图 3-44

（2）基础垫层构件定义完成后，开始布置构件。根据"结施－02"中"基础平面布置图"布置基础垫层。在"属性"面板设置"标高"为"基础底"，"自标高的高度偏移"为"0"，Enter 键确认。"绘制"面板中选择"矩形"方式，选项栏中"偏移量"设置为"100"。鼠标移动至 1 轴与 F 轴间的"S-DJj01-250/200"构件的左上角位置点击左键，松开鼠标左键，滚动鼠标滚轮，当粉色矩形框到达"S-DJj01-250/200"构件的右下角时点击左键。如图 3-45 所示。

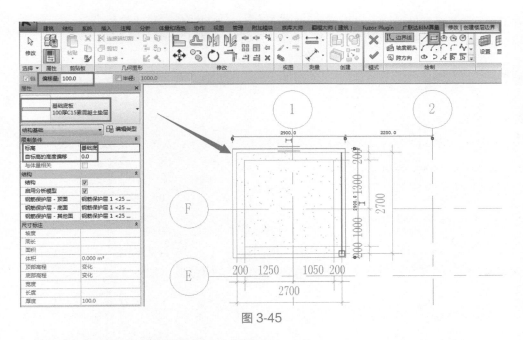

图 3-45

（3）点击"模式"面板中的"对勾"，弹出"Revit"窗口，点击"否"，关闭即可，Esc 键退出绘制模式。"S-DJj01-250/200"下的基础垫层绘制完毕。如图 3-46、图 3-47 所示。

（4）修改视图范围，便于基础垫层显示。"S-DJj01-250/200"构件下基础垫层绘制完毕后在"基础底"楼层平面视图中无法显示，点击"属性"面板中"视图范围"右侧的"编辑"按钮，打开"视图范围"窗口，在"底（B）"后面"偏移量（F）"处输入"–100"，在"标高（L）"后面"偏移量（S）"处输入"–100"，点击"确定"按钮，关闭窗口。"S-DJj01-250/200"构件下面的 100 厚垫层显示出来。如图 3-48、图 3-49 所示。

图 3-46

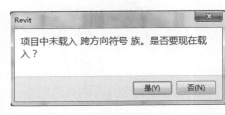

图 3-47

Chapter 3

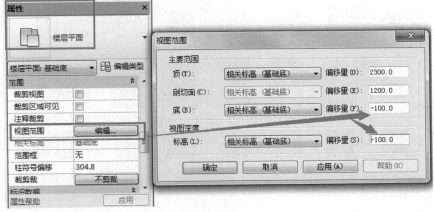

图 3-48

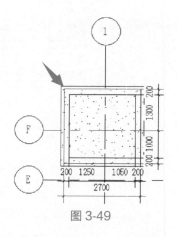

图 3-49

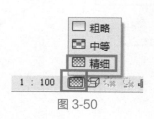

图 3-50

（5）如图 3-50、图 3-51 所示，单击"视图控制栏"中"详细程度"按钮，选择"精细"模式，单击"视图样式"按钮，选择"真实"模式。模型显示如图 3-52 所示。

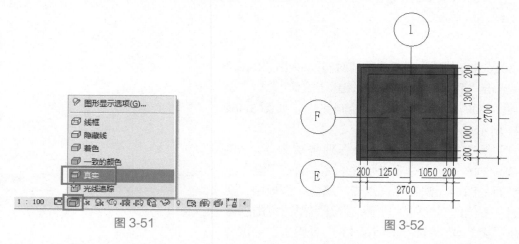

图 3-51

图 3-52

（6）按照上面操作方式在其他二阶独立基础下面布置垫层，布置完成后如图 3-53 所示。

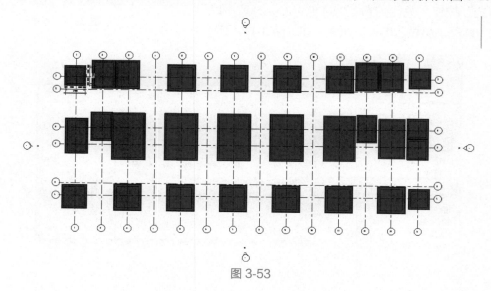

图 3-53

（7）单击"快速访问栏"中三维视图按钮，切换到三维视图，如图 3-54 所示。

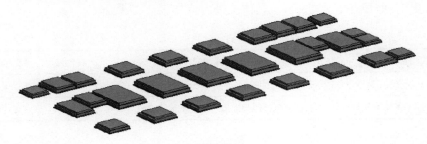

图 3-54

（8）单击"快速访问栏"中保存按钮，保存当前项目成果。

3.5.3　总结拓展

3.5.3.1　步骤总结

在创建基础垫层前一定梳理清楚相应思路，理解软件的同时也能更好地理解业务和图纸。总结上述 Revit 软件建立基础垫层的操作步骤主要分为两步。按照本操作流程读者可以完成专用宿舍楼项目基础垫层的创建。具体步骤如表 3-10 所示。

表 3-10

序号	操作步骤	具体步骤内容	重点中间过程
1	第一步	建立基础垫层构件类型（以"结构基础：楼板"工具为基础）	
2	第二步	布置基础垫层构件	含修改视图范围等小步骤

3.5.3.2　业务拓展

垫层是钢筋混凝土基础与地基土的中间层，作用是使其表面平整便于在上面绑扎钢筋，起找平、隔离、过渡和保护基础的作用；垫层均为素混凝土，无需加钢筋。如有钢筋则应视为基础底板。在实际项目中基础垫层存在以下作用，具体作用如表 3-11 所示。

表 3-11

序号	垫层具体作用
1	方便施工放线、支基础模板，给基础钢筋做保护层
2	确保基础底板筋的有效位置，方便保护层控制，使底筋和土壤隔离不受污染
3	方便基础底面做防腐层
4	方便找平，通过调整厚度弥补土方开挖的误差，使底板受力在一个平面，也不浪费基础的高标号混凝土

3.5.3.3　软件拓展

上述内容详细讲解了【新建基础垫层】的操作方法，在 Revit 软件中基础垫层没有相对应的命令，只能用创建族的方法建立基础垫层，或者采取以"结构基础：楼板"工具为基础的变通方式进行绘制。在实际项目的结构部分，垫层是必不可少的构件。下面将详细讲解条形基础下垫层的绘制方式，具体绘制方法读者可以扫描下面的二维码，进入教学补充链接进行更详细直观的视频收听。具体视频内容如表 3-12 所示。

表 3-12

序号	视频分类	视频内容	二维码
1	新建基础垫层	主要按照上述实施操作部分内容制作的视频操作	见下面
2	新建条形基础垫层	主要补充条形基础垫层创建的操作方法	见下面

3.6 新建结构柱

3.6.1 内容前瞻

1 新建基础垫层　　2 新建条形基础垫层

在学习 Revit 软件具体操作之前，先从以下三方面简单了解本节【新建结构柱】所涉及的业务知识、图纸信息、软件操作等内容，帮助读者对本节内容有总体认识，降低后面操作难度。知识总体架构如表 3-13 所示。

表 3-13

序号	知识体系开项	所需了解的具体内容
1	业务知识	（1）柱是建筑物中垂直的主要构件，承托在它上方物件的重量 （2）最常见基础类型为框架柱、框支柱、暗柱等
2	图纸信息	（1）建立结构柱模型前，先根据专用宿舍楼图纸查阅结构柱构件的尺寸、定位、属性等信息，保证结构柱模型布置的正确性 （2）根据"结施 – 03"中"柱平面定位图"可知结构柱构件的平面定位信息 （3）根据"结施 – 04"中"柱配筋表"可知结构柱构件共有 24 种类型 （4）根据"结施 – 01"中"混凝土强度等级"表格可知结构柱的混凝土强度等级为 C30
3	软件操作	（1）学习使用载入"结构柱"族文件命令 （2）学习使用"柱"命令创建结构柱 （3）学习使用"过滤器"、"复制到剪贴板"、"粘贴"、"与选定的标高对齐"等命令快速创建结构柱

3.6.2 实施操作

Revit 软件提供了两种不同用途的柱：建筑柱和结构柱，分别为"建筑"选项卡"构建"面板中的"柱"以及"结构"选项卡"结构"面板中的"柱"。建筑柱和结构柱在 Revit 软件中所起的功能与作用各不相同。建筑柱主要起到装饰和维护作用，而结构柱则主要用于支持和承载重量。对于大多数结构体系，采用结构柱这个构件。可以根据需要在完成标高和轴网定位信息后创建结构柱，也可以在绘制墙体后再添加结构柱。下面以《BIM 算量一图一练》中的专用宿舍楼项目为例，讲解使用"结构"选项卡"结构"面板中的"柱"创建项目结构柱的操作步骤。

（1）首先载入"结构柱"族文件。在"项目浏览器"中展开"楼层平面"视图类别，双击"基础底"视图名称，进入"基础底"楼层平面视图。单击"结构"选项卡"结构"面板中的"柱"工具，点击"属性"面板中的"编辑类型"，打开"类型属性"窗口，点击"载入"按钮，弹出"打开"窗口，默认进入Revit族库文件夹；点击"结构"文件夹，"柱"文件夹，"混凝土"文件夹，点击"混凝土 – 矩形 – 柱 .rfa"，点击"打开"命令，载入到专用宿舍楼项目中。"类型属性"窗口中"族（F）"和"类型（T）"对应刷新。如图 3-55、图 3-56 所示。

图 3-55

（2）建立结构柱构件类型。点击"复制"按钮，弹出"名称"窗口，输入"S-KZ1-500×500"（注意：结构柱前面的"S"为 Structure的首字母，为结构的意思），点击"确定"按钮关闭窗口。根据"结施 – 04"中"柱配筋表"

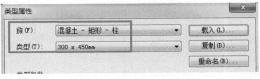

图 3-56

的信息，分别在"b"位置输入"500"，"h"位置输入"500"。点击"确定"按钮，退出"类型属性"窗口。点击"属性"面板中的"结构材质"右侧按钮，选择材质为"混凝土 –现场浇注混凝土 – C30"。如图 3-57 所示。

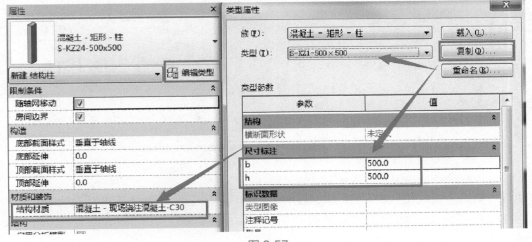

图 3-57

（3）同样的方法，根据"结施 – 04"中"柱配筋表"的信息，建立其他结构柱构件类型并进行相应尺寸及结构材质的设置。全部输入完成后，"类型属性"窗口中构件类型如图 3-58 所示。

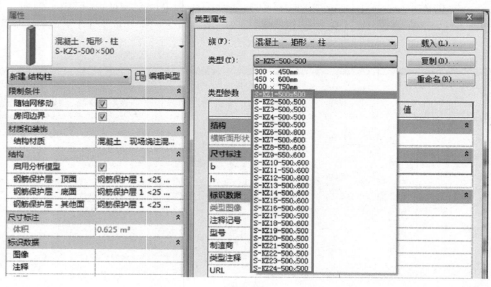

图 3-58

（4）构件定义完成后，开始布置构件。先进行"基础底"楼层平面视图结构柱布置。根据"结施 – 03"中"柱平面定位图"，在"属性"面板中找到"S-KZ1-500×500"，Revit 自动切换至"修改 | 放置结构柱"上下文选项，单击"放置"面板中的"垂直柱"（即生成垂直于标高的结构柱），选项栏选择"高度"（Revit 软件提供了两种确定结构柱高度的方式：高度和深度。高度方式是指从当前标高到达的标高的方式确定结构柱高度；深度是指从设置的标高到达当前标高的方式确定结构柱高度），到达标高选择"首层"。鼠标移动到 1 轴与 A 轴交点位置处，点击左键，布置"S-KZ1-500×500"。弹出如下"警告"窗口，点击右上角叉号关闭即可。如图 3-59、图 3-60 所示。

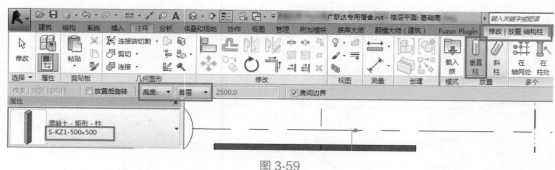

图 3-59

（5）单击"快速访问栏"中三维视图按钮，切换到三维，可以看到原本的 100 厚 C15 素混凝土垫层向上移动到了独立基础 – 二阶"S-DJj02-300/250"构件的上面。如图 3-61 所示。

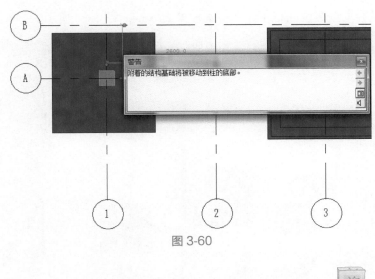

图 3-60

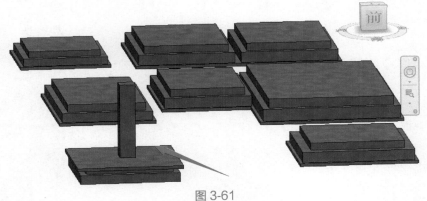

图 3-61

（6）单击"视图"选项卡"窗口"面板中的"平铺"工具，使"基础底"楼层平面视图与三维模型视图同时平铺显示在绘图区域。如图 3-62、图 3-63 所示。

（7）查阅"结施－04"中"柱配筋表"可知 KZ1 在"基础底"层的标高体系为"基础顶－0.050"。在"基础底"楼层平面视图单击选择刚布置的 KZ1，三维模型视图同时选中，在"属性"面板中设置"底部标高"为"基础底"，

图 3-62

"底部偏移"为"550"（输入 550 的原因为 KZ1 下面的独立基础－二阶"S-DJj02-300/250"，两阶高度分别为 h_1=300，h_2=250，合计为 h_1+h_2=550，所以按照 KZ1 的标高要求 KZ1 的底部标高为基础顶，就应该为在基础底标高基础上向上输入独立基础－二阶的高度也就是 h_1+h_2=550。其他结构柱在布置时标高也需要这样来修改），"顶部标高"为"首层"，"顶部偏移"为"－50"（因为在开始建立标高体系时，参照的是建筑标高体系，由于建筑的首层标高为 ±0.000m，与结构标高相差 －0.050m 也就是 50mm；要求 KZ1 的顶部标高为 －0.05m，且在"属性"面板中"顶部标高"使用的是"首层"，也就是 ±0.000m，所以"顶部偏移"应该向下减去 50mm。其他结构柱在布置时标高也需要做同样修改），Enter 键确认。弹出提示"AutoDesk Revit 2016"窗口，点击"确定"，关闭窗口。KZ1 标高修改正确，且原本的

Chapter 3

100 厚 C15 素混凝土垫层也回到了原来位置。如图 3-64、图 3-65 所示。

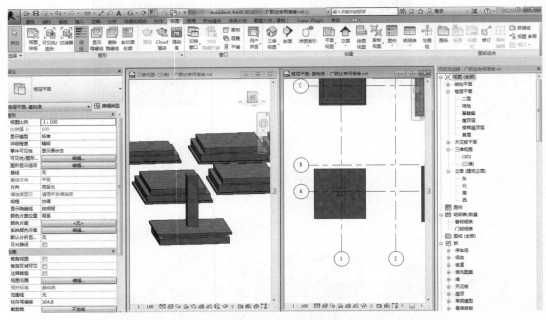

图 3-63

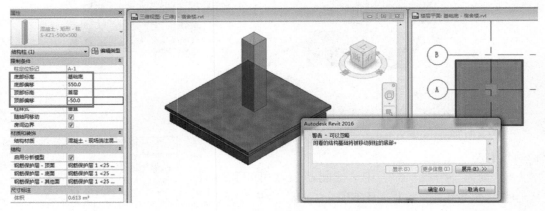

图 3-64

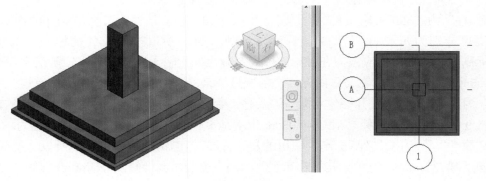

图 3-65

（8）根据"结施 – 03"中"柱平面定位图"对刚刚布置的" S-KZ1-500×500"结构柱进行位置精确修改。点击刚布置完成的" S-KZ1-500×500"，切换至"修改 | 结构柱"上下文选项，单击"修改"面板中的"移动"工具，进入移动编辑状态，勾选选项栏中的"约束"选项，单击" S-KZ1-500×500"上的任意一点作为移动操作的基点，沿垂直方向向下移动鼠标指针，出现临时尺寸标注，输入"150"，Enter 键确认。再次单击修改面板中的"移动"工具，单击" S-KZ1-500×500"上的任意一点作为移动操作的基点，沿水平方向向左移动鼠标指针，出现临时尺寸标注，输入"100"，Enter 键确认。按两次 Esc 键退出编辑模式。移动的过程中，三维模型视图同步更新了修改。如图 3-66 所示。

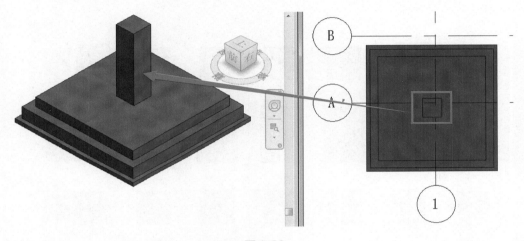

图 3-66

（9）S-KZ1-500×500 构件位置精确修改后，单击"注释"选项卡"尺寸标注"面板中的"对齐"工具，参照"结施 – 03"中"柱平面定位图"中尺寸标注，对 S-KZ1-500×500进行线性尺寸标注，便于校对模型布置的正确性。标注完成后如图 3-67 所示。

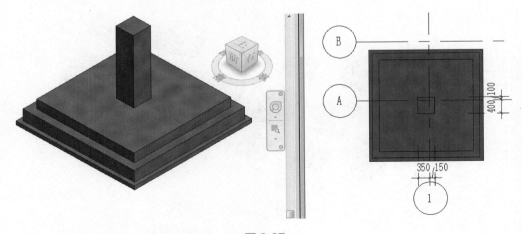

图 3-67

（10）参照上面的操作方法，依次选择 S-KZ1-500×500、S-KZ2-500×500、S-KZ3-500×500、S-KZ4-500×500、S-KZ5-500×500、S-KZ6-500×800、S-KZ7-500×600、S-KZ8-550×600、

S-KZ9-550×600、S-KZ10-500×600、S-KZ11-550×600、S-KZ12-500×600、S-KZ13-500×600、S-KZ14-500×600、S-KZ15-550×600、S-KZ16-500×600、S-KZ17-500×500、S-KZ18-500×600、S-KZ19-500×500、S-KZ20-500×500、S-KZ21-500×500、S-KZ22-500×500、S-KZ23-500×500、S-KZ24-500×500 结构柱进行布置，布置完成后根据"结施－04"中"柱配筋表"对结构柱标高进行精确修改，根据"结施－03"中"柱平面定位图"对结构柱位置进行精确修改。布置完成后"基础底"楼层平面视图以及三维模型视图中结构柱如图 3-68、图 3-69 所示。

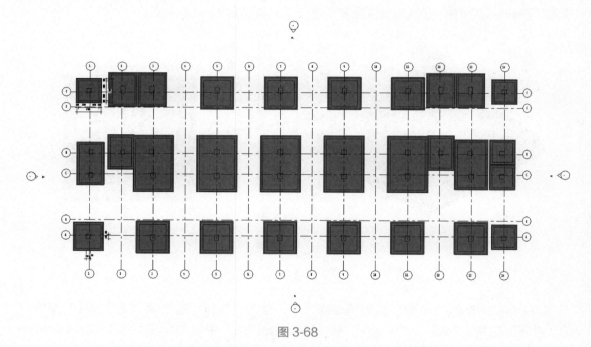

图 3-68

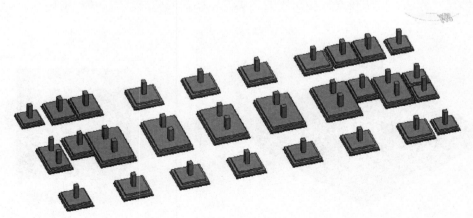

图 3-69

（11）单击"快速访问栏"中保存按钮，保存当前项目成果。

（12）"基础底"楼层平面视图结构柱绘制完成后，开始绘制"首层"楼层平面视图结构柱。

查阅"结施 - 04"中"柱配筋表"、"结施 - 03"中"柱平面定位图"可知，0.050 ～ 3.550m 的结构柱与基础顶～ –0.050m 的结构柱位置一致，且结构柱截面尺寸没有变化。为了绘图方便，可以直接复制基础顶～ –0.050m 的结构柱到 –0.050 ～ 3.550m 处，再进行后期标高的修改。

为了更直观地看到复制粘贴的过程以及完成后的效果，单击"视图"选项卡"窗口"面板中的"平铺"工具，使"基础底"楼层平面视图与三维模型视图同时平铺显示在绘图区域。如图 3-70 所示。

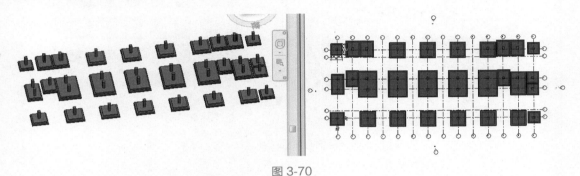

图 3-70

（13）利用"过滤器"及"复制到剪贴板"工具快速建立"首层"楼层平面视图结构柱。左键点击"基础底"楼层平面视图，激活视图。移动鼠标滚轮适当缩放绘图区域模型，当前模型全部显示在绘图区域后，按住鼠标左键自左上角向右下角全部框选绘图区域构件。如图 3-71 所示。

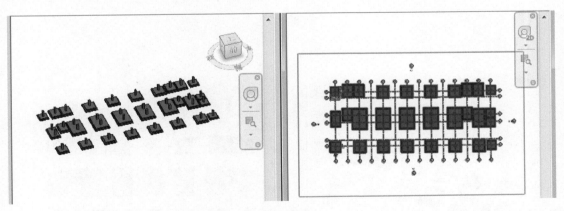

图 3-71

（14）框选完毕之后，Revit 自动切换至"修改 | 选择多个"上下文选项，单击"选择"面板中的"过滤器"工具，弹出"过滤器"窗口，只勾选"结构柱"类别，其他构件类别取消勾选，点击"确定"按钮，关闭窗口。如图 3-72 所示。

（15）此时模型中只有结构柱被选中，移动鼠标滚轮缩放绘图区域模型，模型显示如图 3-73、图 3-74 所示。

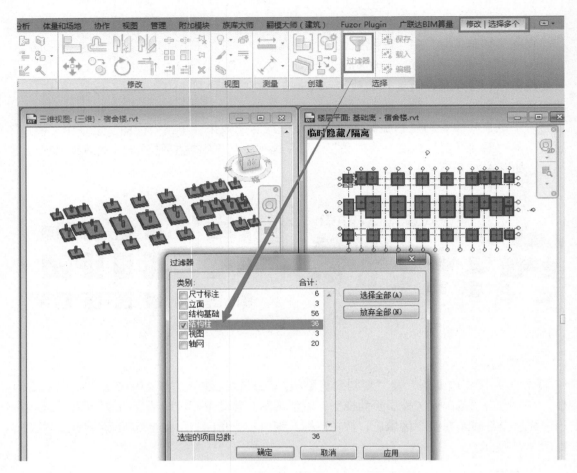

图 3-72

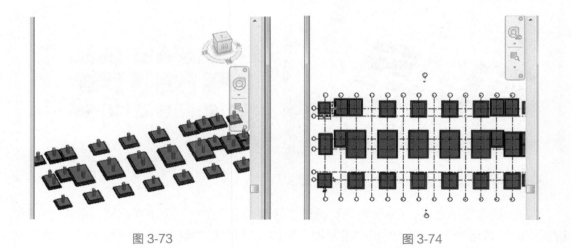

图 3-73   图 3-74

（16）此时 Revit 自动切换至"修改 | 结构柱"上下文选项，单击"剪贴板"面板中的"复制到剪贴板"工具，然后单击"粘贴"下的"与选定的标高对齐"工具，弹出"选择标高"窗口，选择"二层"，点击"确定"按钮，关闭窗口。此时基础顶～ –0.050m 的结构柱

已经被复制到 –0.050 ～ 3.550m 处。如图 3-75、图 3-76 所示。

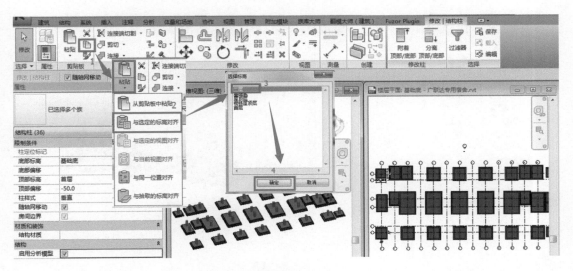

图 3-75

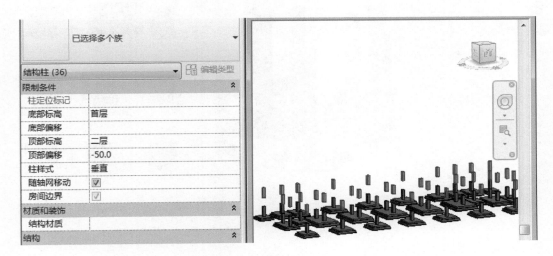

图 3-76

（17）对复制上来的结构柱进行标高修改。在保持复制上来的结构柱处于选择状态下，在"属性"面板设置"底部标高"为"首层"，"底部偏移"为"–50"；"顶部标高"为"二层"，"顶部偏移"为"–50"，Enter 键确认，此时可以看到原本漂浮的结构柱底部已经与"基础底"楼层平面视图中的结构柱在标高上吻合。Esc 键退出选择状态。过程如图 3-77、图 3-78 所示。

（18）单击"基础底"楼层平面视图右上角叉号，关闭"基础底"楼层平面视图。双击"项目浏览器"中"首层"进入"首层"楼层平面视图，可以看到复制后的标高在 –0.050 ～ 3.550m 的结构柱。单击"视图控制栏"中"详细程度"按钮，选择"精细"模式，单击"视图样式"按钮，选择"真实"模式。如图 3-79、图 3-80 所示。模型显示如图 3-81 所示。

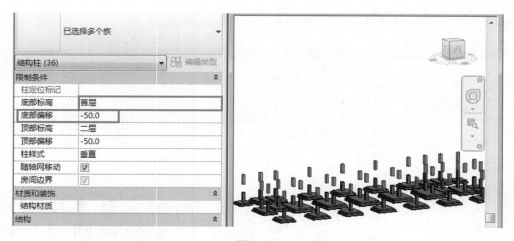

图 3-77

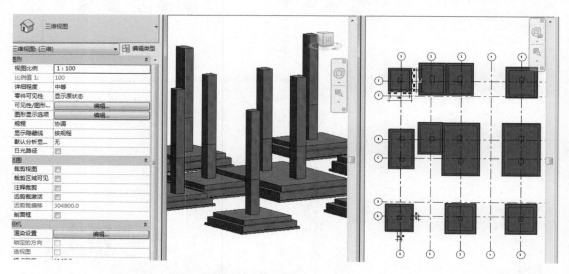

图 3-78

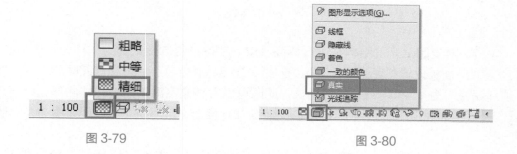

图 3-79   图 3-80

（19）单击"快速访问栏"中的保存按钮，保存当前项目成果。

（20）"首层"楼层平面视图结构柱绘制完成后，开始绘制"二层"楼层平面视图结构柱。

查阅"结施－04"中的"柱配筋表"、"结施－03"中的"柱平面定位图"可知，3.550～

7.200m 的结构柱与 –0.050 ～ 3.550m 的结构柱位置一致，且结构柱截面尺寸没有变化。为了绘图方便，可以直接复制 –0.050 ～ 3.550m 的结构柱到 3.550 ～ 7.200m 处，再进行后期标高的修改即可。

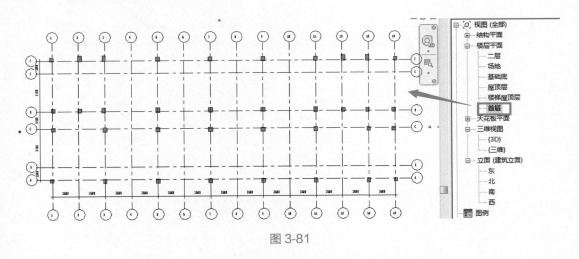

图 3-81

（21）参照建立"首层"楼层平面视图结构柱的方法建立"二层"楼层平面视图结构柱。框选首层所有构件，使用"过滤器"工具只选择结构柱，使用"复制到剪贴板"、"粘贴"、"与选定的标高对齐"工具，在"选择标高"窗口中，选择"屋顶层"，点击"确定"按钮，关闭窗口。在保持复制上来的结构柱处于选择状态下，在"属性"面板设置"底部标高"为"二层"，"底部偏移"为"–50"，"顶部标高"为"屋顶层"，"顶部偏移"为"0"，Enter 键确认。保证了本层结构柱的底部与首层结构柱的顶部对齐，本层结构柱的顶部与屋顶层 7.2m 对齐。Esc 键退出选择状态。如图 3-82 所示。

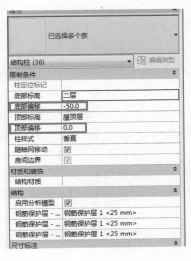

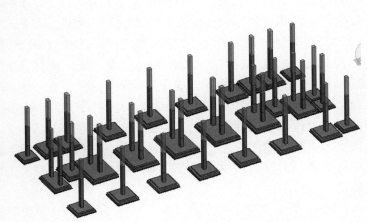

图 3-82

（22）双击"项目浏览器"中"二层"进入"二层"楼层平面视图，可以看到复制上来的标高在 3.550 ～ 7.200m 的结构柱。模型显示如图 3-83 所示。

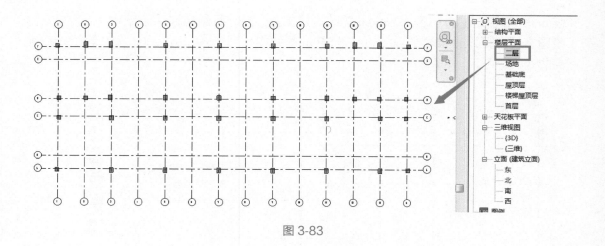

图 3-83

（23）单击"快速访问栏"中保存按钮，保存当前项目成果。

（24）"二层"楼层平面视图结构柱绘制完成后，开始绘制"屋顶层"楼层平面视图结构柱。

查阅"结施－04"中的"柱配筋表"，可知只有 KZ5、KZ6、KZ9、KZ17、KZ20 的顶标高为 10.8m，也就是屋顶层只有这 5 种结构柱。查阅"结施－03"中的"柱平面定位图"可知，KZ5、KZ6、KZ9、KZ17、KZ20 的位置在 2 轴与 F 轴、3 轴与 F 轴、2 轴与 D 轴、3 轴与 D 轴、12 轴与 F 轴、13 轴与 F 轴、12 轴与 D 轴、13 轴与 D 轴交线位置。

通过分析上述创建结构柱的操作步骤，可以使用以下两种方法建立屋顶层这些结构柱。方法一：可以使用"结构"选项卡"结构"面板中的"柱"工具进行绘制；方法二：可以继续使用"复制到剪贴板"工具将下一层的结构柱复制上来。为了操作简便，下面讲述使用第二种方法。

（25）由于是单独选择"KZ5、KZ6、KZ9、KZ17、KZ20"图元，所以不能使用前面讲到的"过滤器"工具，并且由于本项目中"KZ5、KZ6、KZ9、KZ17、KZ20"图元量较少，所以建议使用鼠标配合键盘方式进行多选。双击"项目浏览器"中的"二层"，进入"二层楼层平面视图"，单击 KZ5 图元，按住 Ctrl 键，鼠标指针上出现"＋"；继续单击 KZ6、KZ9、KZ17、KZ20 图元进行多选。选择完成后，点击"复制到剪贴板"工具，点击"粘贴"下的"与选定的标高对齐"，在"选择标高"窗口中，选择"楼梯屋顶层"，点击"确定"按钮，关闭窗口。在保持复制的结构柱处于选择状态下，在"属性"面板设置"底部标高"为"屋顶层"，"底部偏移"为"0"，"顶部标高"为"楼梯屋顶层"，"顶部偏移"为"0"，Enter 键确认。保证了本层结构柱的底部与屋顶层结构柱的顶部对齐，本层结构柱的顶部与楼梯屋顶层 10.8m 对齐。Esc 键退出选择状态。如图 3-84 所示。

（26）双击"项目浏览器"中"屋顶层"进入"屋顶层"楼层平面视图，可以看到复制上来的标高在 7.200 ～ 10.800m 的结构柱。模型显示如图 3-85 所示。

（27）单击"快速访问栏"中的三维视图按钮，切换到三维，模型显示如图 3-86 所示。

（28）单击"快速访问栏"中保存按钮，保存当前项目成果。

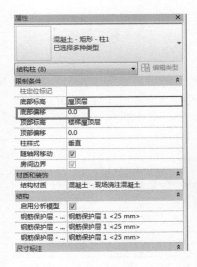
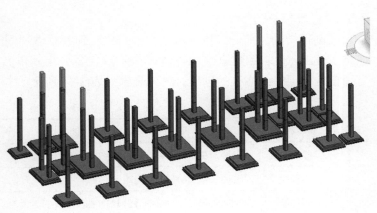

图 3-84

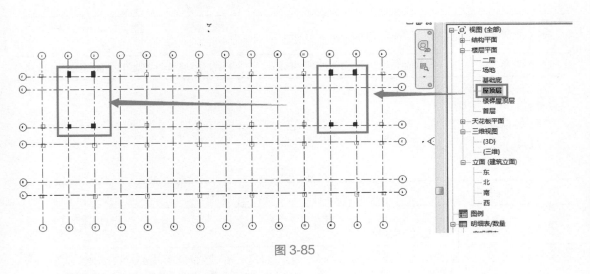

图 3-85

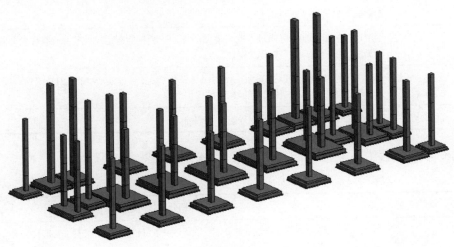

图 3-86

Chapter 3

3.6.3 总结拓展

3.6.3.1 步骤总结

在创建结构柱前一定梳理清楚相应思路，理解软件的同时也能更好地理解业务和图纸。总结上述 Revit 软件建立结构柱的操作步骤主要分为六步。按照本操作流程读者可以完成专用宿舍楼项目结构柱的创建。具体步骤如表 3-14 所示。

表 3-14

序号	操作步骤	具体步骤内容	重点中间过程
1	第一步	载入结构柱族文件	
2	第二步	建立结构柱构件类型	
3	第三步	布置"基础底"楼层平面视图结构柱	含有修改标高、修改位置、尺寸标准等小步骤
4	第四步	布置"首层"楼层平面视图结构柱	含有过滤器、复制到剪贴板、粘贴、与选定的标高对齐等小步骤
5	第五步	布置"二层"楼层平面视图结构柱	含有过滤器、复制到剪贴板、粘贴、与选定的标高对齐等小步骤
6	第六步	布置"屋顶层"楼层平面视图结构柱	含有使用鼠标配合键盘方式进行多选等小步骤

3.6.3.2 业务拓展

柱是建筑物中垂直的主要构件，承托在它上方物件的重量。通常项目中柱分为以下几类。具体分类如表 3-15 所示。

表 3-15

序号	划分类别	划分具体内容
1	框架柱	就是在框架结构中承受梁和板传来的荷载，并将荷载传给基础，是主要的竖向受力构件，需要通过计算配筋
2	框支柱	因为建筑功能要求，下部大空间，上部部分竖向构件不能直接连续贯通落地，而通过水平转换结构与下部竖向构件连接，当布置的转换梁支撑上部的剪力墙的时候，转换梁叫框支梁，支撑框支梁的柱子就叫作支柱
3	暗柱	指布置于剪力墙中柱宽等于剪力墙厚的柱，一般在外观无法看出，所以称之为暗柱，如果布置位置在端部，也可以作为端柱分析
4	端柱	端柱的宽度比墙的厚度要大，16G101-1 图集规定，约束边缘端柱 YDZ 的长与宽的尺寸要大于等于 2 倍墙厚；端柱担当框架柱的作用
5	普通柱	除去上面的柱子和构造柱以外的柱子构件

实际做项目过程中还可能遇到以下柱子，具体分类如表 3-16 所示。

表 3-16

序号	划分类别	划分具体内容
1	按截面形式分	有方柱、圆柱、管柱、矩形柱、工字形柱、H 形柱、T 形柱、L 形柱、十字形柱、双肢柱、格构柱

续表

序号	划分类别	划分具体内容
2	按所用材料分	有石柱、砖柱、砌块柱、木柱、钢柱、钢筋混凝土柱、劲性钢筋混凝土柱、钢管混凝土柱和各种组合柱
3	按长细比分	有短柱、长柱及中长柱

3.6.3.3 软件拓展

上述内容详细讲解了【新建结构柱】的操作方法，在 Revit 软件中，建筑柱主要为建筑师提供柱子示意，只有垂直柱，没有斜柱，功能比较单薄。当建筑柱与墙连接时，会与墙融合并继承墙的材质。结构柱在结构中承受梁和板传来的荷载，并将荷载传给基础，是主要的竖向受力构件，需要通过计算进行配筋。除了建模之外，结构柱还带有分析线，可直接导入分析软件进行分析。结构柱可以是竖直的也可以是倾斜的，功能相对强大。

下面将详细讲解、牛腿柱、柱顶饰条的绘制方式，具体操作步骤读者可以扫描下面的二维码，进入教学补充链接进行更详细直观的视频收听。具体视频内容如表 3-17 所示。

表 3-17

序号	视频分类	视频内容	二维码
1	新建结构柱	主要按照上述实施操作部分内容制作的视频操作	见下面
2	新建牛腿柱及柱顶饰条	主要补充牛腿柱及柱顶饰条创建的操作方法	见下面

3.7 新建梯柱

3.7.1 内容前瞻

1　新建结构柱

2　新建牛腿柱及柱顶饰条

在学习 Revit 软件具体操作之前，先从以下三方面简单了解本节【新建梯柱】所涉及的业务知识、图纸信息、软件操作等内容，帮助读者对本节内容有总体认识，降低后面操作难度。知识总体架构如表 3-18 所示。

表 3-18

序号	知识体系开项	所需了解的具体内容
1	业务知识	（1）梯柱（TZ）为多层建筑楼梯构架的支柱 （2）从建筑结构上讲，一般分为两类，即独立柱和框架柱
2	图纸信息	（1）建立梯柱模型前，先根据专用宿舍楼图纸查阅梯柱构件的尺寸、定位、属性等信息，保证梯柱模型布置的正确性 （2）根据"结施－11"中"TZ1"可知梯柱名称为 TZ1，尺寸为 200mm×400mm，标高为：梯柱从框架梁顶生根到休息平台板顶，即标高 –0.050～1.750m；3.550～5.350m （3）根据"结施－11"中"楼梯二层平面详图"以及"楼梯顶层平面详图"可知梯柱的平面布置位置
3	软件操作	（1）学习使用"柱"命令创建梯柱 （2）学习使用"过滤器"、"复制到剪贴板"、"粘贴"、"与选定的标高对齐"等命令快速创建梯柱

3.7.2 实施操作

Revit 软件中没有专门绘制梯柱构件的命令，一般情况下使用"结构"选项卡"结构"面板中的"柱"工具创建梯柱构件类型，在命名中包含"梯柱或 TZ"字眼即可。下面以《BIM 算量一图一练》中的专用宿舍楼项目为例，讲解创建项目梯柱的操作步骤。

（1）首先建立梯柱构件类型。双击"项目浏览器"中"首层"进入"首层"楼层平面视图，按照建立结构柱构件类型的方式建立 TZ1 的构件类型。如图 3-87、图 3-88 所示。

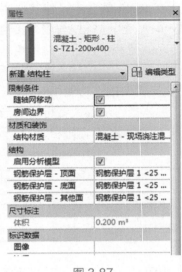

图 3-87

图 3-88

（2）构件定义完成后，开始布置构件。先进行"首层"楼层平面视图梯柱布置。根据"结施 - 11"中"楼梯二层平面详图"布置梯柱。

参照布置结构柱的操作方法，首先在 E 轴与 2 轴交点位置布置 TZ1，然后利用"移动"工具对 TZ1 位置精确修改。同样的操作在 E 轴与 3 轴、E 轴与 12 轴、E 轴与 13 轴交点位置也布置 TZ1，并利用"移动"工具进行位置精确修改（也可以将 E 轴与 2 轴交点位置的 TZ1 复制到其他 3 个位置）。最后利用"Ctrl 键"选中这 4 个 TZ1 图元，统一进行标高修改。过程操作步骤如图 3-89、图 3-90 所示。

（3）单击"快速访问栏"中三维视图按钮，切换到三维，模型显示如图 3-91 所示。

（4）单击"快速访问栏"中保存按钮，保存当前项目成果。

（5）"首层"楼层平面视图梯柱绘制完成后，开始绘制"二层"楼层平面视图梯柱。

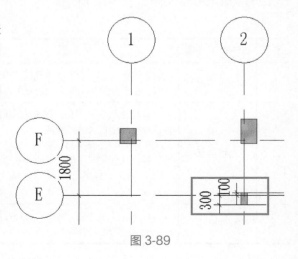

图 3-89

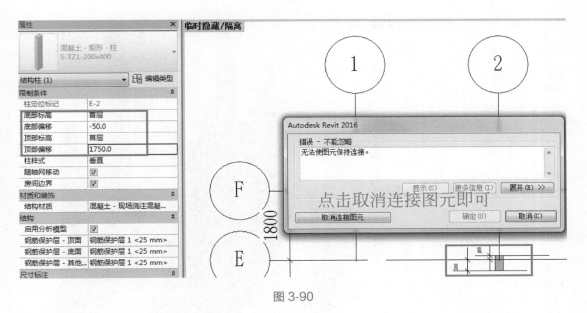

图 3-90

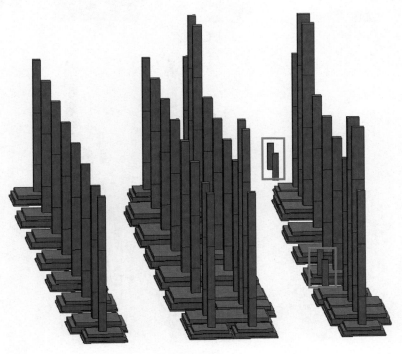

图 3-91

　　可以使用以下两种方法绘制二层梯柱。方法一：可以使用"结构"选项卡"结构"面板中的"柱"工具进行绘制；方法二：可以使用"复制到剪贴板"工具将首层的梯柱复制到二层。为了操作简便，建议使用第二种方法。在保持复制到二层的梯柱处于选择状态下，在"属性"面板设置"底部标高"为"二层"，"底部偏移"为"–50"，"顶部标高"为"二层"，"顶部偏移"为"1750"，Enter 键确认，Esc 键退出选择状态。过程及结果如图 3-92、图 3-93 所示。

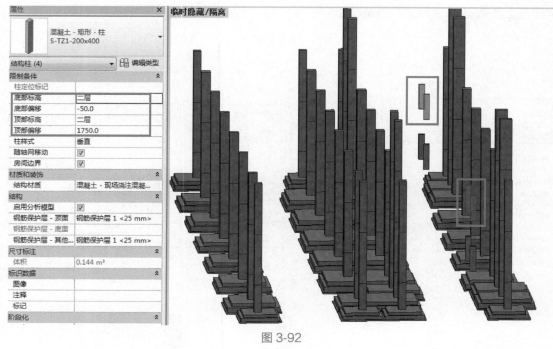

图 3-92

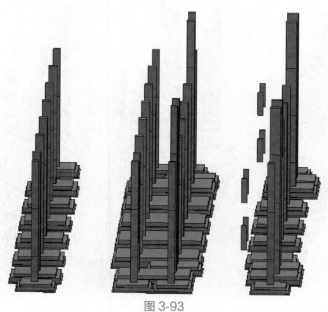

图 3-93

（6）单击"快速访问栏"中保存按钮，保存当前项目成果。

3.7.3　总结拓展

3.7.3.1　步骤总结

在创建梯柱前一定梳理清楚相应思路，理解软件的同时也能更好地理解业务和图纸。总结上述 Revit 软件建立梯柱的操作步骤主要分为两步。按照本操作流程读者可以完成专用宿舍楼项目梯柱的创建。具体步骤如表 3-19 所示。

表 3-19

序号	操作步骤	具体步骤内容	重点中间过程
1	第一步	建立梯柱构件类型（以"结构"选项卡"结构"面板中的"柱"工具为基础）	
2	第二步	布置梯柱构件	含有移动、尺寸标注、鼠标配合键盘方式进行多选、复制到剪贴板、粘贴、与选定的标高对齐等小步骤

3.7.3.2 业务拓展

梯柱（TZ）为多层建筑楼梯构架的支柱，从建筑结构上讲，一般分为两类，即独立柱和框架柱。梯柱广泛应用于各式建筑的楼层链接，是建筑物层面的链接通道，保护通行安全。通常项目中梯柱分为以下几类。具体分类如表 3-20 所示。

表 3-20

序号	划分类别	划分具体内容
1	独立柱	看设计的梯柱是否在墙体内，如果设计在墙体内就是构造柱，如果设计不在墙体内，是独立的柱就是独立柱
2	框架柱	（1）框架柱是在框架结构中承受梁和板传来的荷载，并将荷载传给基础，是主要的竖向受力构件，需要通过计算进行配筋 （2）框架结构里面的梯柱要看与周边结构的连接情况。如果固接，就是受力的柱子，地震中极易损坏；如果是滑动连接，可以算自承重的短柱

3.7.3.3 软件拓展

上述内容详细讲解了【新建梯柱】的操作方法，根据上述拓展内容并结合专用宿舍楼项目"结施－11"、"建施－03"、"建施－04"可以判断本项目设计的梯柱在墙体内，应该归类为构造柱。在实际项目中建筑柱与结构柱的顶面和底面可以附着至楼板、屋顶、梁、天花板、参照平面或标高等构件，下面将详细讲解柱子附着的操作命令，具体操作步骤读者可以扫描下面的二维码，进入教学补充链接进行更详细直观的视频收听。具体视频内容如表 3-21 所示。

表 3-21

序号	视频分类	视频内容	二维码
1	新建梯柱	主要按照上述实施操作部分内容制作的视频操作	见下面
2	柱子附着	主要补充柱子附着其他构件的操作方法	见下面

3.8 新建构造柱

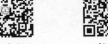

1 新建梯柱　　2 柱子附着

3.8.1 内容前瞻

在学习 Revit 软件具体操作之前，先从以下三方面简单了解本节【新建构造柱】所涉及的业务知识、图纸信息、软件操作等内容，帮助读者对本节内容有总体认识，降低后面操作难度。知识总体架构如表 3-22 所示。

表 3-22

序号	知识体系开项	所需了解的具体内容
1	业务知识	（1）构造柱是砖混结构建筑中重要的混凝土构件 （2）构造柱的设置可以提高多层建筑砌体结构的抗震性能，加强建筑物的稳定性
2	图纸信息	（1）建立构造柱模型前，先根据专用宿舍楼图纸查阅构造柱构件的尺寸、定位、属性等信息，保证构造柱模型布置的正确性 （2）根据"结施－01"中"7.6.2 构造柱截面图"可知构造柱尺寸为墙厚 ×200 （3）根据"结施－04"中大样图可知 QL1 尺寸为 200×200，则女儿墙墙厚为 200，所以构造柱尺寸为 200×200 （4）根据"结施－04"中大样图可知女儿墙底部高度为 7.200m，顶部高度为 8.700m，减去 QL1 的高度 200，实际为 8.500m。构造柱与女儿墙同高，所以构造柱的标高为 7.200～8.500m （5）根据"结施－09"中"屋顶层板配筋图"可知构造柱的平面布置位置 （6）根据"结施－01"中"混凝土强度等级"表格可知构造柱的混凝土强度等级为 C25
3	软件操作	（1）学习使用"柱"命令创建构造柱 （2）学习使用"过滤器"、"复制到剪贴板"、"粘贴"、"与选定的标高对齐"等命令快速创建构造柱

3.8.2 实施操作

Revit 软件中没有专门绘制构造柱构件的命令，一般情况下使用"结构"选项卡"结构"面板中的"柱"工具创建构造柱构件类型，在命名中包含"构造柱或 GZ"字眼即可。下面以《BIM 算量一图一练》中的专用宿舍楼项目为例，讲解创建项目构造柱的操作步骤。

（1）首先建立构造柱构件类型。双击"项目浏览器"中"屋顶层"进入"屋顶层"楼层平面视图，按照建立结构柱构件类型的方式建立 GZ1 的构件类型。如图 3-94、图 3-95 所示。

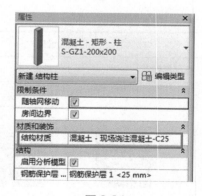

图 3-94

图 3-95

（2）构件定义完成后，开始布置构件。根据"结施－09"中"屋顶层板配筋图"布置构造柱。按照布置结构柱的流程布置构造柱。查阅"结施 – 09"中"屋顶层板配筋图"可知构造柱没有在轴线交点位置,为了确定构造柱的平面定位,需要利用参照平面辅助构造柱位置定位。单击"建筑"选项卡"工作平面"面板中的"参照平面"工具,绘制方式选择"拾取线",选项栏中"偏移量"设置为"800"。缩放区域,鼠标放在 A 号轴线位置,下侧显示绿色的参照线后,左键点击 A 号轴线,参照平面绘制完毕。Esc 键两次退出操作命令。点选刚才绘制的参照平面,在"属性"面板"名称"位置输入"A'",Enter 键确认修改。如图 3-96、图 3-97 所示。

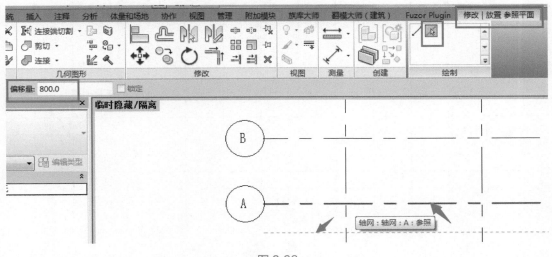

图 3-96

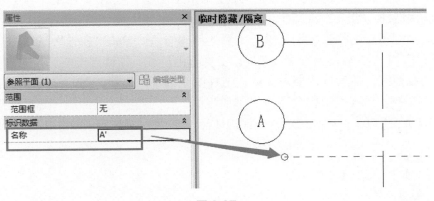

图 3-97

(3)再次使用"参照平面"工具,绘制方式选择"拾取线",选项栏中"偏移量"设置为"350"。缩放区域,鼠标放在 1 号轴线位置,左侧显示绿色的参照线后,左键点击 1 号轴线。生成的新的参照平面命名为"1'"。

再次使用"参照平面"工具,绘制方式选择"拾取线",选项栏中"偏移量"设置为"600"。缩放区域,鼠标放在 F 号轴线位置,上侧显示绿色的参照线后,左键点击 F 号轴线。生成的新的参照平面命名为"F'"。

再次使用"参照平面"工具,绘制方式选择"拾取线",选项栏中"偏移量"设置为

"700"。缩放区域，鼠标放在 F 号轴线位置，上侧显示绿色的参照线后，左键点击 F 号轴线。生成的新的参照平面命名为"F′–1"。

再次使用"参照平面"工具，绘制方式选择"拾取线"，选项栏中"偏移量"设置为"350"。缩放区域，鼠标放在 14 号轴线位置，右侧显示绿色的参照线后，左键点击 14 号轴线。生成的新的参照平面命名为"14′"。

参照平面建立完毕后，结果如图 3-98 所示。

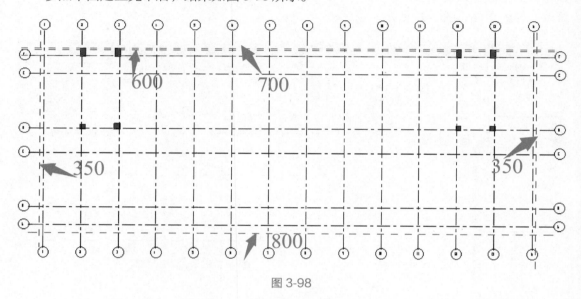

图 3-98

（4）平面定位建立完成后，可以进行构造柱布置。首先在 A′ 参照平面与 1′ 参照平面交点位置布置构造柱。如图 3-99 所示。

（5）对刚刚布置的构造柱图元进行位置的精确修改。单击"修改"选项卡"修改"面板中的"对齐"工具，鼠标指针变成带有对齐图标的样式，左键点击要对齐的 A′ 参照平面，作为对齐的参照线，然后选择要对齐的构造柱图元的下侧边线，此时，构造柱下侧边线与 A′ 参照平面对齐。继续点击要对齐的 1′ 参照平面，作为对齐的参照线，然后选择要对齐的构造柱图元的左侧边线，此时构造柱左侧边线与 1′ 参照平面对齐。如图 3-100 所示。

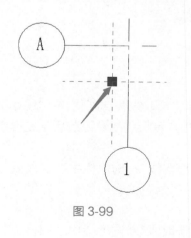

图 3-99

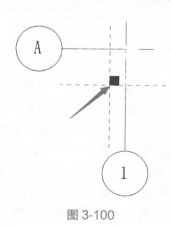

图 3-100

（6）按照上述操作方法，布置其他位置构造柱，布置完成后利用"对齐"工具进行精确位置的修改。完成后如图 3-101 所示。

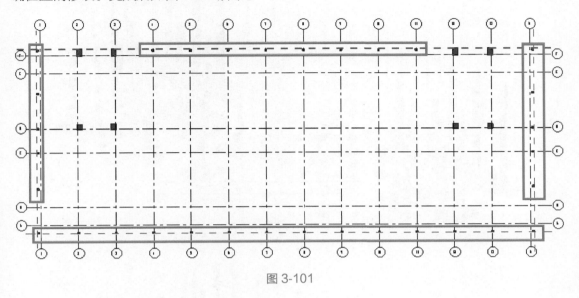

图 3-101

（7）单击"快速访问栏"中三维视图按钮，切换到三维，查看模型成果如图 3-102 所示。

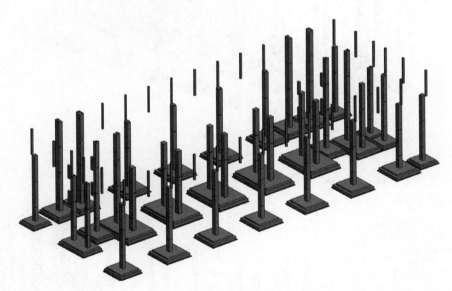

图 3-102

（8）最后对构造柱进行标高修改。单击选择一个构造柱图元，右键点击"选择全部实例"—"在视图中可见"，选择当前视图中的所有构造柱，在"属性"面板中设置"底部标高"为"屋顶层"，"底部偏移"为"0"，"顶部标高"为"屋顶层"，"顶部偏移"为"1300"，Enter 键确认。Esc 键退出选择状态。操作步骤如图 3-103 ～图 3-106 所示。

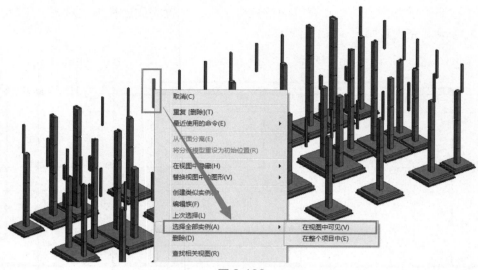

图 3-103

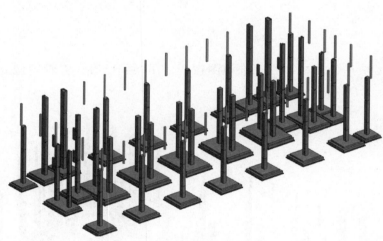

图 3-104

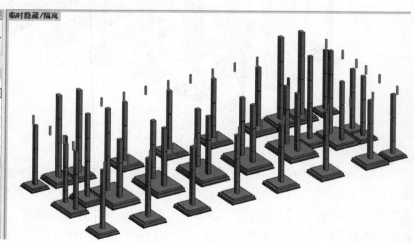

图 3-105

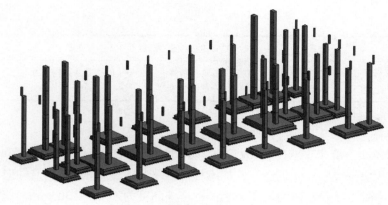

图 3-106

（9）单击"快速访问栏"中保存按钮，保存当前项目成果。

3.8.3 总结拓展

3.8.3.1 步骤总结

在创建构造柱前一定梳理清楚相应思路，理解软件的同时也能更好地理解业务和图纸。总结上述 Revit 软件建立构造柱的操作步骤主要分为两步。按照本操作流程读者可以完成专用宿舍楼项目构造柱的创建。具体步骤如表 3-23 所示。

表 3-23

序号	操作步骤	具体步骤内容	重点中间过程
1	第一步	建立构造柱构件类型（以"结构"选项卡"结构"面板中的"柱"工具为基础）	
2	第二步	布置构造柱构件	含有参照平面、对齐、选择全部实例、在视图中可见等小步骤

3.8.3.2 业务拓展

构造柱是砖混结构建筑中重要的混凝土构件。为提高多层建筑砌体结构的抗震性能，规范要求应在房屋的砌体内适宜部位设置钢筋混凝土柱并与圈梁连接，共同加强建筑物的稳定性。对构造柱的其他业务扩展如表 3-24 所示。

表 3-24

序号	其他业务扩展知识
1	在多层砌体房屋墙体的规定部位，按构造配筋，并按先砌墙后浇灌混凝土柱的施工顺序制成的混凝土柱，通常称为混凝土构造柱，简称构造柱（建筑图纸里符号为 Z）
2	构造柱主要作用是抗击剪力、抗震等横向荷载的。构造柱通常设置在楼梯间的休息平台处、纵横墙交接处、墙的转角处，墙长达到 5m 的中间部位要设构造柱
3	近年来为提高砌体结构的承载能力或稳定性而又不增大截面尺寸，墙中的构造柱已不仅仅设置在房屋墙体转角、边缘部位，也按需要设置在墙体的中间部位；圈梁必须设置成封闭状

续表

序号	其他业务扩展知识
4	从施工角度讲，构造柱要与圈梁、地梁、基础梁整体浇筑。与砖墙体要在结构工程有水平拉接筋连接。如果构造柱在建筑物、构筑物中间位置，要与分布筋连接

3.8.3.3 软件拓展

上述内容详细讲解了【新建构造柱】的操作方法，按照规范要求并结合本专用宿舍楼项目可知：女儿墙位置应设置构造柱，构造柱间距不宜大于 4m，且构造柱应伸至女儿墙顶并与现浇钢筋混凝土压顶整体浇筑在一起。构造柱高度为 500～1300mm，施工顺序为先砌墙后浇柱。在实际项目中，当砌体不能同时砌筑的时候，在交接处一般要预留马牙搓，以保持砌体的整体性与稳定性，常用在构造柱与墙体的连接中，为构造柱上凸出的部分。下面将详细讲解马牙搓的操作命令，具体操作步骤读者可以扫描下面的二维码，进入教学补充链接进行更详细直观的视频收听。具体视频内容如表 3-25 所示。

表 3-25

序号	视频分类	视频内容	二维码
1	新建构造柱	主要按照上述实施操作部分内容制作的视频操作	见下面
2	创建马牙搓	主要补充马牙搓创建的操作方法	见下面

3.9 新建结构梁

3.9.1 内容前瞻

1 新建构造柱　　2 创建马牙搓

在学习 Revit 软件具体操作之前，先从以下三方面简单了解本节【新建结构梁】所涉及的业务知识、图纸信息、软件操作等内容，帮助读者对本节内容有总体认识，降低后面操作难度。知识总体架构如表 3-26 所示。

表 3-26

序号	知识体系开项	所需了解的具体内容
1	业务知识	梁是由支座支承，承受的外力以横向力和剪力为主、以弯曲为主要变形的构件
2	图纸信息	（1）建立结构梁模型前，先根据专用宿舍楼图纸查阅结构梁构件的尺寸、定位、属性等信息，保证结构梁模型布置的正确性 （2）根据"结施－05"中"一层梁配筋图"、"结施－06"中"二层梁配筋图"、"结施－07"中"屋顶层梁配筋图"、"结施－10"中"楼梯顶层梁、板配筋图"，可知结构梁构件的平面定位信息以及结构梁的构件类型信息 （3）根据"结施－01"中"混凝土强度等级"表格，可知结构梁的混凝土强度等级为 C30
3	软件操作	（1）学习使用"梁"命令创建结构梁 （2）学习使用"对齐"命令修改结构梁位置

3.9.2　实施操作

Revit 软件中提供了梁、支撑、梁系统和桁架四种创建结构梁的方式。其中梁和支撑生成梁图元方式与墙类似；梁系统则在指定区域内按指定的距离阵列生成梁；而桁架则通过放置"桁架"族，设置族类型属性中的上弦杆、下弦杆、腹杆等梁族类型，生成复杂形式的桁架图元。下面以《BIM 算量一图一练》中的专用宿舍楼项目为例，讲解创建项目结构梁的操作步骤。

（1）首先建立结构梁构件类型。根据"结施－05"中"一层梁配筋图"先建立首层结构梁构件类型。在"项目浏览器"中展开"楼层平面"视图类别，双击"首层"视图名称，进入"首层"楼层平面视图。单击"结构"选项卡"结构"面板中的"梁"工具，点击"属性"面板中的"编辑类型"，打开"类型属性"窗口，在"族（F）"后面的下拉小三角中选择"混凝土－矩形梁"，此时"类型（T）"后面显示为"200×400mm"。如图 3-107 所示。

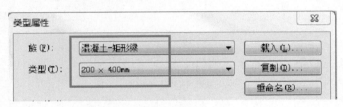

图 3-107

（2）继续上述操作，点击"复制"按钮，弹出"名称"窗口，输入"S-DL1-300×600"，点击"确定"关闭窗口，在"b"位置输入"300"，"h"位置输入"600"。点击"确定"按钮，退出"类型属性"窗口。点击"属性"面板中的"结构材质"右侧按钮，选择材质为"混凝土－现场浇注混凝土－C30"。如图 3-108 所示。

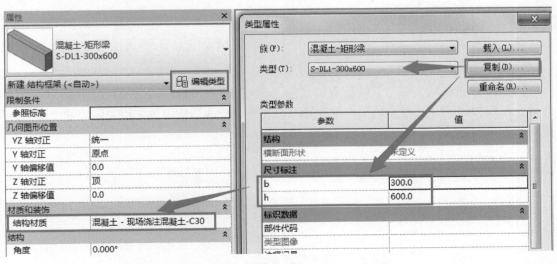

图 3-108

（3）按照上述操作方式创建其他结构梁构件类型。为了避免遗漏，可以先建立水平梁，再建立竖向梁。全部输入完成后，"类型属性"窗口中的构件类型如图 3-109、图 3-110 所示。

图 3-109

图 3-110

（4）构件定义完成后，开始布置构件。根据"结施 – 05"中"一层梁配筋图"布置首层结构梁。在"属性"面板中找到"S-DL1-300×600"，Revit 自动切换至"修改 | 放置梁"上下文选项，单击"绘制"面板中的"直线"工具，选项栏"放置平面"选择"标高：首层"。如图 3-111 所示。

图 3-111

（5）鼠标移动到 1 轴与 F 轴交点位置处，左键点击作为结构梁的起点，向右移动鼠标指针，鼠标捕捉到 2 轴与 F 轴交点位置处点击左键，作为结构梁的终点。弹出如下"警告"窗口，点击右上角叉号关闭即可。如图 3-112 所示。

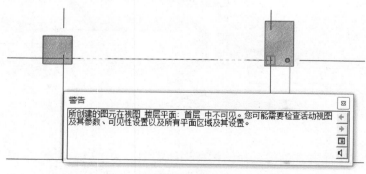

图 3-112

（6）修改视图范围，便于结构梁显示。由于绘制完毕的梁顶部与首层标高 ±0.000m 一致，所以想要在"首层"楼层平面视图看到绘制出来的结构梁图元，需要对当前"首层"楼层平面视图进行可见性设置。先两次 Esc 键退出绘制结构梁命令，当前显示为"楼层平面"的"属性"面板，点击"属性"面板中"视图范围"右侧的"编辑"按钮，打开"视图范围"窗口，在"底（B）"后面"偏移量（F）"处输入" –100"，在"标高（L）"后面"偏移量（S）"处输入" –100"，点击"确定"按钮，关闭窗口。刚才绘制的结构梁 S-DL1-300×600 显示在绘图区域。如图 3-113、图 3-114 所示。

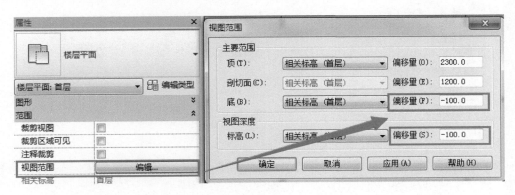

图 3-113

（7）对刚刚布置的 S-DL1-300×600 图元进行位置精确修改。单击"修改"选项卡"修改"面板中的"对齐"工具，鼠标指针变成带有对齐图标的样式，左键点击要对齐的柱子的下边线，以此作为对齐的参照线，然后选择要对齐的实体 S-DL1-300×600 图元的下边线，此时 S-DL1-300×600 的结构梁边线下侧与左右两侧柱下边线完全对齐。如图 3-115 所示。

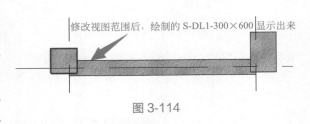

图 3-114

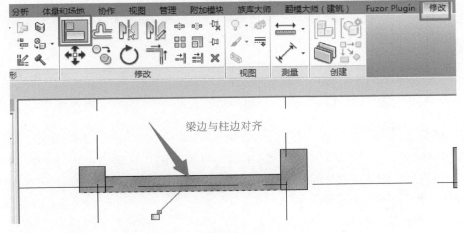

图 3-115

（8）两次 Esc 键退出对齐操作命令，梁图元位置已经修改正确，现在对梁图元进行标高的修改，以满足"结施 – 05"中"一层梁配筋图"下标注要求（首层梁标高为 –0.050m）。选择绘制的结构梁 S-DL1-300×600 图元，在"属性"面板中设置"参照标高"为"首层"，"起点标高偏移"为"–50"，"终点标高偏移"为"–50"，Enter 键确认。如图 3-116 所示。

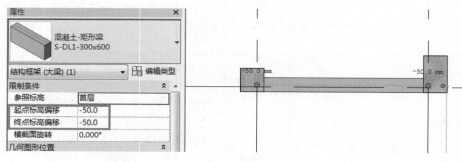

图 3-116

（9）绘制好的梁图元可以二三维同时查看，单击"快速访问栏"中三维视图按钮，切换到三维视图，点击"视图"选项卡"窗口"面板中的"平铺"工具，"首层"楼层平面视图与三维模型视图同时平铺显示在绘图区域。如图 3-117、图 3-118 所示。

图 3-117

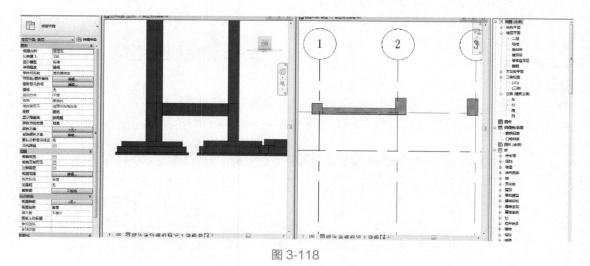

图 3-118

（10）参照上面的操作方法，依次选择 S-DL2-300×600、S-DL3-300×600、S-L1-200×500、S-L2-200×400、S-L3-200×400、S-L4-200×400、S-DL4-250×600、S-DL5-250×600、S-L5-200×500、S-DL6-300×600、S-DL7-250×600、S-DL8-250×600、S-L6-200×550、S-DL10-250×600、S-DL11-250×600、S-L7-200×550、S-L8-200×550、S-DL12-250×600、S-DL13-250×600、S-L4-250×550、S-DL14-250×600、S-L9-250×550、S-DL15-250×600 结构梁进行布置，布置完成后根据"结施 – 05"中"一层梁配筋图"结构梁平面定位信息，

使用"对齐"工具对结构梁位置进行精确修改。完成后如图 3-119 所示。

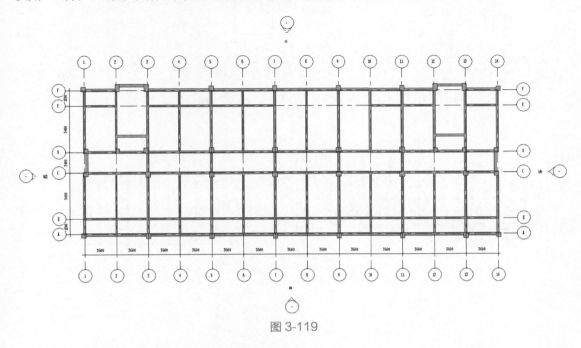

图 3-119

（11）对刚绘制的首层其他结构梁图元进行标高修改。为了提高效率，可以统一进行标高修改。移动鼠标滚轮缩放绘图区域模型，当前模型全部显示在绘图区域后，按住鼠标左键自左上角向右下角，全部框选绘图区域构件。如图 3-120 所示。

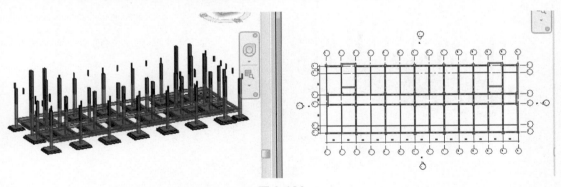

图 3-120

（12）框选完毕之后，Revit 自动切换至"修改 | 选择多个"上下文选项，单击"选择"面板中的"过滤器"工具，弹出"过滤器"窗口，只勾选"结构框架（其他）、结构框架（大梁）、结构框架（托梁）"类别，其他构件类别取消勾选，点击"确定"按钮，关闭窗口。此时模型中只有结构梁被选中，移动鼠标滚轮缩放绘图区域模型。模型显示如图 3-121 所示。

（13）此时按住 Shift 键的同时，左键点击绘制的 S-DL1-300×600 结构梁图元，S-DL1-300×600 梁图元被取消选中（因为前面已经对 S-DL1-300×600 进行了标高修改，此处需要将其剔除），如图 3-122、图 3-123 所示。

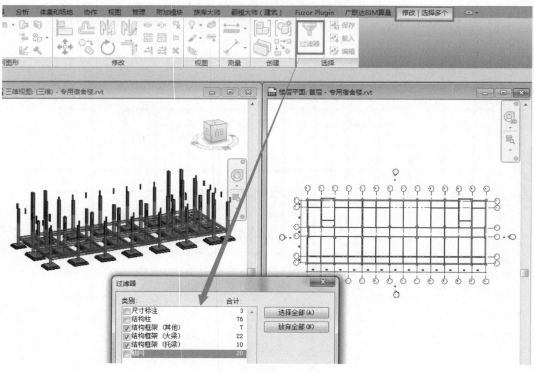

图 3-121

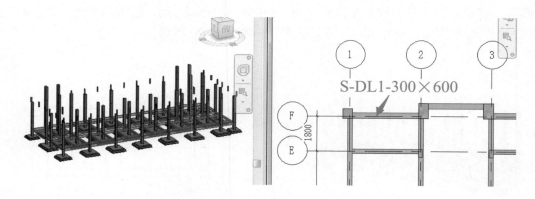

图 3-122

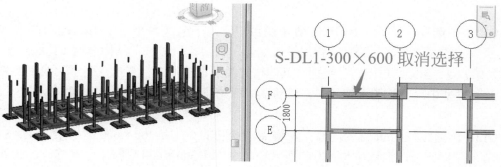

图 3-123

（14）在结构梁的"属性"面板中设置"参照标高"为"首层","起点标高偏移"为"–50","终点标高偏移"为"–50"，Enter 键确认。两次 Esc 键退出结构梁选择状态，修改完成后的结构梁如图 3-124 所示。

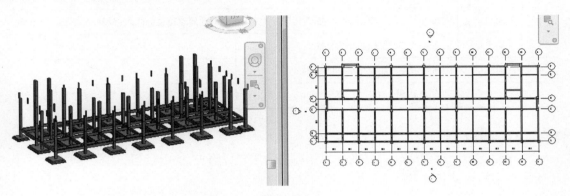

图 3-124

（15）单击"快速访问栏"中保存按钮，保存当前项目成果。

（16）"首层"楼层平面视图结构梁绘制完成后，开始绘制"二层"楼层平面视图结构梁、"屋顶层"楼层平面视图结构梁、"楼梯屋顶层"楼层平面视图结构梁。

参照建立首层梁的方法，依次建立二层、屋顶层、楼梯屋顶层结构梁模型（包含建立当前层的结构梁构件类型、布置结构梁、修改结构梁位置、修改结构梁标高等操作），完成后的全楼结构梁模型如图 3-125 所示。

图 3-125

（17）单击"快速访问栏"中保存按钮，保存当前项目成果。

3.9.3　总结拓展

3.9.3.1　步骤总结

在创建结构梁前一定梳理清楚相应思路，理解软件的同时也能更好地理解业务和图纸。总结上述 Revit 软件建立结构梁的操作步骤主要分为五步。按照本操作流程读者可以完成专用宿舍楼项目结构梁的创建。具体步骤如表 3-27 所示。

表 3-27

序号	操作步骤	具体步骤内容	重点中间过程
1	第一步	建立结构梁构件类型	
2	第二步	布置"首层"楼层平面视图结构梁	含有修改位置、修改标高、过滤器等小步骤
3	第三步	布置"二层"楼层平面视图结构梁	
4	第四步	布置"屋顶层"楼层平面视图结构梁	
5	第五步	布置"楼梯屋顶层"楼层平面视图结构梁	

3.9.3.2 业务拓展

由支座支承，承受的外力以横向力和剪力为主、以弯曲为主要变形的构件称为梁。实际项目中梁的分类非常丰富，具体分类如表 3-28 所示。

表 3-28

序号	划分类别	划分具体内容
1	按功能分	分为结构梁，如基础地梁、框架梁等；与柱、承重墙等竖向构件共同构成空间结构体系，构造梁，如圈梁、过梁、连系梁等，起到抗裂、抗震、稳定等构造性作用
2	按结构工程属性分	分为框架梁、剪力墙支承的框架梁、内框架梁、砌体墙梁、砌体过梁、剪力墙连梁、剪力墙暗梁、剪力墙边框梁
3	按施工工艺分	分为现浇梁、预制梁等
4	按材料分	分为型钢梁、钢筋混凝土梁、木梁、钢包梁等
5	按截面形式分	分为矩形截面梁、T 形截面梁、十字形截面梁、工字形截面梁、匚形截面梁、口形截面梁、不规则截面梁
6	按受力状态分	分为静定梁和超静定梁。静定梁是指几何不变、无多余约束的梁。超静定梁是指几何不变、有多余约束的梁
7	按位于房屋的不同部位分	分为屋面梁、楼面梁、地下框架梁、基础梁

在实际项目图纸中都是以不同字母简写来表示不同类型的梁构件。为了帮助读者正确识图，对项目中常用梁进行简单介绍。具体内容如表 3-29 所示。

表 3-29

序号	划分类别	划分具体内容
1	地梁（DL）	地梁也叫基础梁、地基梁，简单地说就是基础上的梁。一般用于框架结构和框 – 剪结构中，框架柱落在地梁或地梁的交叉处。其主要作用是支撑上部结构，并将上部结构的荷载传递到地基上
2	框架梁（KL）	框架梁是指两端与框架柱相连的梁，或者两端与剪力墙相连但跨高比不小于 5 的梁。框架梁可以分为屋面框架梁（WKL）（框架结构屋面最高处的框架梁）、楼层框架梁（KL）（各楼面的框架梁）、地下框架梁（DKL）。地下框架梁可以理解为设置在基础顶面以上且低于建筑标高正负零（室内地面）以下并以框架柱为支座，不受地基反力作用，或者地基反力仅仅是地下梁及其覆土的自重产生，不是由上部荷载的作用所产生的地下梁

序号	划分类别	划分具体内容
3	圈梁（QL）	圈梁是沿建筑物外墙四周及部分内横墙设置的连续封闭的梁，其目的是为了增强建筑的整体刚度及墙身的稳定性。在房屋的基础上部的连续的钢筋混凝土梁叫基础圈梁，也叫地圈梁；在墙体上部，紧挨楼板的钢筋混凝土梁叫上圈梁。在砌体结构中，圈梁有钢筋砖圈梁和钢筋混凝土圈梁两种
4	连梁（LL）	连梁在剪力墙结构和框架 – 剪力墙结构中连接墙肢与墙肢。连梁是指两端与剪力墙相连且跨高比小于 5 的梁，一般具有跨度小、截面大，与连梁相连的墙体刚度很大等特点。一般在风荷载和地震荷载的作用下，连梁的内力往往很大
5	暗梁（AL）	完全隐藏在板类构件或者混凝土墙类构件中，钢筋设置方式与单梁和框架梁类构件非常近似。暗梁总是配合板或者墙类构件共同工作。板中的暗梁可以提高板的抗弯能力，因而仍然具备板的通用受力特征。混凝土墙中的暗梁作用比较复杂，已不属于简单的受弯构件。它一方面强化墙体与顶板的节点构造，另一方面为横向受力的墙体提供边缘约束。强化墙体与顶板的刚性连接
6	边框梁（BKL）	框架梁伸入剪力墙区域则变为边框梁
7	框支梁（KZL）	因为建筑功能要求，下部大空间、上部部分竖向构件不能直接连续贯通落地，而通过水平转换结构与下部竖向构件连接。当布置的转换梁支撑上部的剪力墙的时候，转换梁叫框支梁，支撑框支梁的柱子叫作框支柱
8	悬挑梁（XL）	不是两端都有支撑的，一端埋在或者浇筑在支撑物上，另一端伸出挑出支撑物的梁。悬挑梁一般为钢筋混凝土材质
9	井式梁（JSL）	井式梁就是不分主次、高度相当的梁；同位相交，呈井字形。一般用在楼板是正方形或者长宽比小于 1.5 的矩形楼板，大厅较多见。梁间距 3m 左右，由同一平面内相互正交或斜交的梁所组成的结构构件；又称交叉梁或格形梁
10	次梁	在主梁的上部，主要起传递荷载的作用
11	拉梁	是指独立基础，在基础之间设置的梁
12	过梁（GL）	当墙体上开设门窗洞口时，为了支撑洞口上部砌体所传来的各种荷载，并将这些荷载传给窗间墙，常在门窗洞口上设置横梁，该横梁称为过梁
13	悬臂梁	梁的一端为不产生轴向、垂直位移和转动的固定支座，另一端为自由端（可以产生平行于轴向和垂直于轴向的力）
14	平台梁	指通常在楼梯段与平台相连处设置的梁，以支承上下楼梯和平台板传来的荷载
15	冠梁（GL）	设置在基坑周边支护（围护）结构（多为桩和墙）顶部的钢筋混凝土连续梁，其作用之一是把所有的桩基连到一起（如钻孔灌注桩、旋挖桩等），防止基坑（竖井）顶部边缘产生坍塌；其次是通过牛腿承担钢支撑（或钢筋混凝土支撑）的水平挤靠力和竖向剪力

3.9.3.3 软件拓展

　　上述内容详细讲解了【新建结构梁】的操作方法，本专用宿舍楼项目中含有 DL、L、KL、WKL 等结构梁类型，在使用 Revit 软件建立模型时，可以统一使用"结构"选项卡"结构"面板中的"梁"工具，构件类型命名中加以区分即可。

　　查阅本专用宿舍楼项目"结施 – 05"中"一层梁配筋图"、"结施 – 06"中"二层梁配筋图"、"结施 – 07"中"屋顶层梁配筋图"、"结施 – 10"中"楼梯顶层梁、板配筋图"可知结构梁构件含有集中标注和原位标注的钢筋信息,在本书中对于钢筋建模暂不考虑。一般情况下,不会使用 Revit 软件建立钢筋模型,主要原因是建模相对复杂,并且对电脑配置要求很高。推荐使用广联达钢筋算量软件进行钢筋模型搭建,建模相对快捷并且钢筋工程量可进行实时统计。

为了巩固结构梁建模操作技能,下面将详细讲解使用结构梁创建屋脊线在 Revit 软件中的应用,具体操作步骤读者可以扫描下面的二维码,进入教学补充链接进行更详细直观的视频收听。具体视频内容如表 3-30 所示。

表 3-30

序号	视频分类	视频内容	二维码
1	新建结构梁	主要按照上述实施操作部分内容制作的视频操作	见下面
2	创建屋脊线	主要补充结构梁创建屋脊线的操作方法	见下面

3.10 新建梯梁

3.10.1 内容前瞻

1 新建结构梁   2 创建屋脊线

在学习 Revit 软件具体操作之前,先从以下三方面简单了解本节【新建梯梁】所涉及的业务知识、图纸信息、软件操作等内容,帮助读者对本节内容有总体认识,降低后面操作难度。知识总体架构如表 3-31 所示。

表 3-31

序号	知识体系开项	所需了解的具体内容
1	业务知识	梯梁,具体是指在梯子的上部结构中沿梯子轴横向设置并支承于主要承重构件上的梁
2	图纸信息	(1)建立梯梁模型前,先根据专用宿舍楼图纸查阅梯梁构件的尺寸、定位、属性等信息,保证梯梁模型布置的正确性 (2)根据"结施 – 11"中"楼梯二层平面详图"以及"结施 – 11"中"楼梯顶层平面详图"可知梯梁名称为 TL1,尺寸为 200mm×400mm (3)梯梁平面布置位置,备注中已说明:楼梯梁顶标高均同楼梯平台板标高(图中标注的平台板高度为 1.8m 与 5.4m) (4)本图中所注标高均为建筑标高 H,结构标高 $=H$–0.050,也就是梯梁标高为 1.750m 与 5.350m,与相应层梯柱顶标高一致(梯柱从框架梁顶生根到休息平台板顶,即标高为 –0.050 ~ 1.750m、3.550 ~ 5.350m)
3	软件操作	学习使用"梁"命令创建梯梁

3.10.2 实施操作

Revit 软件中没有专门绘制梯梁构件的命令,一般情况下使用"结构"选项卡"结构"

面板中的"梁"工具创建梯梁构件类型，在命名中包含"梯梁或TL"字眼即可。下面以《BIM算量一图一练》中的专用宿舍楼项目为例，讲解创建项目梯梁的操作步骤。

（1）首先建立梯梁构件类型。双击"项目浏览器"中"首层"进入"首层"楼层平面视图，按照建立结构梁构件类型的方式建立TL1的构件类型，如图3-126、图3-127所示。

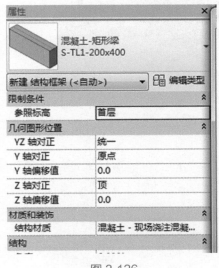
图 3-126

图 3-127

（2）构件定义完成后，开始布置构件。根据"结施－11"中"楼梯二层平面详图"布置首层梯梁。按照布置结构梁的流程与操作方法进行首层TL1的布置，注意修改梯梁的标高以及梯梁的平面精确定位。局部梯梁完成后如图3-128所示。

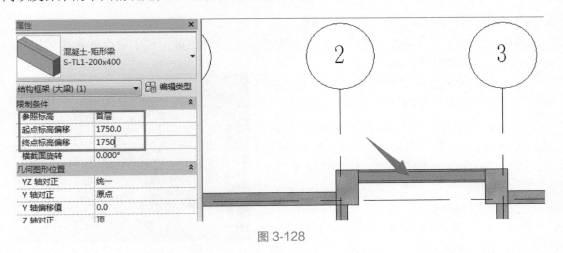
图 3-128

（3）"首层"楼层平面视图梯梁绘制完成后，开始绘制"二层"楼层平面视图梯梁。使用"复制到剪贴板"、"与选定的标高对齐"等工具，将布置好的首层梯梁复制到二层，全部完成后梯梁如图3-129所示。

（4）单击"快速访问栏"中保存按钮，保存当前项目成果。

图 3-129

3.10.3 总结拓展

3.10.3.1 步骤总结

在创建梯梁前一定梳理清楚相应思路，理解软件的同时也能更好地理解业务和图纸。总结上述 Revit 软件建立梯梁的操作步骤主要分为三步。按照本操作流程读者可以完成专用宿舍楼项目梯梁的创建。具体步骤如表 3-32 所示。

表 3-32

序号	操作步骤	具体步骤内容	重点中间过程
1	第一步	建立梯梁构件类型	
2	第二步	布置"首层"楼层平面视图梯梁	
3	第三步	布置"二层"楼层平面视图梯梁	

3.10.3.2 业务拓展

梯梁，简单来说就是楼梯的横梁，具体是指在梯子的上部结构中沿梯子轴横向设置并支承于主要承重构件上的梁。

梯梁用于承载楼梯板和楼梯踏步传下来的荷载，然后把载荷传递到柱，最后传递到基础。

判断梯梁属于连梁还是框架梁需要看梯梁的跨高比，如果跨高比小于等于 5 则是连梁，否则是框架梁。对于梯梁的解读如图 3-130所示。

3.10.3.3 软件拓展

上述内容详细讲解了【新建梯梁】的操作方法，本专用宿舍楼项目中首层和二层的楼梯平台板位置都含有梯梁，首层、二层、屋顶层

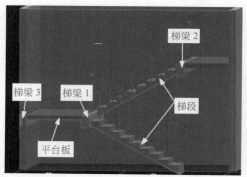

图 3-130

结构板位置为普通梁及框架梁。为了巩固对梯梁的认知，下面将详细讲解梯梁的识图知识，具体操作步骤读者可以扫描下面的二维码，进入教学补充链接进行更详细直观的视频收听。具体视频内容如表 3-33 所示。

表 3-33

序号	视频分类	视频内容	二维码
1	新建梯梁	主要按照上述实施操作部分内容制作的视频操作	见下面
2	梯梁识图	主要补充梯梁识图的知识	见下面

3.11 新建结构板

3.11.1 内容前瞻

1 新建梯梁　　2 梯梁识图

在学习 Revit 软件具体操作之前，先从以下三方面简单了解本节【新建结构板】所涉及的业务知识、图纸信息、软件操作等内容，帮助读者对本节内容有总体认识，降低后面操作难度。知识总体架构如表 3-34 所示。

表 3-34

序号	知识体系开项	所需了解的具体内容
1	业务知识	（1）楼板是分隔建筑竖向空间的水平承重构件 （2）楼板的基本组成可划分为结构层、面层和顶棚三个部分
2	图纸信息	（1）建立结构板模型前，先根据专用宿舍楼图纸查阅结构板构件的尺寸、定位、属性等信息，保证结构模型布置的正确性 （2）根据"结施 – 08"中"二层板配筋图"、"结施 – 09"中"屋顶层板配筋图"、"结施 – 10"中"楼梯屋顶层，梁板配筋图"可知结构板构件的平面定位信息、结构板的厚度及标高信息 （3）根据"结施 – 01"中"混凝土强度等级"表格可知结构板的混凝土强度等级为 C30
3	软件操作	（1）学习使用"楼板：结构"命令创建结构板 （2）学习使用"修改／延伸为角（TR）"命令修剪楼板轮廓

3.11.2 实施操作

Revit 中提供了三种楼板：面楼板、结构楼板和楼板。其中面楼板用于将概念体量模型的楼层面转换为楼板模型图元，该方式只能用于从体量创建楼板模型时；结构楼板是为方便在楼板中布置钢筋、进行受力分析等结构专业应用而设计；楼板和结构楼板布置方式类似。下面以《BIM 算量一图一练》中的专用宿舍楼项目为例，讲解创建项目结构板的操作步骤。

（1）首先建立结构板构件类型。在"项目浏览器"中展开"楼层平面"视图类别，双击"二层"视图名称，进入"二层"楼层平面视图。单击"结构"选项卡"结构"面板中的"楼板"下拉下的"楼板：结构"工具，点击"属性"面板中的"编辑类型"，打开"类型属性"窗口，点击"复制"按钮，弹出"名称"窗口，输入"S – 楼板 – 100"，点击"确定"按钮关闭窗口。点击"结构"右侧"编辑"按钮，进入"编辑部件"窗口，修改"结构【1】""厚度"为"100"，点击"结构【1】""材质""按类别"进入"材质浏览器"窗口，选择"混凝土 – 现场浇注混凝土 – C30",点击"确定"关闭窗口,再次点击"确定"按钮退出"类型属性"窗口,属性信息修改完毕,过程如图 3-131 ～图 3-135 所示。

图 3-131

图 3-132

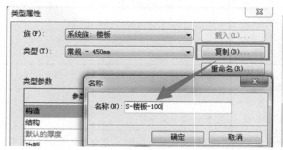

图 3-133

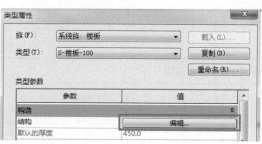

图 3-134

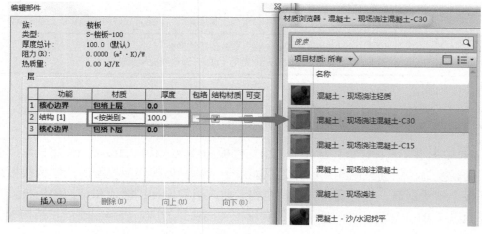

图 3-135

（2）构件定义完成后,开始布置构件。根据"结施 – 08"中"二层板配筋图"布置二层结构板。在"属性"面板设置"标高"为"二层","自标高的高度偏移量"为"–50",Enter 键确认。"绘制"面板中选择"拾取线"方式,选项栏中"偏移量"设置为"0",沿专用宿舍楼外侧梁中心线依次拾取,（垂直梁和水平梁直接拾取一根,出现弯折需多次拾取）生成楼板边界轮廓。如图 3-136 所示。

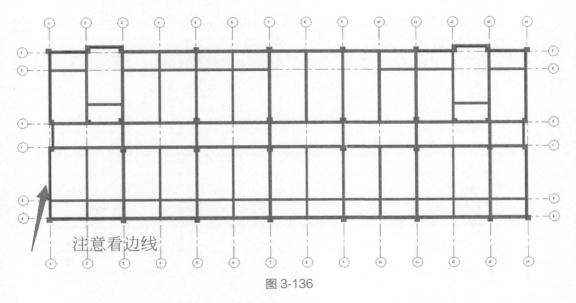

注意看边线

图 3-136

（3）借用"修改 / 延伸为角（TR）"工具来进行修改编辑。如图 3-137 所示位置楼板线连接的方法为：点击"修改 | 创建楼板边界"上下文选项"修改"面板中的"修改 / 延伸为角（TR）"工具，点击 F 轴的紫色楼板线，然后点击 2 轴的紫色楼板线，此时两条紫色线条相连。再次点击 2 轴的紫色楼板线，然后点击 F 轴上侧 2～3 轴间的紫色楼板线，此时两条紫色线条相连。

（4）同样的方法，使用"修改 / 延伸为角（TR）"工具对其他位置楼板线进行编辑，如图 3-138 所示。

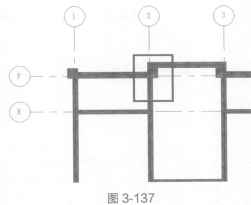

图 3-137

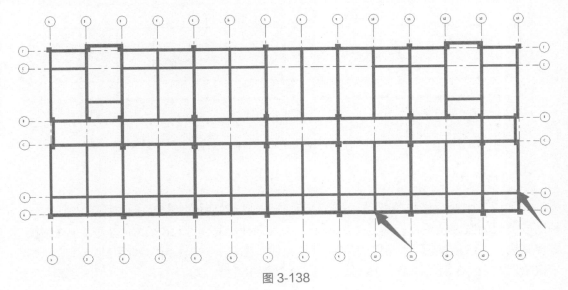

图 3-138

（5）点击"绘制"面板中"拾取线"工具，选项栏中"偏移量"设置为"0"。依次拾取 C 轴、D 轴、2 轴、3 轴、12 轴、13 轴、C 轴、D 轴位置梁中心线。继续使用"修改／延伸为角（TR）"工具进行修剪编辑。最后保持紫色楼板线首尾相连，并删除多余线条。如图 3-139、图 3-140 所示。

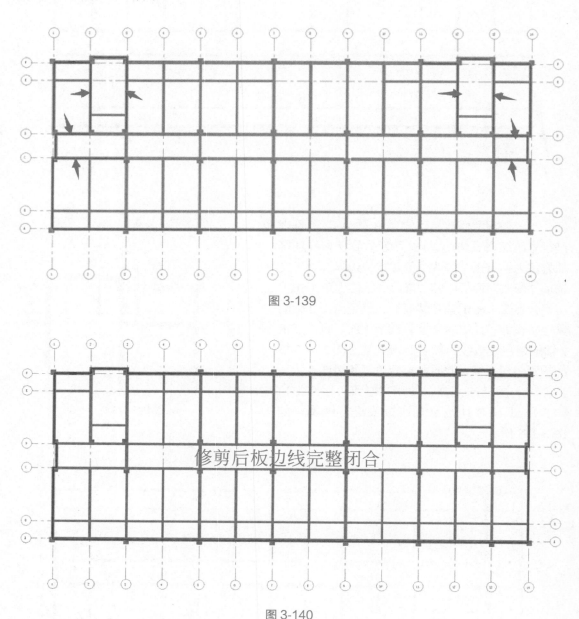

图 3-139

图 3-140

（6）项目中两个楼梯位置结构板暂不需要绘制，需要单独剔除，且 7～9 轴与 D～F 轴围成的封闭区域位置板标高为（H-0.100）m（即顶标高为 3.450m），也需要在原有封闭区域将其剔除。继续使用"绘制"面板中"拾取线"工具，选项栏中"偏移量"设置为"0"。依次拾取 2 轴、3 轴、12 轴、13 轴、7 轴、9 轴梁中心线，以及 D 轴上侧的楼梯梁中心线，如图 3-141 所示。

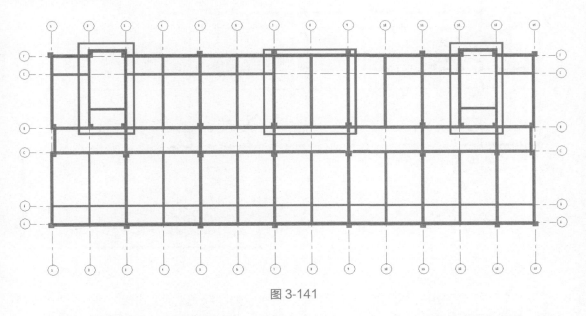

图 3-141

（7）继续使用"修改／延伸为角（TR）"工具进行修剪编辑。最后保持紫色楼板线首尾相连，并删除多余线条，如图 3-142 所示。

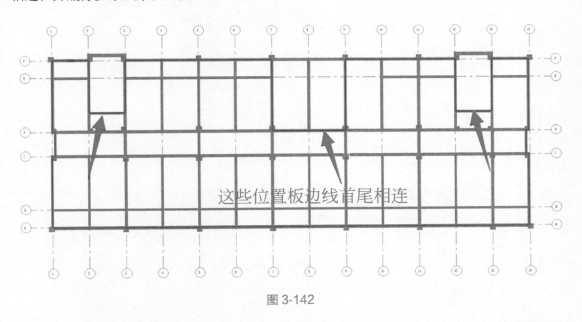

这些位置板边线首尾相连

图 3-142

（8）修剪完成后单击"模式"面板中的"绿色对勾"工具，若弹出"Autodesk Revit 2016"窗口，则点击"显示"按钮，找到绘图区域高亮橘色显示位置。找到后点击"退出绘制模式"按钮，关闭窗口。鼠标移动到高亮橘色显示位置，可以继续使用"修改／延伸为角（TR）"工具或其他工具将此位置的线首尾闭合。如图 3-143、图 3-144 所示。

图 3-143

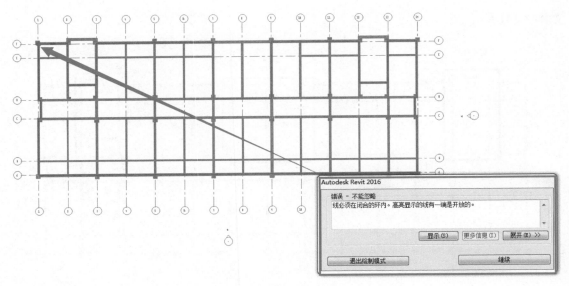

图 3-144

（9）全部修改完毕后，再次点击"模式"面板中的"绿色对勾"工具，弹出" Revit"窗口，点击"否"，关闭即可。Esc 键退出绘制模式。此时绘制的整块结构楼板以蓝色选中状态显示。Esc 键退出板选择状态，如图 3-145、图 3-146 所示。

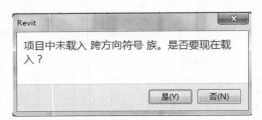

图 3-145

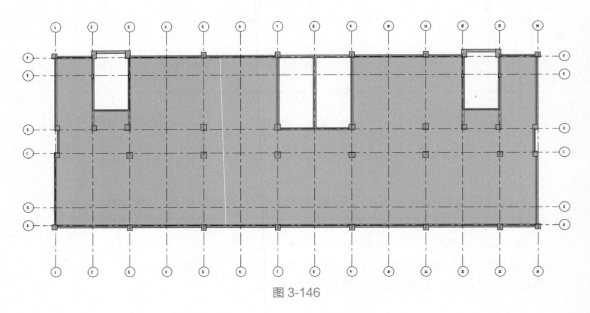

图 3-146

（10）二层整块结构板绘制完成后，下面讲解下 7～9 轴与 D～F 轴围成的封闭区域位置结构板。单击"结构"选项卡"结构"面板中的"楼板"下拉下的"楼板：结构"工具，在"属性"面板中找到"S－楼板－100"，在"属性"面板设置"标高"为"二层"，"自标高的高度偏移量"为"−150"，Enter 键确认。"绘制"面板中选择"拾取线"方式，选项栏中"偏移量"设置为"0"。拾取 7 轴、9 轴、D 轴、F 轴梁中心线生成楼板边界轮廓，继续使用"修改 / 延伸为角（TR）"功能对其进行修剪编辑形成封闭区域，如图 3-147 所示。

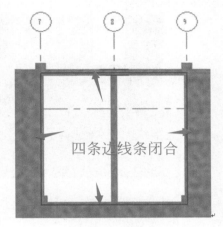

图 3-147

（11）单击"模式"面板中的"绿色对勾"工具，完成 7 轴、9 轴、D 轴、F 轴封闭区域内结构降板的处理。如图 3-148 所示。

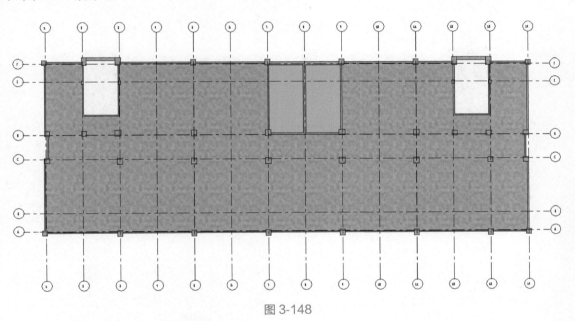

图 3-148

（12）"二层"楼层平面视图结构板绘制完成后，开始绘制"屋顶层"楼层平面视图结构板。根据"结施－09"中"屋顶层板配筋图"可知屋顶层结构板板厚为 100mm，标高为 7.20m。两个楼梯位置不需要绘制结构板。利用"拾取线"及"修改 / 延伸为角（TR）"工具进行屋顶层结构板建模，建立好的结构板如图 3-149 所示。

（13）"屋顶层"楼层平面视图结构板绘制完成后，开始绘制"楼梯屋顶层"楼层平面视图结构板。根据"结施－10"中"楼梯顶层梁，板配筋图"可知屋顶层两个楼梯位置结构板板厚为 100mm，标高为 10.80m。利用"拾取线"及"修改 / 延伸为角（TR）"工具进行楼梯屋顶层结构板建模，建立好的结构板如图 3-150 所示。

（14）单击"快速访问栏"中三维视图按钮，切换到三维，查看模型成果如图 3-151 所示。

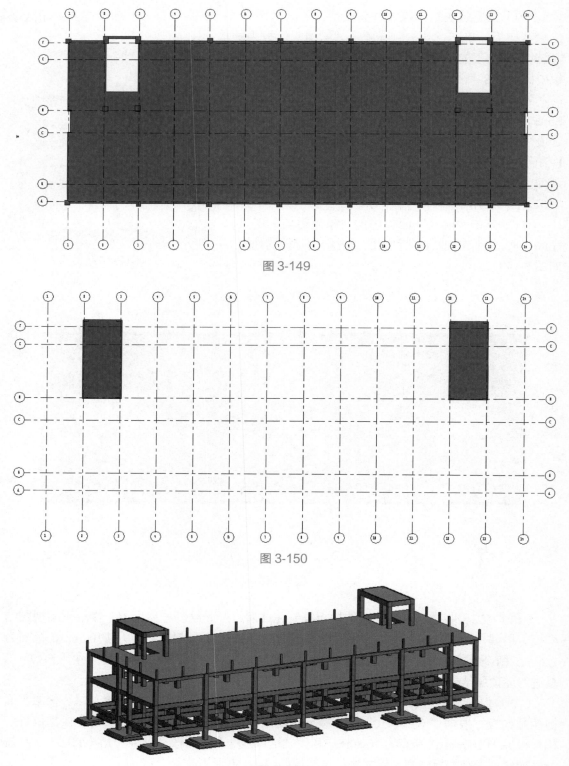

图 3-149

图 3-150

图 3-151

（15）单击"快速访问栏"中保存按钮，保存当前项目成果。

3.11.3 总结拓展

3.11.3.1 步骤总结

在创建结构板前一定梳理清楚相应思路，理解软件的同时也能更好地理解业务和图纸。总结上述 Revit 软件建立结构板的操作步骤主要分为四步。按照本操作流程读者可以完成专用宿舍楼项目结构板的创建。具体步骤如表 3-35 所示。

表 3-35

序号	操作步骤	具体步骤内容	重点中间过程
1	第一步	建立结构板构件类型	
2	第二步	布置"二层"楼层平面视图结构板	
3	第三步	布置"屋顶层"楼层平面视图结构板	
4	第四步	布置"楼梯屋顶层"楼层平面视图结构板	

3.11.3.2 业务拓展

楼板的基本组成可划分为结构层、面层和顶棚三个部分。楼板是分隔建筑竖向空间的水平承重构件。在实际项目中楼板的作用如表 3-36 所示。

表 3-36

序号	楼板主要作用
1	（1）承受水平方向的竖直荷载 （2）在高度方向将建筑物分隔为若干层 （3）墙、柱水平方向的支撑及联系杆件，保持墙柱的稳定性，并能承受水平方向传来的荷载（如风载、地震载），并把这些荷载传给墙、柱，再由墙、柱传给基础 （4）起到保温、隔热作用，即围护功能 （5）起到隔声作用，以保持上下层互不干扰 （6）起到防火、防水、防潮等功能

楼板按其使用的材料可分为木楼板、砖拱楼板、钢筋混凝土楼板和钢衬板承重的楼板等几种形式。其中砖楼板的施工烦琐，抗震性能较差，楼板层过高，目前已很少采用；木楼板自重轻、构造简单、保温性能好，但耐久和耐火性差，一般也较少采用；钢筋混凝土楼板具有强度高，刚性好，耐久、防火、防水性能好，又便于工业化生产等优点，是现在广为使用的楼板类型。

钢筋混凝土楼板作为项目中最常用的楼板类型，按照施工方法可分为现浇和预制两种。具体分类如表 3-37 所示。

表 3-37

序号	划分类别	划分具体内容
1		现浇钢筋混凝土楼板： 整体性、耐久性、抗震性好，刚度大，能适应各种形状的建筑平面，设备留洞或设置预埋件都较方便，但模板消耗量大，施工周期长。按照构造不同又可分为如下四种现浇楼板

续表

序号	划分类别	划分具体内容
1.1	钢筋混凝土现浇楼板	当承重墙的间距不大时，如住宅的厨房间、厕所间，钢筋混凝土楼板可直接搁置在墙上，不设梁和柱，板的跨度一般为 2～3m，板厚度为 70～80mm
1.2	钢筋混凝土肋型楼板	也称梁板式楼板，是现浇式楼板中最常见的一种形式。它由主板、次梁和主梁组成。主梁可以由柱和墙来支撑。所有的板、肋、主梁和柱都是在支模以后，整体现浇而成。其一般跨度为 1.7～2.5m，厚度为 60～80mm
1.3	无梁楼板	其为等厚的平板直接支撑在带有柱帽的柱上，不设主梁和次梁。它的构造有利于采光和通风，便于安装管道和布置电线，在同样的净空条件下，可减小建筑物的高度；其缺点是刚度小，不利于承受大的集中荷载
1.4	板式楼板	是将楼板现浇成一块平板（不设置梁），并直接支承在墙上的楼板。它是最简单的一种形式，适用于平面尺寸较小的房间（如混合结构住宅中的厨房和卫生间）以及公共建筑的走廊。板式楼板按周边支承情况及板平面的长短边边长的比值，分为单向板、双向板、悬挑板等
2		预制钢筋混凝土楼板： 采用此类楼板是将楼板分为梁、板若干构件，在预制厂或施工现场预先制作好，然后进行安装。它的优点是可以节省模板，改善制作时的劳动条件，加快施工进度；但整体性较差，并需要一定的起重安装设备。随着建筑工业化提高，特别是大量采用预应力混凝土工艺，预制钢筋混凝土楼板的应用将越来越广泛。按照构造不同又可分为如下三种预制楼板
2.1	实心平板	实心平板制作简单，节约模板，适用于跨度较小的部位，如走廊板、平台板等
2.2	槽形板	它是一种梁板结合的构件，由面板和纵肋构成。作用在槽形板上的荷载，由面板传给纵肋，再由纵肋传到板两端的墙或梁上。为了增加槽形板的刚度，需在两纵肋之间增加横肋，在板的两端以端肋封闭
2.3	空心板	空心板上下表面平整，隔音和隔热效果好，大量应用于民用建筑的楼盖和屋盖中，按其孔的形状有方孔、椭圆孔和圆孔等

3.11.3.3 软件拓展

上述内容详细讲解了【新建结构板】的操作方法，在 Revit 软件建立结构板时，如果考虑土建算量和钢筋算量的规则，需要按照建筑构件围成的封闭房间逐块进行结构板创建，如"建施 – 03"中房间有宿舍、阳台、走道、卫生间、盥洗室，这些封闭区域需要单独绘制结构板。本项目暂不考虑算量问题，所以上述关于结构板建模操作的讲解中，进行了整块结构板的建模（只考虑了剔除不同标高的板）。

在 Revit 软件中，楼板可以单独绘制，无需以墙、梁围成的封闭区域为边界，所以使用 Revit 软件的楼板工具，可以创建任意形式的楼板，只需要在楼层平面视图中绘制楼板的轮廓边缘草图，即可以生成指定外形的楼板模型。

为了巩固楼板建模操作技能，下面将详细讲解其他楼板形式在 Revit 软件中的应用，具体操作步骤读者可以扫描下面的二维码，进入教学补充链接进行更详细直观的视频收听。具体视频内容如表 3-38 所示。

表 3-38

序号	视频分类	视频内容	二维码
1	新建结构板	主要按照上述实施操作部分内容制作的视频操作	见下面
2	新建卫生间带坡度板	主要补充卫生间带坡度板创建的操作方法	见下面

3.12 新建楼梯

1　新建结构板　　　2　新建卫生间带坡度板

3.12.1 内容前瞻

在学习 Revit 软件具体操作之前，先从以下三方面简单了解本节【新建楼梯】所涉及的业务知识、图纸信息、软件操作等内容，帮助读者对本节内容有总体认识，降低后面操作难度。知识总体架构如表 3-39 所示。

表 3-39

序号	知识体系开项	所需了解的具体内容
1	业务知识	楼梯是建筑物中作为楼层间垂直交通用的构件，用于楼层之间和高差较大时的交通联系
2	图纸信息	（1）建立楼梯模型前，先根据专用宿舍楼图纸查阅楼梯构件的尺寸、定位、属性等信息，保证楼梯模型布置的正确性 （2）根据"结施 – 11"、"建施 – 03"、"建施 – 04"、"建施 – 07"、"建施 – 08"可知楼梯构件的平面定位信息以及楼梯的构件类型信息 （3）根据"结施 – 01"中"混凝土强度等级"表格可知楼梯的混凝土强度等级为 C30
3	软件操作	（1）学习使用"楼梯（按草图）"命令创建楼梯 （2）学习使用"参照平面"命令定位楼梯平面位置 （3）学习使用"多层顶部标高"命令创建多层楼梯

3.12.2 实施操作

在 Revit 软件中，楼梯部位由楼梯板和扶手两部分构成，与其他构件类似，在使用楼梯前应定义好楼梯类型属性中各种楼梯参数。Revit 中分为"楼梯（按构件）"、"楼梯（按草图）"两种。下面以《BIM 算量一图一练》中的专用宿舍楼项目为例，讲解使用"楼梯（按草图）"创建项目楼梯的操作步骤。

（1）本项目首层和二层各有两部楼梯，其中 2～3 轴与 D～F 轴围成的区域有一部楼梯，12～13 轴与 D～F 轴围成的区域有一部楼梯。首先添加 2～3 轴与 D～F 轴部位的室内楼梯。建立楼梯需要分解为以下几步：进行楼梯定位→建立楼梯构件→布置楼梯→修剪完善楼梯。

首先根据"结施 – 11"中"楼梯首层平面详图"进行楼梯定位。在"项目浏览器"中展开"楼层平面"视图类别，双击"首层"视图名称，进入"首层"楼层平面视图。单击"建筑"选项卡"工作平面"面板中的"参照平面"工具，绘制方式选择"拾取线"，选项栏中"偏移量"设置为"100"，如图 3-152 所示。缩放区域，鼠标放在 2 号轴线位置，.右侧显示绿色的参照线后，左键点击 2 号轴线，参照平面绘制完毕，Esc 键两次退出操作命令。点选刚才绘制的参照平面，在"属性"面板"名称"位置输入"1"，Enter 键确认修改。如图 3-153 所示。

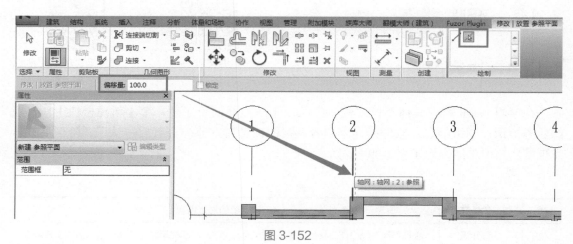

图 3-152

图 3-153

（2）再次使用"参照平面"工具，绘制方式选择"拾取线"，选项栏中"偏移量"设置为 1650。缩放区域，鼠标放在 1 参照平面上，右侧显示绿色的参照线后，左键点击 1 参照平面，生成的新的参照平面命名为"2"。如图 3-154 所示。

（3）按照上述操作，建立其他的楼梯定位参照平面，命名以此类推。完成后使用"注释"选项卡"尺寸标注"面板中的"对齐"工具，进行尺寸标注后与"结施 – 11"中"楼梯首层平面详图"一致。如图 3-155 所示。

（4）根据"建施 – 07"、"建施 – 08"、"结施 – 01"建立楼梯构件。单击"建筑"选项卡"楼梯坡道"面板中的"楼梯"下拉下的"楼梯（按草图）"工具，点击"属性"面板中的"编辑类型"，打开"类型属性"窗口，选择"类型（T）"为"整体式楼梯"，点击"复制"按钮，弹出"名称"窗口，输入"宿舍楼 – 室内楼梯"，点击"确定"按钮关闭窗口。如

图 3-156、图 3-157 所示。

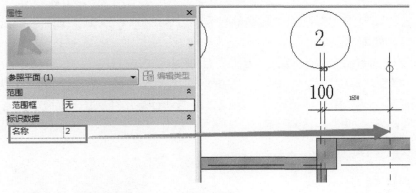

图 3-154

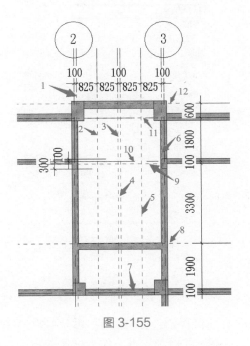

图 3-155

图 3-156

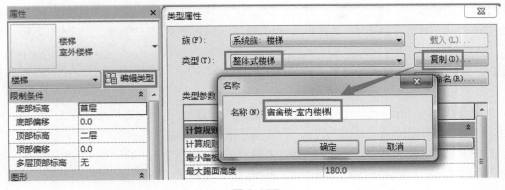

图 3-157

（5）修改"最小踏板深度"为"300"（该参数决定楼梯所需要的最短梯段长度）；修改"最大踢面高度"为"150"（该参数决定楼梯所需要的最少踏步数）；修改"功能"为"外部"，修改"整体式材质"为"混凝土 – 现场浇注混凝土 –C30"；点击"确定"按钮，退出"类型属性"窗口，如图 3-158 所示。

（6）修改楼梯参数类型，修改"属性"面板中"底部标高"为"首层"，"顶部标高"为"二层"，修改"宽度"为"1650"。根据前面类型参数中已经设置的"最大踢面高度"和楼梯的"底部标高"和"顶部标高"数值，可自动计算出所需的踏面数为 24。Enter 键确认，启用这些设置。如图 3-159 所示。

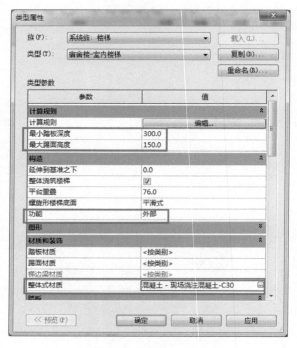

图 3-158

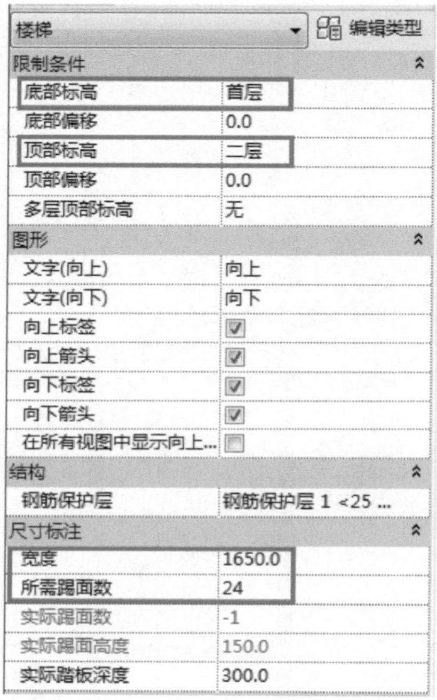

图 3-159

（7）进行楼梯布置。选择"修改 | 创建楼梯草图"上下文选项"绘制"面板中的"梯段"下的绘制方式为"直线"。移动鼠标至 8 与 5 参照平面交点位置点击，作为梯段起点，沿垂直方向向上移动鼠标，点击 9 与 5 参照平面交点位置，点击完成第一个梯段；向左移动鼠标指针到 2 与 9 参照平面交点位置点击，作为第二梯段的起点，沿垂直方向向下移动鼠标指针，点击 8 与 2 参照平面交点位置，点击完成第二个梯段。点击"工具"面板中的"栏杆扶手"，弹出"栏杆扶手"窗口，在扶手类型列表中选择"1100mm"，单击"确定"按钮退出窗口，此时的梯段如图 3-160 所示。

（8）修剪完善楼梯。选择休息平台楼梯边界线，修改边界线使其延伸至 F 轴位置柱边，至 12 参照平面向下 100mm 位置（后期绘制完毕的首层墙线条位置）。首先单击"建筑"选项卡"工作平面"面板中的"参照平面"工具，绘制方式选择"拾取线"，选项栏中"偏移量"设置为"100"，缩放区域，鼠标放在 12 参照平面位置，下侧显示绿色的参照线后，左键点击 12 参照平面，将生成的新的参照平面命名为 13。如图 3-161 所示。

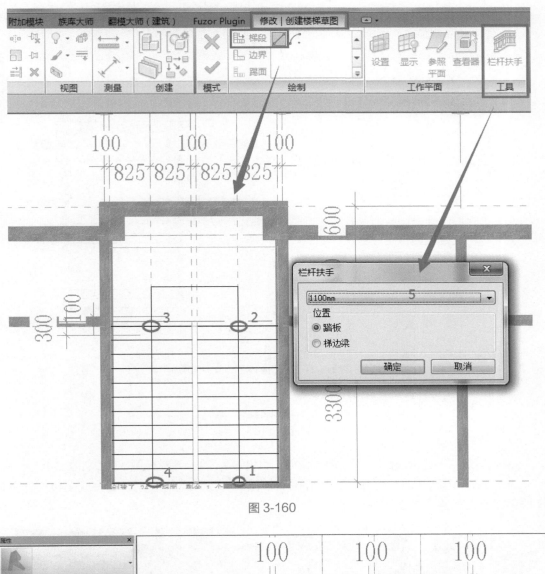

图 3-160

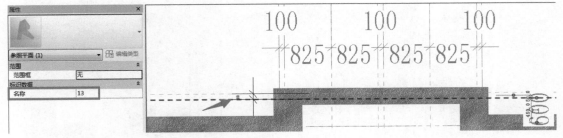

图 3-161

（9）选择"绘制"面板中的"边界"下的绘制方式为"直线"，沿着 F 轴位置设置柱边、13 参照平面进行绘制，绘制完成后使用"修改"面板中的"修剪 / 延伸为角"工具修剪边界线，使其首尾相连。如图 3-162、图 3-163 所示。

（10）单击"模式"面板中的"绿色对勾"工具，完成楼梯模型。弹出"警告"窗口，点击右上角叉号关闭即可。如图 3-164 所示。

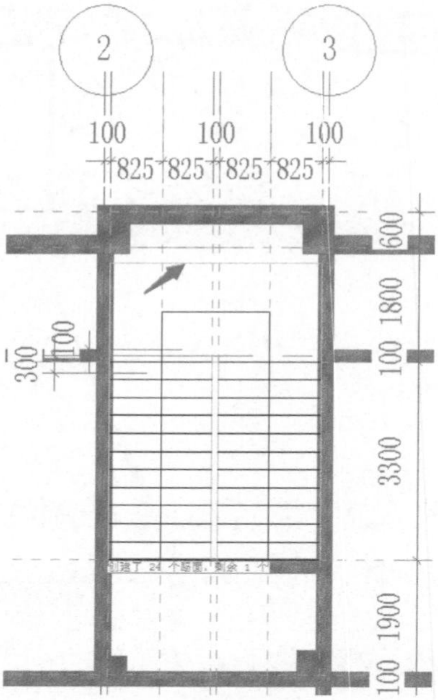

图 3-162

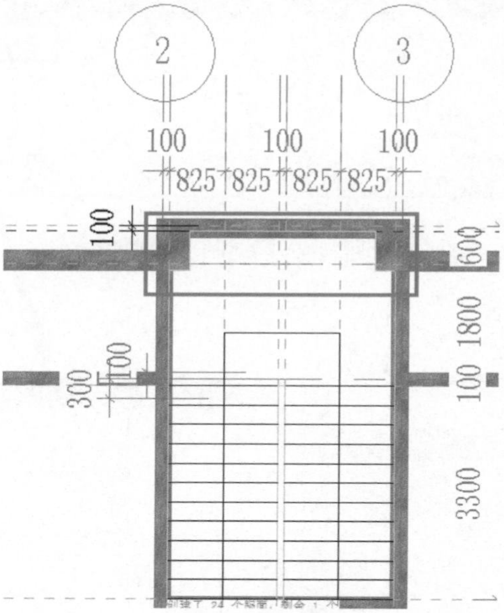

图 3-163

图 3-164

（11）单击"快速访问栏"中三维视图按钮，切换到三维，查看模型成果，如图 3-165 所示。

（12）从"建施－08"可知，楼梯外围有墙围绕，所以选择刚刚绘制完成的楼梯外围栏杆扶手，点击删除。如图 3-166 所示。

图 3-165

图 3-166

（13）根据"建施－07"、"建施－08"信息可知，首层楼梯和二层楼梯完全相同。可以直接将首层楼梯反映到二层上。选择刚绘制的楼梯，修改"属性"面板中"多层顶部标高"

为"屋顶层",如图 3-167 所示。

（14）单击"快速访问栏"中三维视图按钮,切换到三维,查看模型成果,如图 3-168 所示。

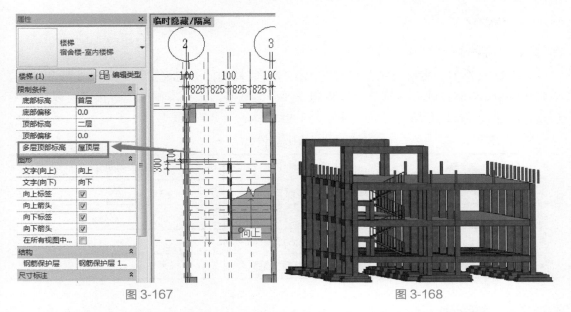

图 3-167   图 3-168

（15）按照上述操作步骤,在 12 ～ 13 轴与 D ～ F 轴围成的区域建立楼梯。为了提高建模效率,可以将 2 ～ 3 轴与 D ～ F 轴封闭区域建立的楼梯复制到 12 ～ 13 轴与 D ～ F 轴之间,直接完成楼梯的创建。使用的工具为"修改"选项卡"修改"面板中的"复制"工具,创建完毕如图 3-169、图 3-170 所示。

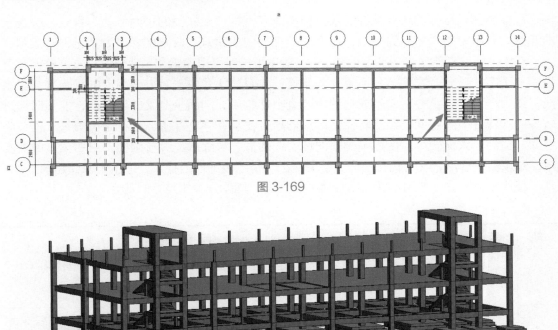

图 3-169

图 3-170

（16）单击"快速访问栏"中保存按钮，保存当前项目成果。

3.12.3 总结拓展

3.12.3.1 步骤总结

在创建楼梯前一定梳理清楚相应思路，理解软件的同时也能更好地理解业务和图纸。总结上述 Revit 软件建立楼梯的操作步骤主要分为四步。按照本操作流程读者可以完成专用宿舍楼项目楼梯的创建。具体步骤如表 3-40 所示。

表 3-40

序号	操作步骤	具体步骤内容	重点中间过程
1	第一步	利用参照平面进行楼梯定位	
2	第二步	建立楼梯构件类型	
3	第三步	布置"首层"楼层平面视图楼梯	
4	第四步	布置"二层"楼层平面视图楼梯	

3.12.3.2 业务拓展

楼梯是建筑物中作为楼层间垂直交通用的构件，用于楼层之间和高差较大时的交通联系。在设有电梯、自动梯作为主要垂直交通手段的多层和高层建筑中也要设置楼梯，以保证火灾时作为逃生通道使用。楼梯由连续梯级的梯段（又称梯跑）、平台（休息平台）和围护构件等组成。

楼梯按梯段可分为单跑楼梯、双跑楼梯和多跑楼梯。梯段的平面形状有直线、折线和曲线的。其中单跑楼梯最为简单，适合于层高较低的建筑；双跑楼梯最为常见，有双跑直上、双跑曲折、双跑对折（平行）等形式，适用于一般民用建筑和工业建筑；三跑楼梯有三折式、丁字式、分合式等，多用于公共建筑；剪刀楼梯系由一对方向相反的双跑平行梯组成，或由一对互相重叠而又不连通的单跑直上梯构成，剖面呈交叉的剪刀形，能同时通过较多的人流并节省空间；螺旋转梯是以扇形踏步支承在中立柱上，虽行走欠舒适，但节省空间，适用于人流较少，使用不频繁的场所；圆形、半圆形、弧形楼梯，由曲梁或曲板支承，踏步略呈扇形，具有花式多样、造型活泼、富于装饰性的特点，适用于公共建筑。

楼梯还可以分为普通楼梯和特种楼梯两大类。具体分类如表 3-41 所示。

表 3-41

序号	楼梯分类	子分类	具体定义及用途
1	普通楼梯	钢筋混凝土楼梯	在结构刚度、耐火、造价、施工以及造型等方面都有较多的优点，应用最为普遍。钢筋混凝土楼梯的施工方法分为整体现场浇注、预制装配、部分现场浇注和部分预制装配三种
2		钢楼梯	主要用于厂房和仓库等。在公共建筑中，多用作消防疏散楼梯。钢楼梯的承重构件可用型钢制作，各构件节点一般用螺栓连接、锚接或焊接
3		木楼梯	因不能防火，其应用范围受到限制。木楼梯有暗步式和明步式两种

序号	楼梯分类	子分类	具体定义及用途
4	特种楼梯	安全梯	又称疏散楼梯，供住宅、公共建筑和多层厂房紧急疏散人流用
5		消防梯	通常为钢楼梯，专供消防人员使用，其位置和数量根据建筑物的性质、层数和防火要求确定
6		自动梯	由跨越楼层间的钢桁架和装有踏步的齿轮、滑轮、导轨、活动联杆等构成，用电力运转。自动梯较电梯具有客运率高和能够连续不断地通过人流的特点，适用于百货公司大楼、车站、地下铁道等公共场所以及高层建筑中局部人流较为集中的楼层

3.12.3.3 软件拓展

上述内容详细讲解了【新建楼梯】的操作方法，本专用宿舍楼项目中的楼梯为钢筋混凝土双跑楼梯。为了巩固楼梯建模操作技能，下面将详细讲解其他楼梯形式在 Revit 软件中的应用，具体操作步骤读者可以扫描下面的二维码，进入教学补充链接进行更详细直观的视频收听。具体视频内容如表 3-42 所示。

表 3-42

序号	视频分类	视频内容	二维码
1	新建楼梯	主要按照上述实施操作部分内容制作的视频操作	见下面
2	新建弧形楼梯、栏杆扶手	主要补充弧形楼梯、栏杆扶手创建的操作方法	见下面

1 新建楼梯

2 新建弧形楼梯、栏杆扶手

4

建筑模型搭建

　　建筑部分是整个项目的重点部分，主要是以围护构建如墙、门、窗、屋顶等将结构骨架包裹，起到有效抵御不利环境的作用。在创建建筑模型之前，需要梳理建模思路，将图纸信息、软件功能以及业务经验进行结合并综合考虑，力求使用最便捷的软件操作实现图纸数据的三维呈现。具体针对专用宿舍楼项目建筑部分模型创建思路如图 4-1 所示。

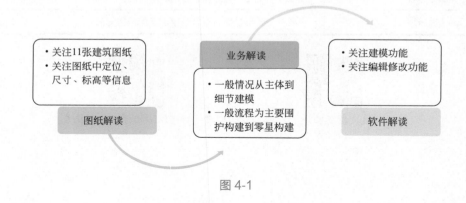

图 4-1

4.1　建筑图纸解读

　　《BIM 算量一图一练》专用宿舍楼建施图纸从"建施 – 01"到"建施 – 11"共计 11 张建筑图纸。在建筑建模过程中需重点关注以下图纸信息。具体内容如表 4-1 所示。

表 4-1

序号	图纸编号	图纸需要关注内容
1	建施 – 01	关注建筑楼层信息表
2	建施 – 02	关注室内装修做法表

序号	图纸编号	图纸需要关注内容
3	建施 – 03	关注一层内外墙的平面定位、墙厚、标高信息；关注门、窗、台阶、坡道、散水、空调板、楼梯平面定位信息
4	建施 – 04	关注二层内外墙的平面定位、墙厚、标高信息；关注门、窗、空调板、楼梯平面定位信息
5	建施 – 05	关注屋顶层女儿墙平面定位信息；楼梯屋顶层墙平面定位信息，楼梯屋顶层门上板平面定位信息
6	建施 – 06	关注专用宿舍楼标高体系，各立面图的构件数量及构件定位关系
7	建施 – 07	关注坡道立面图、楼梯剖面图以及所展示的空调板及护栏信息、屋面及外墙做法
8	建施 – 08	关注各层楼梯平面定位信息
9	建施 – 09	关注门窗表及门窗详图信息
10	建施 – 10	关注室外台阶、室外散水信息、空调板及护栏信息
11	建施 – 11	关注楼梯栏杆详图、坡道断面图

4.2 Revit 软件建筑工具解读

在 Revit 软件中专门设置有"建筑"选项卡，含有"构建"、"楼梯坡道"等面板，并有墙、门、窗、屋顶、栏杆扶手、坡道、楼梯等多种建模工具。在本专用宿舍楼项目建模操作中可以使用以下工具进行建筑模型搭建。具体使用工具如表 4-2 所示。

表 4-2

序号	软件功能	功能用途
1	墙：建筑	使用"墙：建筑"、"对齐"、"复制到剪贴板"、"粘贴"等命令创建全楼墙、女儿墙
2	结构梁	使用"结构梁"、"选择全部实例"等命令创建全楼圈梁
3	门	使用"门"、"幕墙"、"嵌板门"、"复制到剪贴板"、"粘贴"等命令创建全楼门
4	窗	使用"窗"、"复制到剪贴板"、"粘贴"等命令创建全楼窗；使用"栏杆扶手"等命令创建窗护栏
5	编辑轮廓	使用"编辑轮廓"、"参照平面"、"拆分图元"、"修剪 / 延伸为角"等命令创建全楼洞口
6	结构梁	使用"结构梁"、"复制到剪贴板"、"粘贴"等命令创建全楼过梁
7	楼板：建筑	使用"楼板：建筑"等命令创建室外台阶
8	轮廓族	使用"轮廓族"命令创建散水轮廓；使用"墙：饰条""修改转角"、"连接几何图形"等命令创建及修剪散水
9	楼板：建筑	使用"楼板：建筑"、"坡度箭头"、"栏杆扶手"、"栏杆扶手 – 放置在主体上"等命令创建坡道及栏杆
10	楼板：建筑	使用"楼板：建筑"等命令创建空调板；使用"栏杆扶手"等命令创建室外空调护栏
11	编辑部件 墙：饰条	使用"编辑部件"命令创建地面、楼面、顶棚、外墙面；使用"墙：饰条"命令创建踢脚板、内墙面

4.3 建筑模型创建流程

本专用宿舍楼项目"建施 – 01"项目概况中已明确指出项目结构类型为框架结构。根据本专用宿舍楼项目类型及提供的图纸信息并结合 Revit 软件的建模工具，归纳出本项目建筑部分创建的流程如图 4-2 所示。

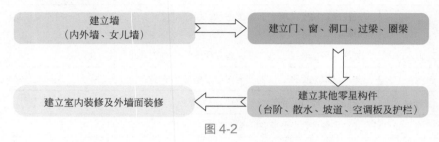

图 4-2

对于上述所讲解的建筑部分内容的解读，读者可以扫描下面的二维码，进入教学补充链接进行更详细直观的视频收听。具体视频内容如表 4-3 所示。

表 4-3

视频分类	视频内容	二维码
建筑模型搭建流程	主要按照上述讲解内容制作的视频操作	见下面

下面将按照构件类型分为多个小节，依据此建筑建模流程进行专用宿舍楼整体建筑模型的搭建，并在讲解过程中结合 Revit 软件操作技巧以便快速提高建模效率。

建筑模型搭建流程

4.4 新建建筑墙

4.4.1 内容前瞻

在学习 Revit 软件具体操作之前，先从以下三方面简单了解本节【新建建筑墙】所涉及的业务知识、图纸信息、软件操作等内容，帮助读者对本节内容有总体认识，降低后面操作难度。知识总体架构如表 4-4 所示。

表 4-4

序号	知识体系开项	所需了解的具体内容
1	业务知识	（1）墙体是建筑物的重要组成部分，它的作用是承重、围护或分隔空间 （2）通常所说的内墙和外墙是最简单的墙体划分方式
2	图纸信息	（1）建立内外墙模型前，先根据专用宿舍楼图纸查阅内外墙构件的尺寸、定位、属性等信息，保证内外墙模型布置的正确性 （2）根据"建施 – 03"中"一层平面图"、"建施 – 04"中"二层平面图"、"建施 – 05"中"屋顶层平面图"可知内外墙构件的平面定位信息以及内外墙的构件类型信息

序号	知识体系开项	所需了解的具体内容
2	图纸信息	（3）图纸提示如下：±0.000以上墙体均为200mm厚加气混凝土砌块，其中南北面的外墙部分为300mm厚（除宿舍卫生间、楼梯间、门厅所在的外墙外，其他均为300mm厚），宿舍卫生间隔墙为100mm厚加气混凝土砌块。屋顶层墙体均为200mm厚加气混凝土砌块（CAD测量）
3	软件操作	（1）学习使用"墙：建筑"命令创建内外墙 （2）学习使用"对齐"命令修改内外墙位置 （3）学习使用"不允许连接"命令断开墙体关联性 （4）学习使用"过滤器"、"复制到剪贴板"、"粘贴"、"与选定的标高对齐"等命令快速创建全楼内外墙

4.4.2　实施操作

Revit 软件中提供了墙工具，用于绘制和生成墙体对象。在 Revit 软件创建墙体时，需要先定义好墙体的类型，包括墙厚、材质、功能等，再指定墙体需要到达的标高等高度参数，按照平面视图中指定的位置绘制生成三维墙体。Revit 软件提供了基本墙、幕墙、叠墙三种族，使用基本墙可以创建项目的外墙、内墙以及分隔墙等墙体。下面以《BIM 算量一图一练》中的专用宿舍楼项目为例，讲解创建项目内外墙的操作步骤。

（1）首先建立墙构件类型。在"项目浏览器"中展开"楼层平面"视图类别，双击"首层"视图名称，进入"首层"楼层平面视图。单击"建筑"选项卡"构建"面板中的"墙"下拉下的"墙：建筑"工具，点击"属性"面板中的"编辑类型"，打开"类型属性"窗口，在"族（F）"后面的下拉小三角中选择"系统族：基本墙"，此时"类型（T）"列表中显示"基本墙"族中包含的族类型。在"类型（T）"列表中设置当前类型为"常规–200mm"。点击"复制"按钮，弹出"名称"窗口，输入"A – 建筑墙 – 外 – 200"（注意：墙前面的"A"为 Architecture 的首字母，即建筑），点击"确定"关闭窗口。如图 4-3、图 4-4 所示。

图 4-3

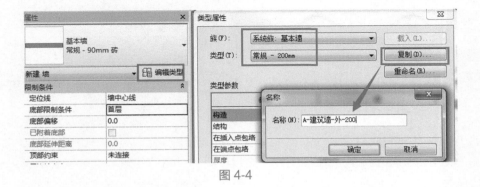

图 4-4

（2）点击"结构"右侧"编辑"按钮，进入"编辑部件"窗口，修改"结构【1】""厚度"为"200"，点击"结构【1】""材质"进入"材质浏览器"窗口，在上面搜索栏中输入"砌块"进行搜索，搜索到"砖石建筑 – 混凝土砌块"，右键点击"复制"生成新的材质类型，继续右键"重命名"为"加气混凝土砌块"，点击"确定"按钮，退出"材质浏览器"窗口，再次点击"确定"按钮，退出"编辑部件"窗口。继续修改"功能"为"外部"，再次点击"确定"按钮，退出"类型属性"窗口，属性信息修改完毕。如图 4-5、图 4-6 所示。

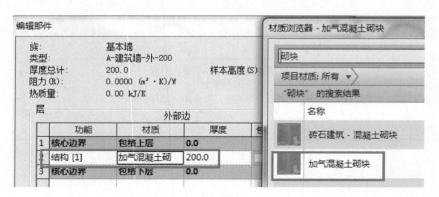

图 4-5

（3）同样的操作，建立"A – 建筑墙 – 外 – 300"，注意修改"结构【1】""厚度"为"300"；建立"A – 建筑墙 – 内 – 200"，注意修改"结构【1】""厚度"为"200"，并修改"功能"为"内部"；继续建立"A – 建筑墙 – 内 – 100"，注意修改"结构【1】""厚度"为"100"，并修改"功能"为"内部"。全部建立完成后点击"确定"按钮，退出"类型属性"窗口。如图 4-7 所示。

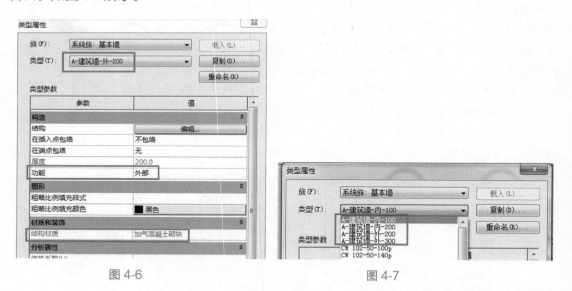

图 4-6   图 4-7

（4）构件定义完成后，开始布置构件。根据"建施 – 03"中"一层平面图"布置首层墙构件，先进行外墙的布置。在"属性"面板中找到"A – 建筑墙 – 外 – 200"，Revit 软件自动切换至"修改 | 放置墙"上下文选项，单击"绘制"面板中的"直线"，选项栏中设置"高度"为"二层"，勾选"链"（勾选"链"可以连续绘制墙），设置"偏移量"为"0"。"属性"面板中设置"底部限制条件"为"首层"，"底部偏移"为"0"，"顶部约束"为"直到标高：二层"，"顶部偏移"为"0"，如图 4-8、图 4-9 所示。

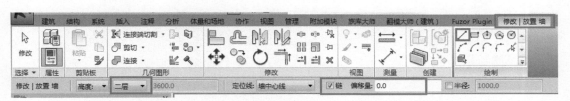

图 4-8

图 4-9

（5）为了绘图方便，先暂时将首层除"轴网、结构柱"外的其他构件隐藏。框选首层所有构件，自动切换至"修改 | 选择多个"上下文选项，点击"选择"面板中"过滤器"工具；打开"过滤器"窗口，取消"轴网、结构柱"类别的勾选。如图 4-10 所示。

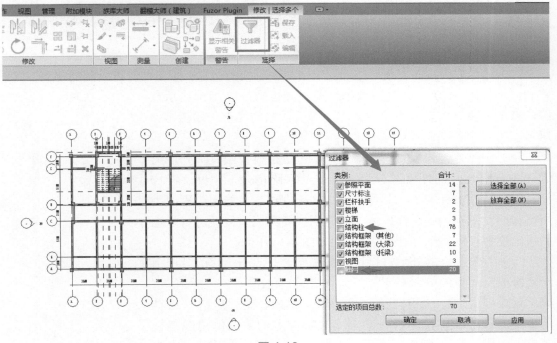

图 4-10

（6）点击"确定"按钮，退出"过滤器"窗口。点击"视图控制栏"中"临时隐藏／隔离"中的"隐藏图元"工具，此时绘图区域只剩下轴网和结构柱图元。如图 4-11、图 4-12 所示。

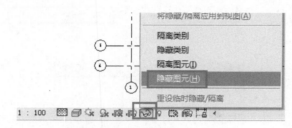

图 4-11

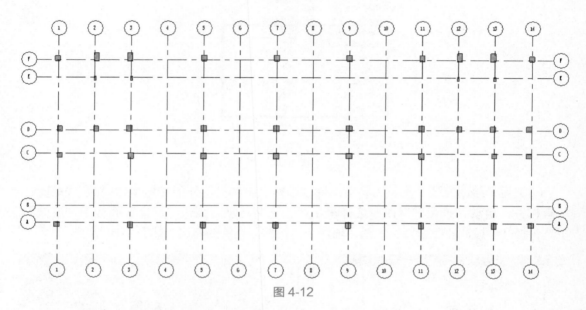

图 4-12

（7）适当放大视图，鼠标移动到 1 轴与 A 轴交点位置；单击作为墙绘制的起点，向上移动鼠标，Revit 软件将在起点和当前鼠标位置间显示预览示意图，点击 1 轴与 C 轴交点位置，作为第一段墙的终点。如图 4-13 所示。

（8）按照"建施 – 03"中墙体平面定位进行首层其他外墙绘制，注意南北面的外墙部分为 300mm 厚（除宿舍卫生间、楼梯间、门厅所在的外墙外，其他均为 300mm 厚）。在绘制过程中需严格按照图纸标明的墙体厚度，时时切换墙体类型以便进行外墙的正确绘制。整个外墙绘制完成之后如图 4-14 所示。

（9）对绘制好的外墙进行位置精确修改。点击"修改"选项卡"修改"面板中的"对齐"工具，依据"建施 – 03"中墙体精确位置对刚刚绘制的墙体进行位置修改。例如，先对齐 C ～ D 轴与 1 轴位置的墙体，使 C ～ D 轴与 1 轴位置的墙右侧边线与柱子右侧边线对齐。点击"对齐"按钮，点击柱子右侧边线，点击

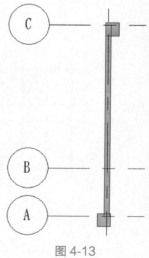

图 4-13

C～D 轴与 1 轴位置的墙右侧边线，完成对齐操作后如图 4-15 所示。

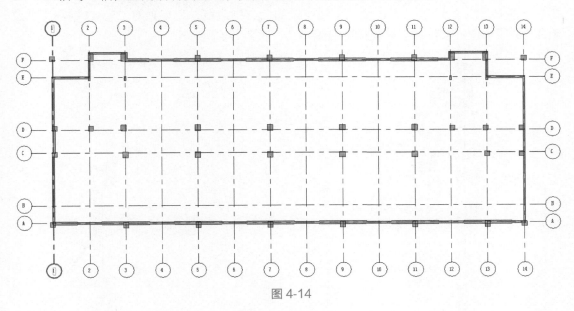

图 4-14

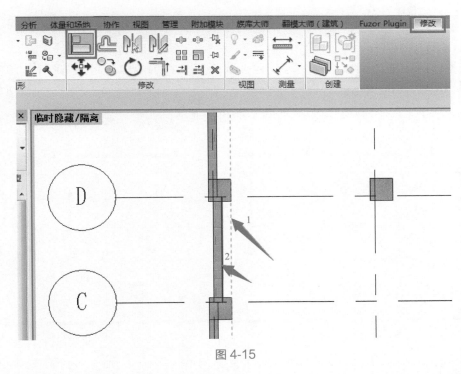

图 4-15

（10）对齐完成后发现与此处上下连通的墙也进行了位置移动（这是因为墙体与墙体相连）。如果想单独对齐 C～D 轴与 1 轴位置的墙，需要先断开墙体前后连接关系。"Ctrl+Z" 撤销刚才的对齐操作。然后选择 C～D 轴与 1 轴位置的墙，适当放大视图，可以看到被选择的 C～D 轴与 1 轴位置的墙起点和端点位置都有两个蓝色圆点。点击上面的蓝色圆点，右键，点击"不允许连接"，同样点击下面的蓝色圆点；右键，点击"不允许连接"。这样

C ～ D 轴与 1 轴位置的墙就与上下连通的墙取消了关联关系。再次点击"对齐"按钮，点击柱子右侧边线，点击 C ～ D 轴与 1 轴位置的墙右侧边线，就单独对 C ～ D 轴与 1 轴位置的墙进行了位置偏移。过程及结果如图 4-16、图 4-17 所示。

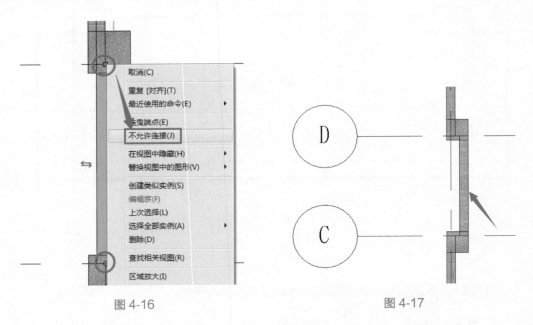

图 4-16   图 4-17

（11）按照上面的操作方法，对其他需要修改位置的墙体进行对齐操作。完成后如图 4-18 所示。

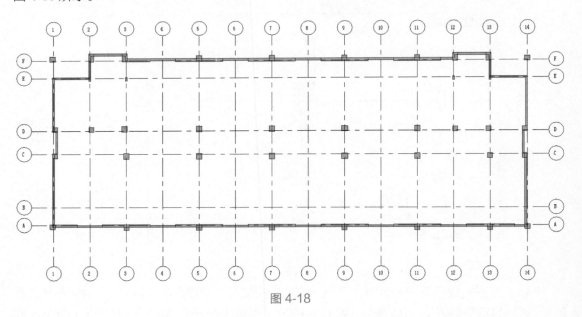

图 4-18

（12）按照上面的操作方法，绘制首层内部墙体。选择的墙体类型为 " A – 建筑墙 – 内 – 200" 以及 " A – 建筑墙 – 内 – 100"。绘制完毕后，依据 "建施 – 03" 中墙体精确位置对绘制的墙体进行位置修改。完成后的首层全部墙体如图 4-19 所示。

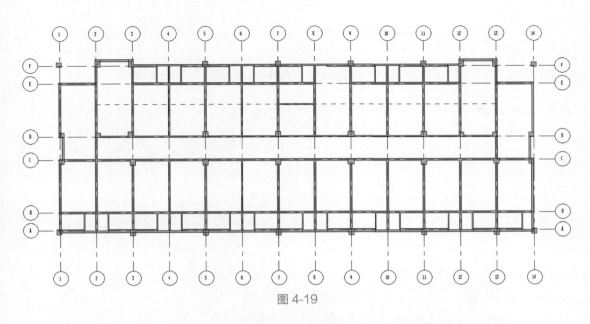

图 4-19

（13）单击"快速访问栏"中三维视图按钮，切换到三维，查看模型成果，如图 4-20 所示。

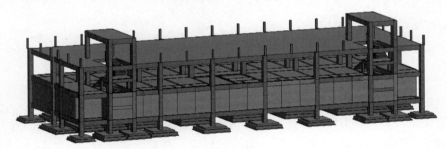

图 4-20

（14）单击"快速访问栏"中保存按钮，保存当前项目成果。

（15）"首层"楼层平面视图墙绘制完成后，开始绘制"二层"楼层平面视图墙。根据"建施 – 04"中"二层平面图"布置二层墙构件。查阅"建施 – 03"、"建施 – 04"可以看到首层和二层墙体基本相同，只有 1 ～ 2 轴与 E ～ F 轴围成的区域和 13 ～ 14 轴与 E ～ F 轴围成的区域不同。为了提高绘图效率，可以利用 Revit 软件整层复制构件的方法快速建立二层墙体，然后再将个别位置进行修改。适当缩放窗口，按住鼠标左键自左上角向右下角全部框选绘图区域构件。如图 4-21 所示。

图 4-21

（16）框选完毕之后，Revit 软件自动切换至"修改 | 选择多个"上下文选项，单击"选择"面板中的"过滤器"工具，弹出"过滤器"窗口，只勾选"墙"类别，其他构件类别取消勾选，点击"确定"按钮，关闭窗口。如图 4-22 所示。

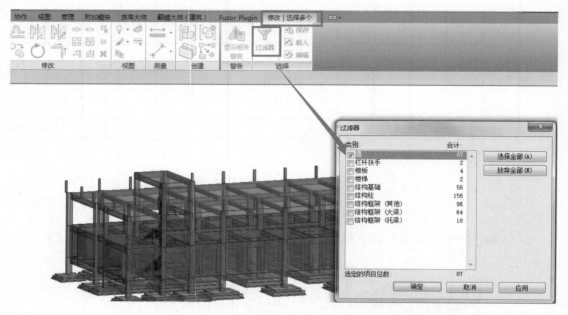

图 4-22

（17）模型中只有墙被选中，Revit 软件自动切换至"修改 | 墙"上下文选项，单击"剪贴板"面板中的"复制到剪贴板"工具，然后单击"粘贴"下的"与选定的标高对齐"工具，弹出"选择标高"窗口，选择"二层"，点击"确定"按钮，关闭窗口。如图 4-23 所示。

（18）弹出"Autodesk Revit 2016"窗口，点击"取消连接图元"，关闭窗口。如图 4-24 所示。

图 4-23　　　　　　　　　　　　　　图 4-24

（19）首层的墙体全部被复制到二层，此时可以看到复制到二层的墙体还处于选中状态。查看"属性"面板中"底部限制条件"、"底部偏移"、"顶部约束"、"顶部偏移"全部正确，Esc 键退出选择状态。如图 4-25 所示。

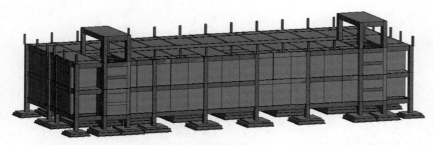

图 4-25

（20）双击"项目浏览器"，激活"二层"楼层平面视图；先将除"结构柱、墙、轴网"外的其他构件隐藏。如图 4-26 所示。

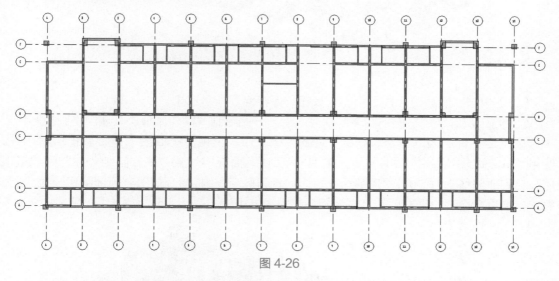

图 4-26

（21）参照"建施 – 04"中"二层平面图"墙体精确位置补充修改 1 ～ 2 轴与 E ～ F 轴围成的区域和 13 ～ 14 轴与 E ～ F 轴围成的区域墙体，并对绘制的墙体进行位置修改。完成后如图 4-27 所示。

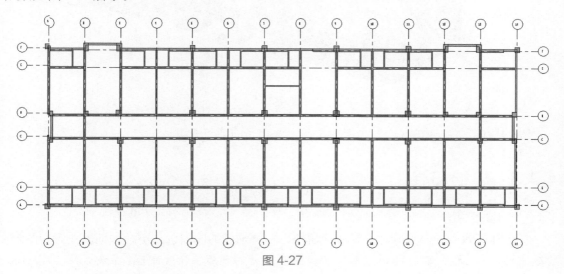

图 4-27

（22）单击"快速访问栏"中三维视图按钮，切换到三维视图，查看模型成果。如图 4-28 所示。

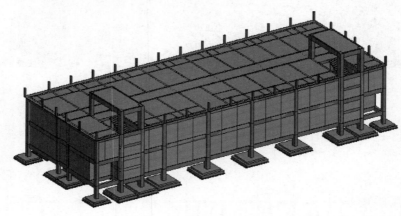

图 4-28

（23）单击"快速访问栏"中保存按钮，保存当前项目成果。

（24）"二层"楼层平面视图墙绘制完成后，开始绘制"楼梯屋顶层"楼层平面视图墙。参照建立首层墙的方法，根据"建施 – 05"中"屋顶层平面图"布置屋顶层墙构件，使用"A – 建筑墙 – 外 – 200"墙体类型，"属性"面板中设置"底部限制条件"为"屋顶层"，"底部偏移"为"0"，"顶部约束"为"直到标高: 楼梯屋顶层"，"顶部偏移"为"0"。建立屋顶层墙模型。完成后的全楼墙模型如图 4-29 所示。

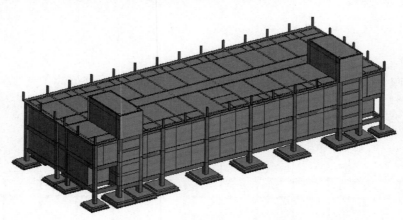

图 4-29

（25）单击"快速访问栏"中保存按钮，保存当前项目成果。

4.4.3　总结拓展

4.4.3.1　步骤总结

在创建建筑墙前一定梳理清楚相应思路，理解软件的同时也能更好地理解业务和图纸。总结上述 Revit 软件建立建筑墙的操作步骤主要分为四步。按照本操作流程读者可以完成专用宿舍楼项目建筑墙的创建。具体步骤如表 4-5 所示。

表 4-5

序号	操作步骤	具体步骤内容	重点中间过程
1	第一步	建立内外墙构件类型	
2	第二步	布置"首层"楼层平面视图内外墙	含有对齐操作、不允许连接等小步骤
3	第三步	布置"二层"楼层平面视图内外墙	含有过滤器、复制到剪贴板、粘贴、与选定的标高对齐等小步骤
4	第四步	布置"屋顶层"楼层平面视图墙	

4.4.3.2 业务拓展

　　墙体是建筑物的重要组成部分，它的作用是承重、围护或分隔空间。建筑墙体有多种分类方法，下面将按照墙体所处位置、受力情况、使用材料、施工方式的不同进行分类。具体内容如表 4-6 所示。

表 4-6

序号	划分类别	划分具体内容
1		墙体根据在房屋所处位置的不同，有外墙、内墙、山墙、纵墙、窗间墙、下墙之分
1.1	外墙	凡位于建筑物外界的墙称为外墙。外墙是房屋的外围护结构，起到挡风、阻雨、保温、隔热、围护等作用
1.2	内墙	凡位于建筑物内部的墙称为内墙，内墙主要用于分隔房间
1.3	山墙	凡建筑物短轴方向布置的墙称为横隔墙，横向外墙称为山墙
1.4	纵墙	沿建筑物长轴方向布置的墙称为纵墙，纵墙有内纵墙和外纵墙之分
1.5	窗间墙	窗与窗或门与门之间的墙称为窗间墙
1.6	下墙	窗洞下部的墙称为窗下墙
2		墙体根据结构受力情况不同，有承重墙和非承重墙之分
2.1	承重墙	凡直接承受上部屋顶、楼板所传来的荷载的墙称为承重墙
2.2	非承重墙	凡不承受上部荷载的墙称为非承重墙。非承重墙包括隔墙、填充墙和幕墙
2.2.1	隔墙	凡分隔内部空间其重量由楼板或梁承受的墙称为隔墙
2.2.2	填充墙	框架结构中填充在柱子之间的墙称为框架填充墙
2.2.3	幕墙	悬挂于外部骨架或楼板间的轻质外墙称为幕墙
3		墙体按所用材料不同，可分为砖墙、石墙、土墙及混凝土墙等
3.1	砖墙	砖是我国传统的墙体材料，但目前有些地区已经受到了限制
3.2	石墙	石墙在产石地区具有很好的经济价值
3.3	土墙	土墙便于取材，为造价低廉的地方材料
3.4	混凝土墙	混凝土墙可现浇、预制，在多、高层建筑中应用较多

Chapter 4

续表

序号	划分类别	划分具体内容
4		墙体根据构造和施工方式的不同，有叠砌式墙、版筑式墙和装配式墙之分
4.1	叠砌式墙	叠砌式墙包括实砌砖墙、空斗墙和砌块墙等；砌块墙系指利用各种原料成的不同形式、不同规格的中、小型砌块，借手工或小型机具砌筑而成
4.2	版筑式墙	版筑式墙则是施工时，直接在墙体部位竖立模板，然后在模板内夯注或浇注材料捣实而成的墙体，如夯实墙、灰沙土筑墙以及滑膜、大模板等混凝土墙体等
4.3	装配式墙	装配式墙是在预制厂生产墙体构件，运到施工现场进行机械安装的墙体，包括板材墙、多种组合墙和幕墙等

4.4.3.3 软件拓展

上述内容详细讲解了【新建建筑墙】的操作方法，在 Revit 软件中墙属于系统族，Revit 软件提供了三种类型的墙族：基本墙、层叠墙和幕墙。所有墙类型都是通过这三种系统族建立不同样式和参数定义而成。

在实际项目中，需要仔细推敲建筑细节，关注墙体的构造做法。下面将详细讲解如何建立墙体构造样式，以达到精细化设计的目的。具体操作步骤读者可以扫描下面的二维码，进入教学补充链接进行更详细直观的视频收听。具体视频内容如表 4-7 所示。

表 4-7

序号	视频分类	视频内容	二维码
1	新建建筑墙	主要按照上述实施操作部分内容制作的视频操作	见下面
2	新建构造墙体	主要补充构造墙体创建的操作方法	见下面

4.5 新建女儿墙

4.5.1 内容前瞻

1　新建建筑墙　　2　新建构造墙体

在学习 Revit 软件具体操作之前，先从以下三方面简单了解本节【新建女儿墙】所涉及的业务知识、图纸信息、软件操作等内容，帮助读者对本节内容有总体认识，降低后面操作难度。知识总体架构如表 4-8 所示。

表 4-8

序号	知识体系开项	所需了解的具体内容
1	业务知识	女儿墙又名孙女墙，是建筑物屋顶四周围的矮墙，主要作用除维护安全外，还可以避免防水层渗水或是屋顶雨水漫流侵蚀墙体
2	图纸信息	（1）建立女儿墙模型前，先根据专用宿舍楼图纸查阅女儿墙构件的尺寸、定位、属性等信息，保证女儿墙模型布置的正确性 （2）根据"结施－04"中大样图可知 QL1 尺寸为 200mm×200mm，则女儿墙墙厚为 200mm

序号	知识体系开项	所需了解的具体内容
2	图纸信息	（3）根据"结施–04"中大样图可知屋顶层女儿墙底部高度为7.200m，顶部高度为8.700m，减去QL1的高度200mm，也就是女儿墙顶部高度为8.500m （4）根据"建施–06"中"14-1立面图和1-14立面图"、"建施–10"中⑤大样图可知楼梯屋顶层女儿墙底标高为10.800m，顶标高为11.500m（11.500～11.700m为圈梁标高） （5）根据"建施–05"中"屋顶层平面图"可知女儿墙的平面布置位置
3	软件操作	（1）学习使用"墙：建筑"命令创建女儿墙 （2）学习使用"对齐"命令修改女儿墙位置

4.5.2　实施操作

　　Revit 软件中没有专门绘制女儿墙构件的命令，一般情况下使用"建筑"选项卡"构建"面板中的"墙"下拉下的"墙：建筑"工具创建女儿墙构件类型，在命名中包含"女儿墙"字眼即可。下面以《BIM算量一图一练》中的专用宿舍楼项目为例，讲解创建女儿墙项目的操作步骤。

　　（1）建立女儿墙模型之前，先建立女儿墙平面定位关系。在"项目浏览器"中展开"楼层平面"视图类别，双击"屋顶层"视图名称，进入"屋顶层"楼层平面视图。先利用"过滤器"功能将除"轴网、参照平面"之外的其他构件隐藏。然后利用"隐藏图元"功能将除了"A′、1′、F′、F′-1、14′"之外的其他参照平面隐藏（未隐藏的参照平面在建立屋顶层构造柱定位时已经建立，由于构造柱和女儿墙平面位置一致，所以女儿墙可以借用这些参照平面进行平面定位）。如图 4-30 所示。

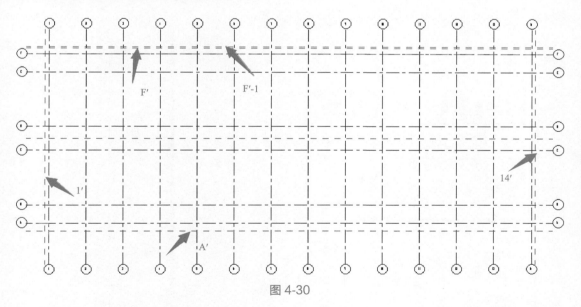

图 4-30

　　（2）平面定位建立完成后，可以建立女儿墙构件类型。单击"建筑"选项卡"构建"面板中的"墙"下拉下的"墙：建筑"工具，点击"属性"面板中的"编辑类型"，打开

"类型属性"窗口,在"族(F)"后面的下拉小三角中选择"系统族:基本墙",此时"类型(T)"列表中显示"基本墙"族中包含的族类型。在"类型(T)"列表中设置当前类型为"A–建筑墙–外–200"。点击"复制"按钮,弹出"名称"窗口,输入"A–女儿墙–200",点击"确定"按钮关闭窗口。再次点击"确定"按钮,关闭"类型属性"窗口。如图 4-31 所示。

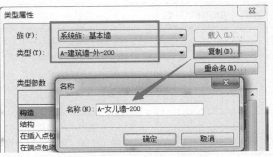

图 4-31

(3)构件定义完成后,开始布置构件。单击"绘制"面板中的"直线"工具,选项栏中设置"高度"为"屋顶层",勾选"链"(可以连续绘制墙),设置"偏移量"为"0",如图 4-32 所示。"属性"面板中设置"底部限制条件"为"屋顶层","底部偏移"为"0","顶部约束"为"直到标高:屋顶层","顶部偏移"为"1300"。如图 4-33 所示。

图 4-32

(4)适当放大区域,移动鼠标指针到参照平面 1′ 与 A′ 交点位置,单击作为女儿墙绘制的起点,移动鼠标指针到参照平面 1′ 与 F′ 交点位置,单击作为女儿墙绘制的终点。完成后按 Esc 键两次退出女儿墙绘制模式。如图 4-34 所示。

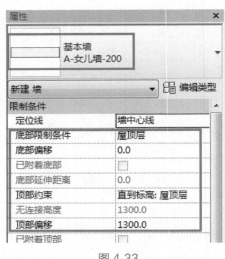

图 4-33

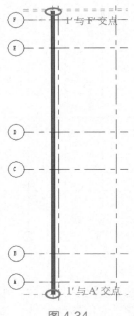

图 4-34

（5）按照"建施–05"中"屋顶层平面图"进行其他女儿墙绘制，绘制完毕后可以使用"修改"选项卡"修改"面板中的"对齐"工具进行精确位置的修改。完成后如图 4-35 所示。

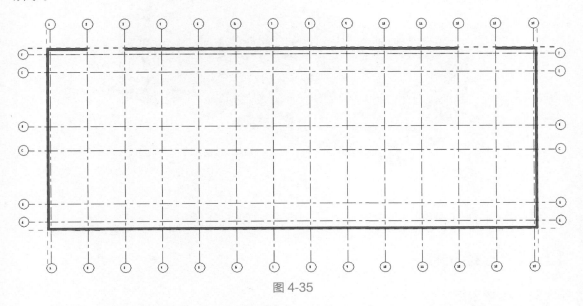

图 4-35

（6）单击"快速访问栏"中三维视图按钮，切换到三维，查看模型成果，如图 4-36 所示。

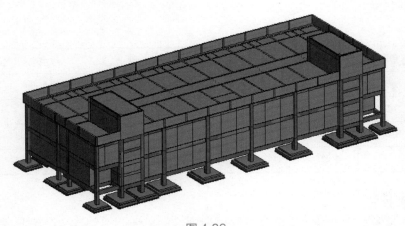

图 4-36

（7）单击"快速访问栏"中保存按钮，保存当前项目成果。

（8）"屋顶层"楼层平面视图女儿墙绘制完成后，开始绘制"楼梯屋顶层"楼层平面视图女儿墙。

参照建立屋顶层女儿墙的方法，根据"建施–06"中"14-1 立面图和 1-14 立面图"、"建施–10"中⑤大样图中标高信息；根据"建施–05"中"屋顶层平面图"楼梯屋顶层女儿墙位置信息，使用"A–女儿墙–200"墙体类型，"属性"面板中设置"底部限制条件"为"楼梯屋顶层"，"底部偏移"为"0"，"顶部约束"为"直到标高：楼梯屋顶层"，"顶部偏移"为"700"。绘制完成后切换到三维模型视图查看。如图 4-37 所示。

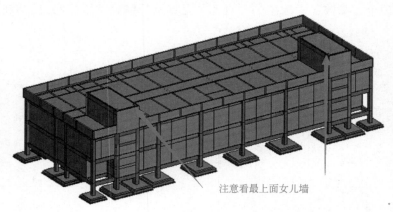

注意看最上面女儿墙

图 4-37

（9）单击"快速访问栏"中保存按钮，保存当前项目成果。

4.5.3 总结拓展

4.5.3.1 步骤总结

在创建女儿墙前一定梳理清楚相应思路，理解软件的同时也能更好地理解业务和图纸。总结上述 Revit 软件建立女儿墙的操作步骤主要分为四步。按照本操作流程读者可以完成专用宿舍楼项目女儿墙的创建。具体步骤如表 4-9 所示。

表 4-9

序号	操作步骤	具体步骤内容	重点中间过程
1	第一步	建立女儿墙平面定位关系	
2	第二步	建立女儿墙构件类型	
3	第三步	布置"屋顶层"楼层平面视图女儿墙	
4	第四步	布置"楼梯屋顶层"楼层平面视图女儿墙	

4.5.3.2 业务拓展

女儿墙（又名：孙女墙）是建筑物屋顶四周围的矮墙，主要作用除维护安全外，亦会在低处施作防水压砖收头，以避免防水层渗水或是屋顶雨水漫流。根据国家建筑规范规定，上人屋面女儿墙高度一般不得低于 1.1m，最高不得大于 1.5m。

对于上人屋面女儿墙，除保护人员的安全外，对建筑立面也起装饰作用；对于不上人屋面女儿墙，除具有立面装饰作用外，还具有固定油毡或固定防水卷材的作用。

女儿墙的标高，有混凝土压顶时，按楼板顶面算至压顶底面为准；无混凝土压顶时，按楼板顶面算至女儿墙顶面为准。

4.5.3.3 软件拓展

上述内容详细讲解了【新建女儿墙】的操作方法，在实际复杂的项目中，女儿墙除了维护安全、防水等功能，对美化建筑外观也具有良好作用。

下面将详细讲解创建复杂女儿墙的绘制方法，具体操作步骤读者可以扫描下面的二维码，进入教学补充链接进行更详细直观的视频收听。具体视频内容如表 4-10 所示。

表 4-10

序号	视频分类	视频内容	二维码
1	新建女儿墙	主要按照上述实施操作部分内容制作的视频操作	见下面
2	新建复杂造型女儿墙	主要补充复杂造型女儿墙创建的操作方法	见下面

4.6 新建圈梁

4.6.1 内容前瞻

1 新建女儿墙   2 新建复杂造型女儿墙

在学习 Revit 软件具体操作之前，先从以下三方面简单了解本节【新建圈梁】所涉及的业务知识、图纸信息、软件操作等内容，帮助读者对本节内容有总体认识，降低后面操作难度。知识总体架构如表 4-11 所示。

表 4-11

序号	知识体系开项	所需了解的具体内容
1	业务知识	（1）圈梁一般布置在房屋的檐口、窗顶、楼层、吊车梁顶或基础顶面标高处 （2）通常是沿砌体墙水平方向设置的封闭状的带有构造配筋的混凝土梁式构件
2	图纸信息	（1）建立圈梁模型前，先根据专用宿舍楼图纸查阅圈梁构件的尺寸、定位、属性等信息，保证圈梁模型布置的正确性 （2）圈梁位于女儿墙顶部，平面位置与女儿墙一致 （3）根据"结施 – 04"中大样图可知 QL1 尺寸为 200mm×200mm，女儿墙底部高度为7.200m，顶部高度为 8.700m，QL1 的高度 200mm，也就是屋顶层 QL1 的标高为 8.500～8.700m （4）根据"建施 – 06"中"14-1 立面图和 1-14 立面图"、"建施 – 10"中⑤大样图可知楼梯屋顶层 QL1 的标高为 11.500～11.700m （5）根据"结施 – 01"中"混凝土强度等级"表格可知，圈梁的混凝土强度等级为 C25
3	软件操作	（1）学习使用"梁"命令创建圈梁 （2）学习使用"选择全部实例 – 在视图中可见"多选圈梁

4.6.2 实施操作

Revit 软件中没有专门绘制圈梁构件的命令，一般情况下使用"结构"选项卡"结构"面板中的"梁"工具创建圈梁构件类型，在命名中包含"圈梁或 QL"字眼即可。下面以《BIM 算量一图一练》中的专用宿舍楼项目为例，讲解创建项目圈梁的操作步骤。

（1）首先建立圈梁构件类型，双击"项目浏览器"中"屋顶层"进入"屋顶层"楼层平面视图，单击"结构"选项卡"结构"面板中的"梁"工具，点击"属性"面板中的"编辑类型"，打开"类型属性"窗口，在"族（F）"后面的下拉小三角中选择"混凝土 – 矩形梁",单击"复制"按钮,弹出"名称"窗口,输入"S-QL-200×200",点击"确定"关闭窗口,在"b"位置输入"200","h"位置输入"200",点击"确定"按钮,退出"类型属性"窗口。点击"属性"面板中的"结构材质"右侧按钮,选择材质为"混凝土 – 现场浇注混凝土 – C25"。如图 4-38、图 4-39 所示。

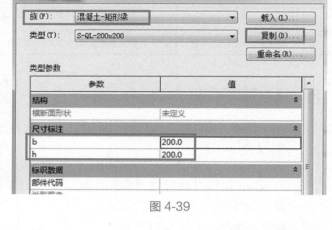

图 4-38   图 4-39

（2）构件定义完成后,开始布置构件。根据"建施 – 05"中"屋顶层平面图"布置屋顶层圈梁。适当放大区域,移动鼠标指针到参照平面 1′ 与 A′ 交点位置,单击作为圈梁绘制的起点,移动鼠标指针到参照平面 1′ 与 F′ 交点位置,单击作为圈梁绘制的终点。完成后按 Esc 键两次退出圈梁绘制模式。单击"快速访问栏"中三维视图按钮,切换到三维,查看模型成果,如图 4-40 所示。

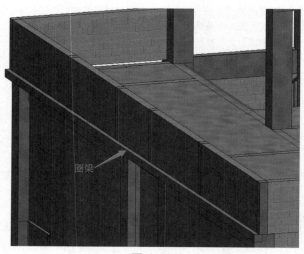

图 4-40

（3）继续切换到"屋顶层"楼层平面视图,沿着女儿墙位置进行圈梁绘制,绘制完成后,依据"建施 – 05"中"屋顶层平面图"的墙线位置修改圈梁与女儿墙位置一致。可以使用"修改"选项卡"修改"面板中的"对齐"工具进行精确位置的修改。完成后切换到三维,查看模型成果如图 4-41 所示。

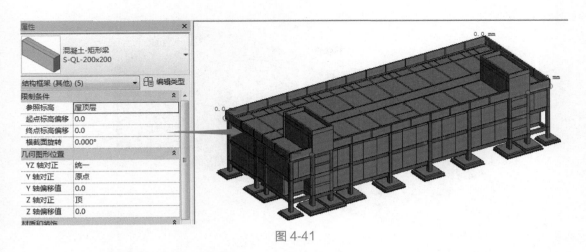

图 4-41

（4）对圈梁标高进行修改。选择其中一根圈梁，鼠标右键点击"选择全部实例"下"在视图中可见"，此时选中了刚刚绘制的所有圈梁，在"属性"面板中修改"参照标高"为"屋顶层"，"起点标高偏移"为"1500"，"终点标高偏移"为"1500"，Enter 键确认，完成标高修改操作。如图 4-42 ～图 4-44 所示。

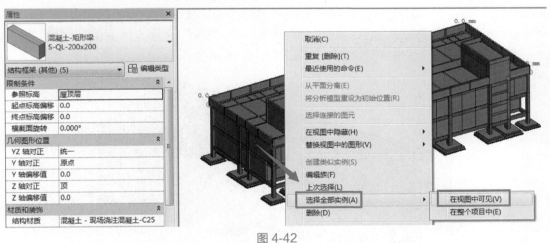

图 4-42

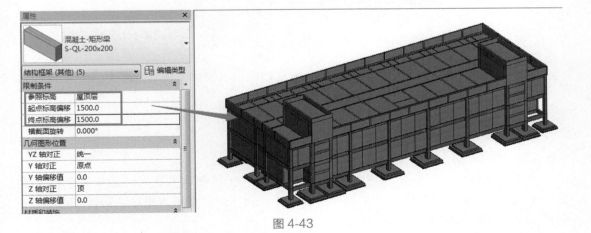

图 4-43

Chapter 4

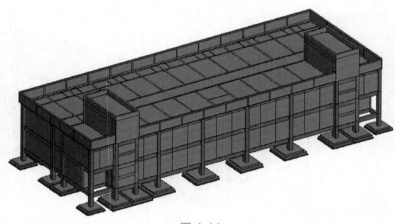

图 4-44

（5）单击快速访问栏保存按钮，保存当前项目文件。

（6）"屋顶层"楼层平面视图圈梁绘制完成后，开始绘制"楼梯屋顶层"楼层平面视图圈梁。参照建立屋顶层圈梁的方法，根据"建施 – 06"中"14-1 立面图和 1-14 立面图"、"建施 – 10"中⑤大样图中标高信息，"建施 – 05"中"屋顶层平面图"楼梯屋顶层女儿墙位置信息，使用" S-QL-200×200"圈梁类型进行绘制，绘制完成后修改"属性"面板中"参照标高"为"楼梯屋顶层"，"起点标高偏移"为"900"，"终点标高偏移"为"900"，Enter 键确认。完成后切换到三维模型视图查看，如图 4-45 所示。

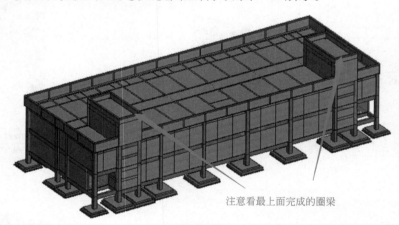

注意看最上面完成的圈梁

图 4-45

（7）单击"快速访问栏"中保存按钮，保存当前项目成果。

4.6.3 总结拓展

4.6.3.1 步骤总结

在创建圈梁前一定梳理清楚相应思路，理解软件的同时也能更好地理解业务和图纸。总结上述 Revit 软件建立圈梁件的操作步骤主要分为三步。按照本操作流程读者可以完成专用宿舍楼圈梁的创建。具体步骤如表 4-12 所示。

表 4-12

序号	操作步骤	具体步骤内容	重点中间过程
1	第一步	建立圈梁构件类型	
2	第二步	布置"屋顶层"楼层平面视图圈梁	含有选择全部实例—在视图中可见等小步骤
3	第三步	布置"楼梯屋顶层"楼层平面视图圈梁	

4.6.3.2　业务拓展

圈梁是在房屋的檐口、窗顶、楼层、吊车梁顶或基础顶面标高处，沿砌体墙水平方向设置封闭状的按构造配筋的混凝土梁式构件。圈梁必须是连续围合的，所以圈梁也叫作环梁；且圈梁根据布置位置不同，称呼不同：在基础上部的连续的钢筋混凝土梁称为基础圈梁，也称地圈梁（DQL）；在墙体上部紧挨楼板的钢筋混凝土梁通常称为上圈梁。

圈梁的作用是配合楼板和构造柱，增加房屋的整体刚度和稳定性，减轻地基不均匀沉降对房屋的破坏，抵抗地震力的影响，具体作用内容如表 4-13 所示。

表 4-13

序号	作用分类	具体作用内容
1	主要作用	提高房屋空间刚度、增加建筑物的整体性，提高砖石砌体的抗剪、抗拉强度（类似水桶外边的抱箍）
2	非抗震设防区	主要作用是加强砌体结构房屋的整体刚度，防止由于地基的不均匀沉降或较大振动荷载等对房屋的不利影响
3	地震设防区	主要作用有增强纵、横墙的连接，提高房屋整体性；作为楼盖的边缘构件，提高楼盖的水平刚度，减小墙的自由长度，提高墙体的稳定性；限制墙体斜裂缝的开展和延伸，提高墙体的抗剪强度；减轻地震时地基不均匀沉降对房屋的影响

4.6.3.3　软件拓展

上述内容详细讲解了【新建圈梁】的操作方法，在砌体结构房屋中，沿水平方向需设置封闭的钢筋混凝土圈梁，高度不小于 120mm，宽度与墙厚相同。当圈梁被门窗洞口截断时，应在洞口上部增设相同截面的附加圈梁，其配筋和混凝土强度等级均不变。

下面将详细讲解在广联达土建算量软件中绘制圈梁的方法，具体编辑方法读者可以扫描下面的二维码，进入教学补充链接进行更详细直观的视频收听。具体视频内容如表 4-14 所示。

表 4-14

序号	视频分类	视频内容	二维码
1	新建圈梁	主要按照上述实施操作部分内容制作的视频操作	见下面
2	广联达 GCL 创建圈梁	主要补充广联达 GCL 创建圈梁的方法和注意事项	见下面

1　新建圈梁

2　广联达 GCL 创建圈梁

Chapter 4

4.7 新建门

4.7.1 内容前瞻

在学习 Revit 软件具体操作之前，先从以下三方面简单了解本节【新建门】所涉及的业务知识、图纸信息、软件操作等内容，帮助读者对本节内容有总体认识，降低后面操作难度。知识总体架构如表 4-15 所示。

表 4-15

序号	知识体系开项	所需了解的具体内容
1	业务知识	门是指建筑物的出入口或安装在出入口能开关的装置，是分割有限空间的一种实体，它的作用是可以连接和关闭两个或多个空间的出入口
2	图纸信息	（1）建立门模型前，先根据专用宿舍楼图纸查阅门构件的尺寸、定位、属性等信息，保证门模型布置的正确性 （2）根据"建施－03"中"一层平面图"、"建施－04"中"二层平面图"、"建施－05"中"屋顶层平面图"可知门构件的平面定位信息 （3）根据"建施－09"中"门窗表及门窗详图"可知门构件的尺寸及样式信息
3	软件操作	（1）学习使用"门"命令创建门 （2）学习使用"建筑：墙下拉下的幕墙"命令创建幕墙 （3）学习使用"全部标记"命令标记门构件

4.7.2 实施操作

门、窗是建筑设计中最常用的构件。Revit 软件提供了门、窗工具，用于在项目中添加门、窗图元。门、窗必须放置于墙、屋顶等主体图元上，这种依赖于主体图元而存在的构件称为"基于主体的构件"。同时，门、窗这些构件都可以通过创建自定义门、窗族的方式进行自定义。下面以《BIM 算量一图一练》中的专用宿舍楼项目为例，讲解创建项目全楼门的操作步骤。

（1）首先建立普通门（M-1、M-2、M-3）构件类型。在"项目浏览器"中展开"楼层平面"视图类别，双击"首层"视图名称，进入"首层"楼层平面视图。单击"建筑"选项卡"构建"面板中的"门"工具，点击"属性"面板中的"编辑类型"，打开"类型属性"窗口，点击"载入"按钮，弹出"打开"窗口，找到提供的"专用宿舍楼－配套资料\03-族\门族"文件夹，点击"M-1"，点击"打开"命令，载入"M-1"族到专用宿舍楼项目中。"类型属性"窗口中"族（F）"和"类型（T）"对应刷新。点击"复制"按钮，弹出"名称"窗口，输入"M-1"，点击"确定"按钮关闭窗口。根据纸"建施－09"中"门窗表及门窗详图"的信息，分别在"高度"位置输入"2700"，"宽度"位置输入"1000"。点击"确定"按钮，退出"类型属性"窗口，完成"M-1"的创建。如图 4-46 ～图 4-49 所示。

图 4-46

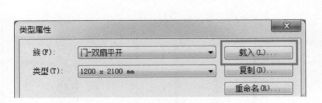

图 4-47

图 4-48

（2）同样的方法，载入"M-2"族，复制生成"M-2"构件，分别在"高度"位置输入"2700"，"宽度"位置输入"1500"；载入"M-3"族，复制生成"M-3"构件，分别在"高度"位置输入"2100"，"宽度"位置输入"800"。M-1、M-2、M-3定义完成后如图 4-50 所示。

（3）构件定义完成后，在开始布置门构件前先将视图平面及绘图区域模型调整到合适尺寸，以便利于门构件布置及查看。在"项目浏览器"中展开"楼层平面"视图类别，双击"首层"视图名称，进

图 4-49

入"首层"楼层平面视图。单击"快速访问栏"中三维视图按钮，切换到三维，鼠标放在 ViewCube 上，右键选择"定向到视图"→"楼层平面"→"楼层平面：首层"。如图 4-51、图 4-52 所示。

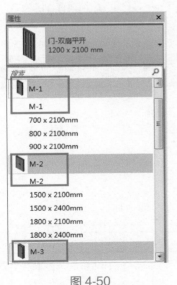

图 4-50

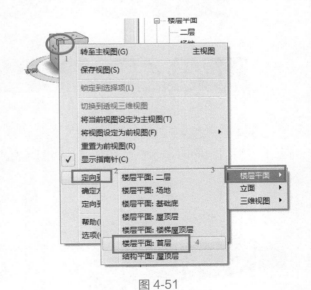

图 4-51

（4）同时使用 Shift 键和鼠标滚轮，将模型进行三维旋转展示。点击 View Cube "前视图"，将模型切换到前视图，点击模型外围的剖面框，点击中间出现的蓝色剖面拉伸按钮，

鼠标向上提拉模型，使首层墙体全部显示。如图 4-53 ～图 4-55 所示。

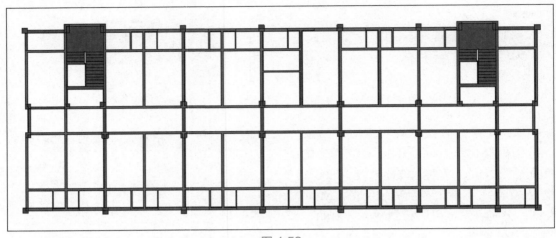

图 4-52

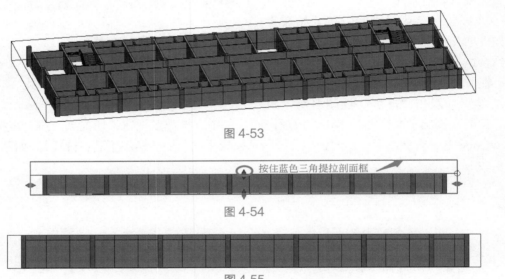

图 4-53

图 4-54

按住蓝色三角提拉剖面框

图 4-55

（5）单击"视图"选项卡"窗口"面板中的"平铺"工具，将"首层"楼层平面视图与三维模型视图同时显示在绘图区域。如图 4-56 所示。

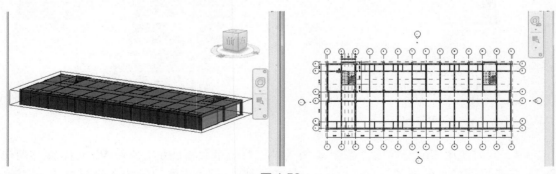

图 4-56

（6）为了清晰展示布置在墙上的门构件，先将部分模型构件隐藏。鼠标点击"首层"楼层平面视图，激活视图，全选构件，利用"过滤器"工具以及"视图控制栏"下的"隐藏图元"工具，将除了"轴网、结构柱、墙"之外的其他构件隐藏。使用同样的方法，鼠标点击三维模型视图，激活视图，全选构件，利用"过滤器"工具以及"视图控制栏"下的"隐藏图元"工具将除了"结构柱、墙"之外的其他构件隐藏。完成后如图 4-57 所示。

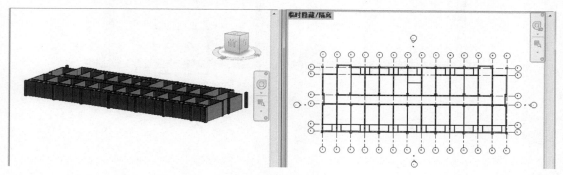

图 4-57

（7）上述工作准备好后，开始布置构件。根据"建施 – 03"中"一层平面图"布置首层门。在"属性"面板中找到"M-1"，Revit 软件自动切换至"修改 | 放置门"上下文选项，激活"标记"面板中"在放置时进行标记"工具，"属性"面板中"底高度"设置为"0"。适当放大视图，移动鼠标定位在 3 ～ 4 轴与 D 轴线墙位置，沿墙方向显示门预览，并在门两侧与 3 ～ 4 轴线间显示临时尺寸标注，指示门边与轴线的距离。鼠标指针在靠近墙中心线上侧、下侧移动，可以看到门开启方向的内外不同显示。如图 4-58 所示。

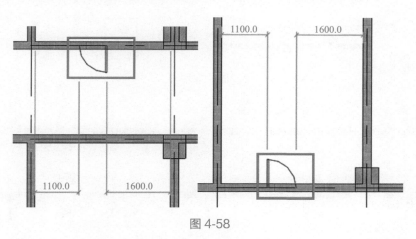

图 4-58

（8）鼠标指针放在墙上，按键盘空格键可以反转门安装方向。如图 4-59 所示。

（9）根据图纸示意，M-1 向宿舍房间内开启，开启时从右侧向左侧开启。鼠标指针放在墙上，当左侧临时尺寸标注线距离 3 轴线为"1300"时放置 M-1 图元。完成后如图 4-60 所示。

（10）按照上述操作方法，将首层的 M-1 图元全部布置。布置完成后部分区域如图 4-61 所示。

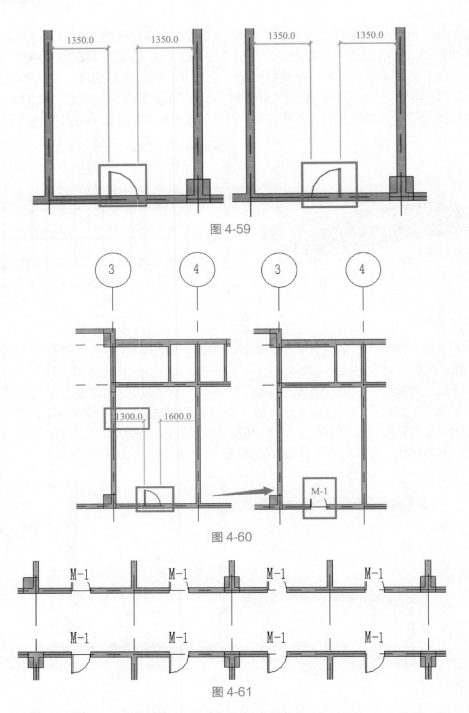

图 4-59

图 4-60

图 4-61

（11）使用同样的方法，在"属性"面板中找到"M-2"，激活"标记"面板中"在放置时进行标记"工具，"属性"面板中"底高度"设置为"0"。根据"建施－03"中"一层平面图"布置 M-2。布置完成后如图 4-62 所示。

（12）同样的方法，在"属性"面板中找到"M-3"，激活"标记"面板中"在放置时进行标记"工具，"属性"面板中"底高度"设置为"0"。根据"建施－03"中"一层平面图"布置 M-3，布置完成后如图 4-63 所示。

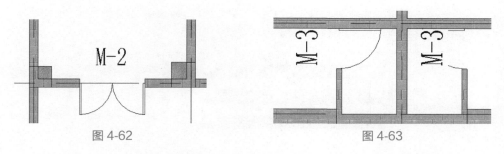

图 4-62　　　　　　　　　　　　　　图 4-63

（13）M-1、M-2、M-3 构件布置完成后，开始建立 M-4、M-5 构件类型。首先使用幕墙及单扇门建立 M-4 构件。单击"建筑"选项卡"构建"面板中的"墙"下拉下的"墙：建筑"工具，在"属性"面板构件类型下拉三角处找到"幕墙"，点击"属性"面板中的"编辑类型"，打开"类型属性"窗口，点击"复制"按钮，弹出"名称"窗口，输入"M-4-幕墙"，点击"确定"关闭窗口。将"自动嵌入"勾选，点击"确定"按钮，退出"类型属性"窗口。根据"建施 – 09"中"门窗表及门窗详图"的信息，在"M-4- 幕墙"的"属性"面板中设置"底部限制条件"为"首层"，"底部偏移"为"0"，"顶部约束"为"直到标高：首层"，"顶部偏移"为"2700"。如图 4-64 所示。

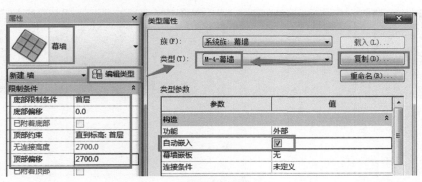

图 4-64

（14）适当放大视图，在 3 ～ 4 轴与 E 轴位置布置 M-4- 幕墙。鼠标放在布置 M-3 墙体的下侧点击作为起点，鼠标向左侧移动，输入数值 1750。鼠标点击空白处，确认绘制完毕。如图 4-65、图 4-66 所示。

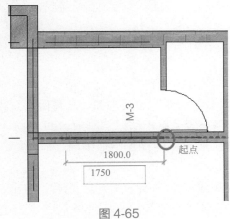

图 4-65

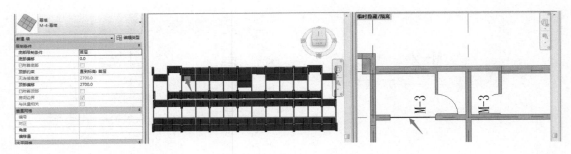

图 4-66

（15）切换到三维模型视图，利用 Shift 键 + 鼠标滚轮进行查看；切换到后视图，隐藏外墙图元，便于对 M-4- 幕墙进行编辑操作。如图 4-67、图 4-68 所示。

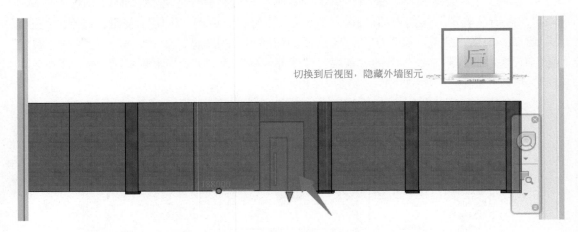

图 4-67

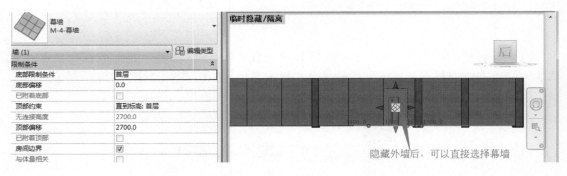

图 4-68

（16）单击"建筑"选项卡"构建"面板中的"幕墙网格"工具，根据"建施 – 09"中 M-4 网格线尺寸进行幕墙网格布置。鼠标移动到刚放置的" M-4- 幕墙"位置，出现竖向临时尺寸标注线后，点击放置生成水平网格，出现横向临时尺寸标注线后，点击放置生成竖向网格。如图 4-69 所示。

（17）选择竖向网格，在出现横向临时尺寸标注线后，点击右侧临时尺寸标注值，输入"950"。选择横向网格，在出现竖向临时尺寸标注线后，点击上侧临时尺寸标注值，输入

"600"。如图 4-70、图 4-71 所示。

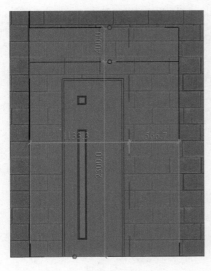
图 4-69

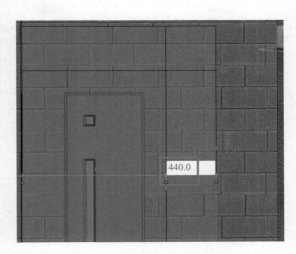
图 4-70

（18）幕墙网格线定位完成后，M-4- 幕墙被分为 4 块嵌板，鼠标放在左侧下方嵌板位置，按 Tab 键，当切换到左侧下方嵌板处于被选中状态时，单击鼠标，"属性"面板显示"系统嵌板 – 玻璃"类型，点击"属性"面板中的"编辑类型"，打开"类型属性"窗口，点击"载入"按钮，弹出"打开"窗口，找到提供的"专用宿舍楼 – 配套资料 \03 – 族 \ 门族"文件夹，点击"M-4"，点击"打开"命令，载入"M-4"族到专用宿舍楼项目中。"类型属性"窗口中"族（F）"和"类型（T）"对应刷新。在"类型（T）"下选择"50 系列有横档"，点击"复制"按钮，弹出"名称"窗口，输入"M-4- 门"，点击"确定"按钮关闭窗口。点击"确定"按钮，退出"类型属性"窗口。此时左侧下方嵌板位置生成门。如图 4-72 ～图 4-74 所示。

图 4-71

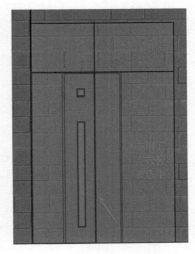
图 4-72

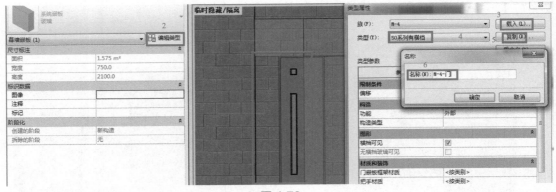

图 4-73

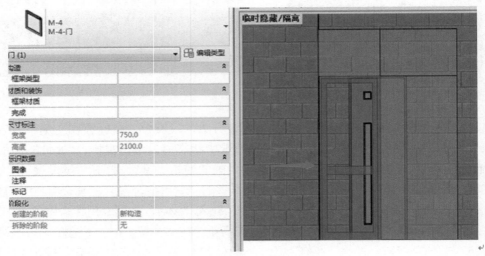

图 4-74

（19）激活"首层"楼层平面视图，此时并未显示门 M-4- 门标记，调出门标记的方式为：单击"注释"选项卡"标记"面板中的"全部标记"工具，弹出"标记所有未标记的对象"窗口，移动滚动条，点击"门标记"类别，点击"确定"关闭窗口。可以看到"首层"楼层平面视图显示了 M-4- 门的标记。点选" M-4- 门"并按住鼠标左键向下移动到合适位置。完成后如图 4-75 ～图 4-79 所示。

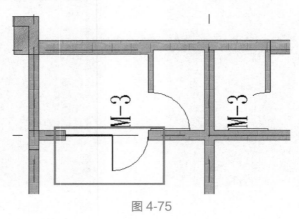

图 4-75

图 4-76

图 4-77

图 4-78

图 4-79

（20）依据"建施 – 03"中"一层平面图"，修改"M-4- 门"的开门方向和安装方向。激活"首层"楼层平面视图，点击"M-4- 门"，出现翻转开门方向和安装方向的两组双向箭头，分别点击这两组双向箭头，修改完成后如图 4-80、图 4-81 所示。

（21）同样的方法，将其他位置的 M-4 进行布置。M-4 主要包含两部分，第一部分为M-4- 幕墙，第二部分为 M-4- 门，按照上述的操作方式布置完成即可。

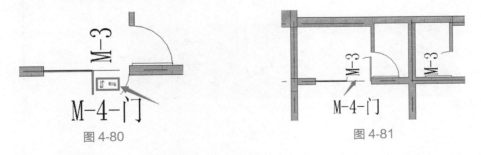

图 4-80

图 4-81

（22）参照前面布置 M-4 构件的方式布置 M-5 构件。单击"建筑"选项卡"构建"面板中的"墙"下拉下的"墙：建筑"工具，在"属性"面板构件类型下拉三角处找到"M-4-幕墙"，点击"属性"面板中的"编辑类型"，打开"类型属性"窗口，点击"复制"按钮，弹出"名称"窗口，输入"M-5- 幕墙"，点击"确定"按钮关闭窗口。将"自动嵌入"勾选，点击"确定"按钮，退出"类型属性"窗口。根据"建施 – 09"中"门窗表及门窗详图"的信息，在"M-5- 幕墙"的"属性"面板中设置"底部限制条件"为"首层"，"底部偏移"

Chapter 4

为 "0"，"顶部约束" 为 "直到标高：首层"，"顶部偏移" 为 "2700"。如图 4-82 所示。

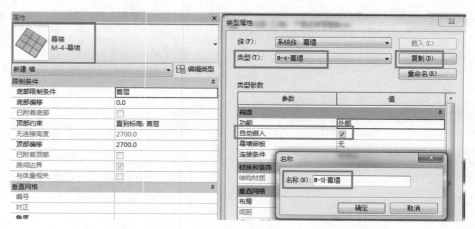

图 4-82

（23）适当放大视图，在 1 ～ 2 轴与 E 轴位置布置 M-5- 幕墙。鼠标放在 1 轴墙体的右侧边线点击作为起点，鼠标向右侧移动，点击 2 轴墙体左侧边线作为终点。鼠标点击空白处确认绘制完毕。如图 4-83 所示。

（24）切换到三维模型视图，利用 Shift 键 + 鼠标滚轮进行查看；切换到后视图，便于对 M-5- 幕墙进行编辑操作。如图 4-84 所示。

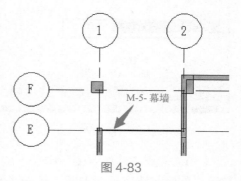

图 4-83

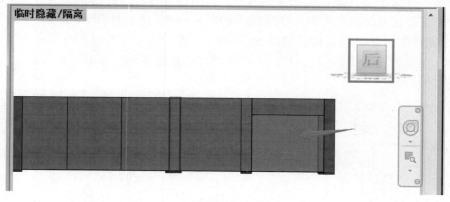

图 4-84

（25）点击 "建筑" 选项卡 "构建" 面板中的 "幕墙网格" 工具，根据 "建施 -09" 中 M-5 网格线尺寸进行幕墙网格布置，鼠标移动到刚放置的 " M-5- 幕墙" 位置，出现竖向临时尺寸标注线后点击放置生成水平网格，出现横向临时尺寸标注线后点击放置生成竖向网格，在 M-5- 幕墙上绘制三条竖向网格，一条水平网格。绘制完成后，分别点击网格线，修改临时尺寸标注数值，使水平网格距离 M-5- 幕墙顶部为 600mm，使竖向网格距离 M-5- 幕墙左右两边分别为 900mm、800mm、800mm、900mm。如图 4-85 所示。

（26）对网格线造型进行修改。选择竖向中心位置网格线，自动切换至"修改 | 幕墙网格"上下文选项，点击"幕墙网格"面板中的"添加 / 删除线段"工具，点击竖向中心位置网格线下边线段，完成对网格的修改。如图 4-86、图 4-87 所示。

（27）幕墙网格线修改完成后，M-5- 幕墙被分为 7 块嵌板，鼠标放在中间最大的嵌板位置，按 Tab 键，当切换到中间最大的嵌板处于被选中状态时，单击鼠标，"属性"面板显示"幕墙双开玻璃门 1800/2100"类型，点击"属性"面板中的"编辑类型"，打开"类型属性"窗口，点击"复制"按钮，弹出"名称"窗口，输入" M-5-门"，点击"确定"关闭窗口。点击"确定"按钮，退出"类型属性"窗口。此时在中间最大的嵌板位置生成门。如图 4-88、图 4-89 所示。

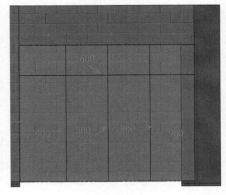

图 4-85

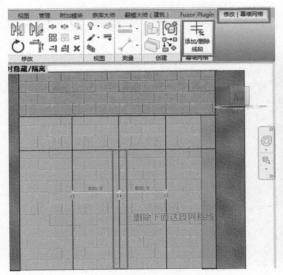

图 4-86

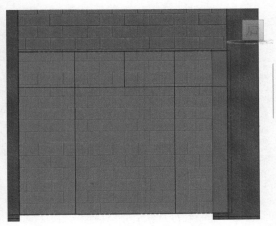

图 4-87

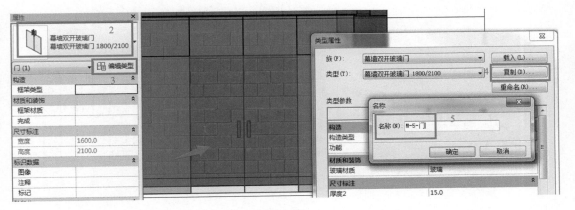

图 4-88

Chapter 4

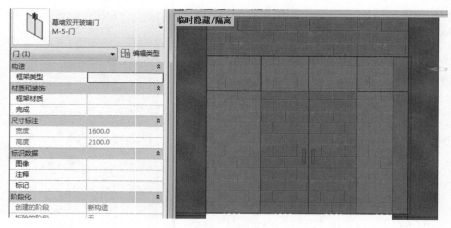

图 4-89

（28）激活"首层"楼层平面视图，对 M-5-门进行标记。单击"注释"选项卡"标记"面板中的"全部标记"工具，弹出"标记所有未标记的对象"窗口，移动滚动条，点击"门标记"类别，点击"确定"关闭窗口。此时可以看到"首层"楼层平面视图中显示了"M-5-门"的标记。如图 4-90 所示。

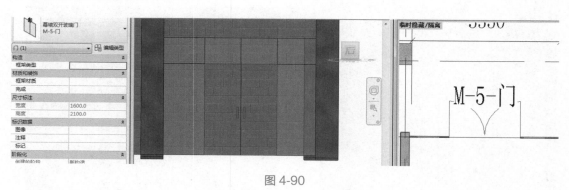

图 4-90

（29）同样的方法，将其他位置的 M-5 进行布置。M-5 主要包含两部分，第一部分为 M-5-幕墙，第二部分为 M-5-门，按照上面的操作方式进行布置。完成后如图 4-91 所示。

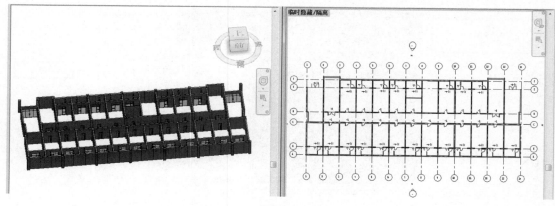

图 4-91

（30）继续建立 FHM 乙构件与 FHM 乙 -1 构件。FHM 乙为单扇防火门，FHM 乙 -1 为双扇防火门。首先建立 FHM 乙与 FHM 乙 -1 构件类型。单击"建筑"选项卡"构建"面板中的"门"工具，在"属性"面板中找到 M-3，点击"编辑类型"，打开"类型属性"窗口，点击"复制"按钮，弹出"名称"窗口，输入"FHM 乙"，点击"确定"按钮关闭窗口。根据"建施 -09"中"门窗表及门窗详图"的信息，分别在"高度"位置输入"2100"，"宽度"位置输入"1000"。点击"确定"按钮，退出"类型属性"窗口，完成"FHM 乙"的创建。如图 4-92 所示。

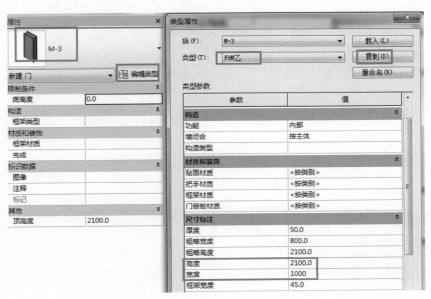

图 4-92

（31）在"属性"面板中找到 M-2，点击"编辑类型"，打开"类型属性"窗口，点击"复制"按钮，弹出"名称"窗口，输入"FHM 乙 -1"，点击"确定"按钮关闭窗口。根据"建施 -09"中"门窗表及门窗详图"的信息，分别在"高度"位置输入"2100"，"宽度"位置输入"1500"。点击"确定"按钮，退出"类型属性"窗口。完成"FHM 乙 -1"的创建。如图 4-93 所示。

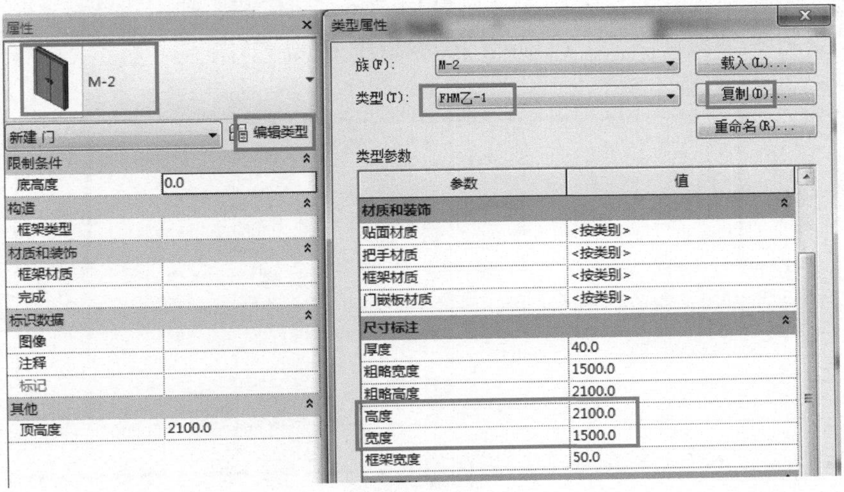

图 4-93

（32）根据"建施 – 03"中"一层平面图"布置 FHM 乙构件与 FHM 乙 -1 构件，布置完成后如图 4-94 所示。

（33）单击"快速访问栏"中保存按钮，保存当前项目成果。

（34）"首层"楼层平面视图门绘制完成后，开始绘制"二层"楼层平面视图门。

（35）激活"二层"楼层平面视图，根据"建施 – 04"中"二层平面图"布置二层门构件。对于二层的门构件可以按照首层布置门的方式进行

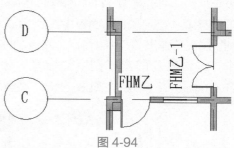

图 4-94

二层门的布置。也可以使用"过滤器"工具将首层的"幕墙嵌板、幕墙网格、门、门标记"构件全部选中，然后使用"复制到剪贴板、粘贴、与选定的标高对齐"，选择"二层"，快速进行二层门的布置；读者可自行选择布置方案，布置完成后如图 4-95 所示。

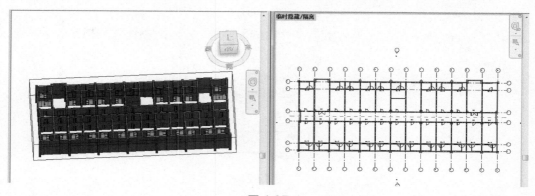

图 4-95

（36）单击"快速访问栏"中保存按钮，保存当前项目成果。

（37）"二层"楼层平面视图中门绘制完成后，开始绘制"屋顶层"楼层平面视图门。

（38）激活"屋顶层"楼层平面视图，根据"建施 – 05"中"屋顶层平面图"布置屋顶层门构件。隐藏屋顶层其他无关构件，只显示"墙、结构柱、轴网"构件。参照上述建立门的方法，绘制两个 M-2 图元，屋顶层门构件布置完成后如图 4-96 所示。

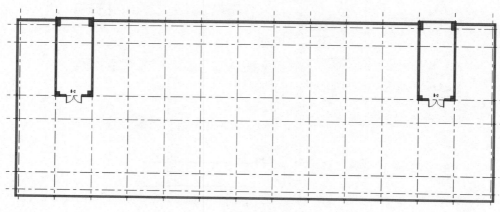

图 4-96

（39）切换到三维模型视图，按住 Shift 键 + 鼠标滚轮旋转模型，如图 4-97 所示。

图 4-97

（40）单击"快速访问栏"中保存按钮，保存当前项目成果。

（41）根据"建施－06"中"14-1 立面图和 1-14 立面图"可知，屋顶层的两个门上有门板，门板顶标高为 10.25m、厚度为 100mm（CAD 测量）。下面对屋顶层门板进行绘制。激活"屋顶层"楼层平面视图，单击"建筑"选项卡"构建"面板中的"楼板"下拉下的"楼板：建筑"工具，点击"属性"面板中的"编辑类型"，打开"类型属性"窗口，点击"复制"按钮，弹出"名称"窗口，输入"屋顶层门上板－100"，点击"确定"按钮关闭窗口。其他信息不做修改，点击"确定"按钮退出"类型属性"窗口。在"属性"面板设置"标高"为"屋顶层"，"自标高的高度偏移量"为"3050"，Enter 键确认。依据"建施－05"中"屋顶层平面图"首先利用参照平面进行屋顶层门上板的位置定位，然后再进行板的绘制。绘制完成后如图 4-98、图 4-99 所示。

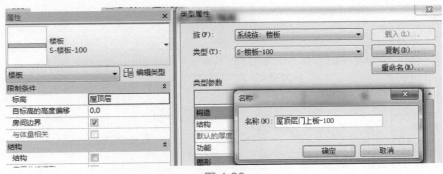

图 4-98

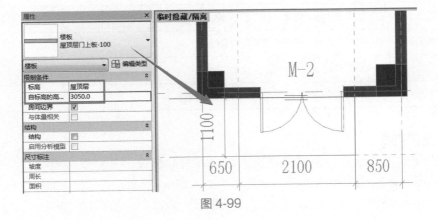

图 4-99

（42）单击"快速访问栏"中三维视图按钮，切换到三维视图，如图 4-100 所示。

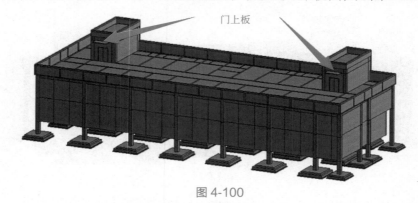

门上板

图 4-100

（43）单击"快速访问栏"中保存按钮，保存当前项目成果。

4.7.3 总结拓展

4.7.3.1 步骤总结

在创建门前一定梳理清楚相应思路，理解软件的同时也能更好地理解业务和图纸。总结上述 Revit 软件建立门的操作步骤主要分为九步。按照本操作流程读者可以完成专用宿舍楼门的创建。具体步骤如表 4-16 所示。

表 4-16

序号	操作步骤	具体步骤内容	重点中间过程
1	第一步	建立普通门（M-1、M-2、M-3）构件类型	
2	第二步	布置"首层"楼层平面视图普通门（M-1、M-2、M-3）构件	
3	第三步	建立 M-4、M-5 构件类型	
4	第四步	布置"首层"楼层平面视图 M-4、M-5 构件	
5	第五步	建立 FHM 乙与 FHM 乙 -1 构件类型	
6	第六步	布置"首层"楼层平面视图 FHM 乙与 FHM 乙 -1 构件	
7	第七步	布置"二层"楼层平面视图门构件	
8	第八步	布置"屋顶层"楼层平面视图门构件	
9	第九步	布置"屋顶层"楼层平面视图门上板构件	

4.7.3.2 业务拓展

门是指建筑物的出入口或安装在出入口能开关的装置，是分割有限空间的一种实体，它的作用是可以连接和关闭两个或多个空间的出入口。

建筑中门的类型有卷帘门、密闭门、平开门、弹簧门、折叠门、推拉门、旋转门等。

门的高度一般为 1.8m 或 2.1m，房屋建筑学和房屋设计规范规定民用建筑中门高度不小于 2.1m。供人通行的门，高度一般不低于 2m，再高也不宜超过 2.4m，否则有空洞感。门扇制作也需特别加强，如造型、通风、采光需要时，可在门上加腰窗，其高度从 0.4m 起，但也不宜过高。

4.7.3.3　软件拓展

上述内容详细讲解了【新建门】的操作方法，在 Revit 软件中可以添加任意形式的门构件，门构件属于可载入族，在添加门构件前，必须在项目中载入所需的门族，才能在项目中使用。

下面将详细讲解建立一般幕墙的创建方法，具体编辑方法读者可以扫描下面的二维码，进入教学补充链接进行更详细直观的视频收听。具体视频内容如表 4-17 所示。

表 4-17

序号	视频分类	视频内容	二维码
1	新建门	主要按照上述实施操作部分内容制作的视频操作	见下面
2	新建幕墙	主要补充新建幕墙的方法和注意事项	见下面

4.8　新建窗（含窗护栏）

1　新建门　　　2　新建幕墙

4.8.1　内容前瞻

在学习 Revit 软件具体操作之前，先从以下三方面简单了解本节【新建窗（含窗护栏）】所涉及的业务知识、图纸信息、软件操作等内容，帮助读者对本节内容有总体认识，降低后面操作难度。知识总体架构如表 4-18 所示。

表 4-18

序号	知识体系开项	所需了解的具体内容
1	业务知识	（1）窗户在建筑学上是指墙或屋顶上建造的洞口，可以使光线或空气进入室内 （2）现代的窗由窗框、玻璃和活动构件（铰链、执手、滑轮等）三部分组成
2	图纸信息	（1）建立窗模型前，先根据专用宿舍楼图纸查阅窗构件的尺寸、定位、属性等信息，保证窗模型布置的正确性 （2）根据"建施 – 03"中"一层平面图"、"建施 – 04"中"二层平面图"、"建施 – 05"中"屋顶层平面图"可知窗构件的平面定位信息 （3）根据"建施 – 09"中"门窗表及门窗详图"可知窗构件的尺寸及样式信息
3	软件操作	（1）学习使用"窗"命令创建窗 （2）学习使用"全部标记"命令标记窗构件 （3）学习使用"栏杆扶手"命令创建窗护栏

4.8.2　实施操作

插入窗的方法与上一节插入门的方法类似，稍有不同的是在插入窗时需要考虑窗台高度。通常窗户距地高度在门窗表、设计说明、立面或者剖面中进行标注。下面以《BIM 算量一图一练》中的专用宿舍楼项目为例，讲解创建项目全楼窗的操作步骤。

（1）在"项目浏览器"中展开"楼层平面"视图类别，双击"首层"视图名称，进入"首层"楼层平面视图。为了绘图方便，利用"过滤器"工具以及"视图控制栏"下的"隐藏图元"工具，将除"结构柱、墙、轴网"之外的其他构件隐藏。完成后如图 4-101 所示。

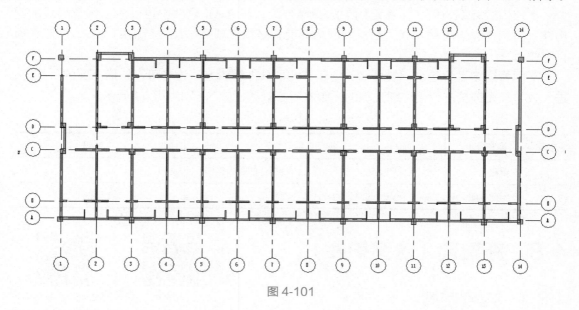

图 4-101

（2）建立窗构件类型。单击"建筑"选项卡"构建"面板中的"窗"工具，点击"属性"面板中的"编辑类型"，打开"类型属性"窗口，点击"载入"按钮，弹出"打开"窗口，找到提供的"专用宿舍楼 – 配套资料 \03– 族 \ 窗族"文件夹，点击"C-1"，点击"打开"命令，载入"C-1"族到专用宿舍楼项目中，"类型属性"窗口中"族（F）"和"类型（T）"对应刷新。点击"复制"按钮，弹出"名称"窗口，输入"C-1"，点击"确定"按钮关闭窗口。根据"建施 – 09"中"门窗表及门窗详图"的信息，分别在"高度"位置输入"1350"，"宽度"位置输入"1200"，"默认窗台高度"位置输入"0"（根据"建施 – 06"中"14-1 立面图和 1-14 立面图"测量可知）。点击"确定"按钮，退出"类型属性"窗口。完成"C-1"的创建。

用同样的方法载入"C-2"族，复制生成"C-2"构件，分别在"高度"位置输入"2850"，"宽度"位置输入"1750"，"默认窗台高度"位置输入"100"（根据"建施 – 06"中"14-1 立面图和 1-14 立面图"测量可知）；载入"C-3"族，复制生成"C-3"构件，分别在"高度"位置输入"1750"，"宽度"位置输入"600"，"默认窗台高度"位置输入"1200"；载入"C-4"族，复制生成"C-4"构件，分别在"高度"位置输入"2550"，"宽度"位置输入"2200"，"默认窗台高度"位置输入"400"（根据"建施 – 06"中"14-1 立面图和 1-14 立面图"测量可知）；载入"FHC"族，复制生成"FHC"构件，分别在"高度"位置输入"1800"，"宽度"位置输入"1200"，"默认窗台高度"位置输入"600"（根据"建施 – 06"中"14-1 立面图和 1-14 立面图"测量可知）。C-1、C-2、C-3、C-4、FHC 定义完成后如图 4-102 所示。

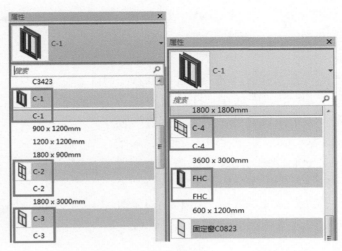

图 4-102

（3）构件定义完成后，开始布置构件。根据"建施 – 03"中"一层平面图"布置首层窗构件。在"属性"面板中找到"C-1"，Revit 软件自动切换至"修改 | 放置窗"上下文选项，确认激活"标记"面板中"在放置时进行标记"选项，其他参数采用默认值。确认"属性"面板中的"底高度"值为"0"，如图 4-103、图 4-104 所示。适当放大视图，移动鼠标至 F 轴上侧 600 位置与 2 ~ 3 轴线间位置，在墙上点击放置窗 C-1。按两次 Esc 键退出放置窗模式。

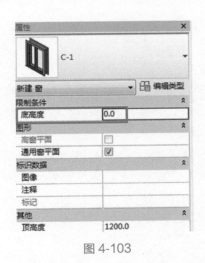

图 4-103

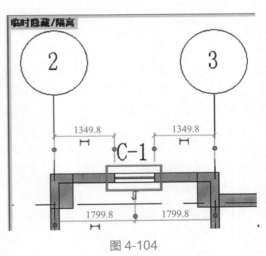

图 4-104

（4）单击刚放置的 C-1 窗，依据"建施 – 03"中"一层平面图"C-1 窗的尺寸定位信息修改临时尺寸标注数值，完成 C-1 窗的位置修改。修改完成后如图 4-105 所示。

（5）按照上述操作方法，将首层的 C-1 窗全部布置完成。

（6）同样的方法布置 C-2 窗。在"属性"面板中找到 C-2，确认激活"标记"面板中"在放置时进行标记"选项，其他参数采用默认值。确认"属性"面板中的"底高度"值为"100"。适当放大视图，移动鼠标至 F 轴墙体与 3 ~ 4 轴线间位置，在墙上点击放置窗 C-2。按两次 Esc 键退出放置窗模式。然后依据"建施 – 03"中"一层平面图"C-2 窗的尺寸定位信息修改临时尺寸标注数值，完成 C-2 窗的位置修改。修改完成后如图 4-106 所示。

（7）按照上述操作方法，将首层的 C-2 窗全部布置。

（8）同样的方法布置 C-3 窗。在"属性"面板中找到 C-3，确认激活"标记"面板中"在放置时进行标记"选项，其他参数采用默认值。确认"属性"面板中的"底高度"值为"1200"。适当放大视图，移动鼠标至 F 轴墙体与 3～4 轴线间位置，在墙上点击放置窗 C-3。按两次 Esc 键退出放置窗模式。依据"建施 – 03"中"一层平面图"C-3 窗的尺寸定位信息修改临时尺寸标注数值，完成 C-3 窗的位置修改。修改完成后如图 4-107 所示。

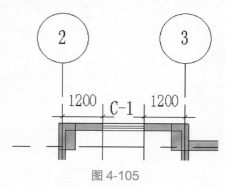

图 4-105

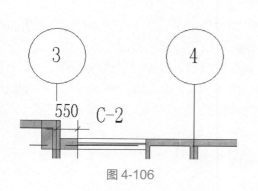

图 4-106

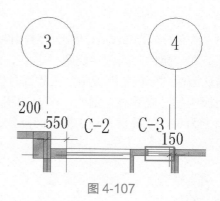

图 4-107

（9）按照上述操作方法，将首层的 C-3 窗全部布置。

（10）同样的方法布置 C-4 窗。在"属性"面板中找到 C-4，确认激活"标记"面板中"在放置时进行标记"选项，其他参数采用默认值。确认"属性"面板中的"底高度"值为"400"。适当放大视图，移动鼠标至 1 轴右侧 250 位置与 C～D 轴线间位置，在墙上点击放置窗 C-4。按两次 Esc 键退出放置窗模式。依据"建施 -03"中"一层平面图"C-4 窗的尺寸定位信息修改临时尺寸标注数值，完成 C-4 窗的位置修改。修改完成后如图 4-108 所示。

（11）按照上述操作方法，将首层的 C-4 窗全部布置。

（12）同样的方法布置 FHC 窗。在"属性"面板中找到 FHC 窗，确认激活"标记"面板中"在放置时进行标记"选项，其他参数采用默认值。确认"属性"面板中的"底高度"值为"600"。适当放大视图，移动鼠标至 C 轴墙体与 1～2 轴线间位置，在墙上点击放置 FHC 窗。按两次 Esc 键退出放置窗模式。然后依据"建施 – 03"中"一层平面图"FHC 窗的尺寸定位信息修改临时尺寸标注数值，完成 FHC 窗的位置修改。修改完成后如图 4-109 所示。

（13）按照上述操作方法，将首层的 FHC 窗全部布置。

（14）单击"快速访问栏"中保存按钮，保存当前项目成果。

（15）"首层"楼层平面视图窗绘制完成后，开始绘制"二层"楼层平面视图窗。

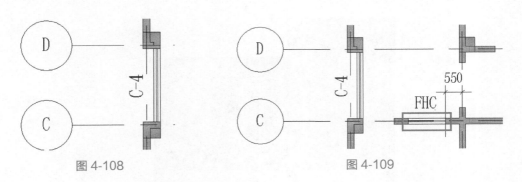

图 4-108　　　　　　　　　　　　　　　图 4-109

（16）激活"二层"楼层平面视图，根据"建施–04"中"二层平面图"布置二层窗构件。对于二层的窗构件可以按照首层布置窗的方式进行二层窗的布置；也可以使用"过滤器"工具将首层的"窗、窗标记"构件全部选中，然后使用"复制到剪贴板"、"粘贴"、"与选定的标高对齐"，选择"二层"，快速进行二层窗的布置。读者可自行选择布置方案。

（17）"二层"楼层平面视图窗绘制完成后，开始绘制"屋顶层"楼层平面视图窗。

（18）激活"屋顶层"楼层平面视图，根据"建施–05"中"屋顶层平面图"以及"建施–06"中"14-1 立面图"和"1-14 立面图"布置屋顶层窗构件。

（19）窗构件全部布置完成后分别切换到三维模型视图的后视图、前视图、左 / 右视图与"建施–06"中"14-1 立面图"和"1-14 立面图"进行对比查看，以保证窗构件布置的正确性与完整性。如图 4-110 ～图 4-112 所示。

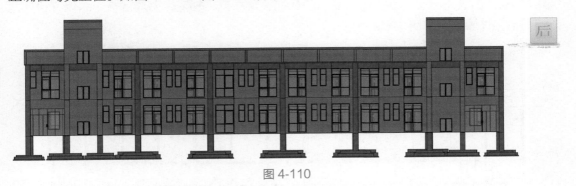

图 4-110

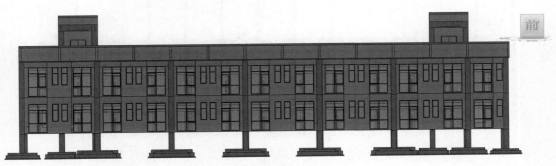

图 4-111

（20）单击"快速访问栏"中保存按钮，保存当前项目成果。

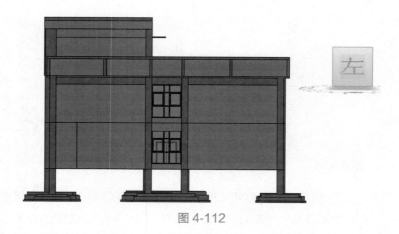

图 4-112

（21）窗构件布置完成后，查阅"建施–06"中"14-1立面图"和"1-14立面图"可知首层和二层C2窗位置有窗外的护栏，窗护栏高度为1050mm（CAD测量可知），窗护栏长度与C2窗长度一致。根据规范要求，外窗窗台距楼面、地面的高度低于0.90m时，应有防护设施，窗台的净高度或防护栏杆的高度均应从可踏面起算，保证满足净高0.90m。窗外有阳台或平台时可不受此限制。由于已绘制的外窗C4窗构件距地高度为400mm，所以也应该添加窗护栏。利用Revit软件默认的"栏杆扶手"命令可在C2窗、C4窗周边进行窗护栏绘制。

（22）切换到"首层"楼层平面视图，先利用"过滤器"工具以及"视图控制栏"下的"隐藏图元"工具将除了"墙、门、窗、门标记、窗标记、轴网、幕墙嵌板、幕墙网格"之外的其他构件隐藏。如图 4-113 所示。

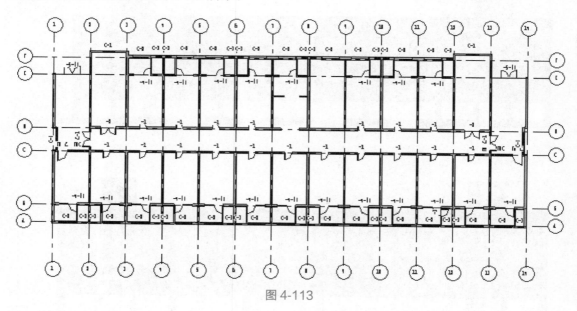

图 4-113

（23）首先先建立C2窗护栏构件类型，单击"建筑"选项卡"楼梯坡道"面板中的"栏杆扶手"下的"绘制路径"工具，点击"属性"面板中的"编辑类型"，打开"类型属性"窗口，以类型"栏杆–金属立杆"为基础，点击"复制"按钮，弹出"名称"窗口，输入

"C2 窗护栏"，点击"确定"按钮关闭窗口。再次点击"确定"按钮退出"类型属性"窗口。在"属性"面板设置"底部标高"为"首层"，"底部偏移"为"100"（C2 窗底高度为 100），按 Enter 键确认应用。"绘制"面板中选择"直线"绘制方式，其他设置默认不变，在 F 轴与 3 ~ 4 轴线间 C2 窗窗框位置绘制窗护栏轮廓。点击"模式"选项卡下绿色对勾，完成窗护栏的建立。完成后"首层"楼层平面视图与三维模型视图可同时查看，如图 4-114 ~图 4-116 所示。

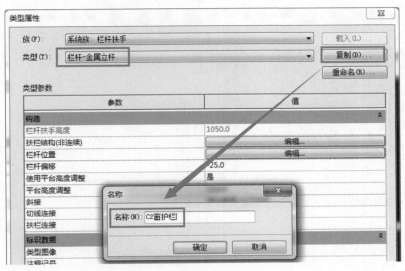

图 4-114

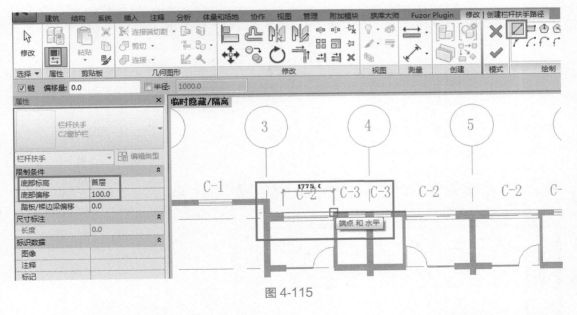

图 4-115

（24）根据"建施 – 06"中"14-1 立面图"和"1-14 立面图"C2 窗护栏轮廓对刚刚绘制的 C2 窗护栏进行简单修改。选择刚绘制的 C2 窗护栏，点击"属性"面板中的"编辑类型"，打开"类型属性"窗口，点击"扶栏结构（非连续）"右侧"编辑"按钮，打开"编辑扶手（非连续）"窗口，删除不需要的扶手，并对扶手轮廓材质进行修改，完成后点击"确定"按钮退出"编辑扶手（非连续）"窗口，如图 4-117、图 4-118 所示。【注意】Revit 软件的"栏杆扶手"由"扶手"和"栏杆"两部分组成，在定义"扶栏结构（非连续）"的"编辑扶手（非连续）"窗口中，可以指定各扶手结构的名称、距离"基准"的高度、采用的轮廓族类型和各扶手的材质。单击"插入"按钮可以添加新的扶手结构，可以使用"向上"、"向下"按钮修改扶手的结构顺序，扶手的高度由最高的扶手高度决定。"偏移"参数指扶手轮廓外侧距离栏杆外侧的距离，负数为向左侧偏移，正数为向右侧偏移。如图 4-119 所示。

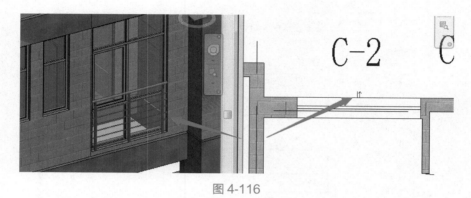

图 4-116

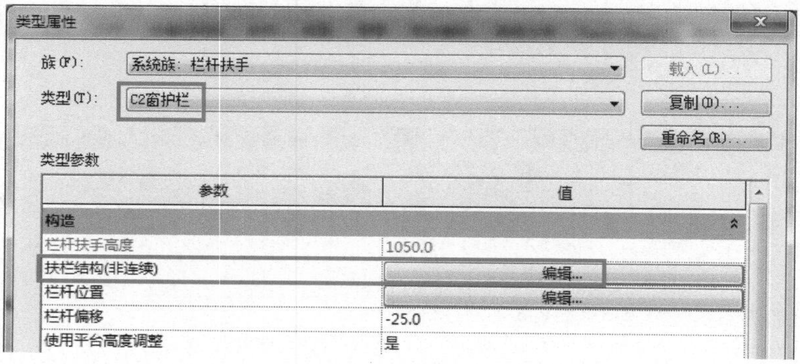

图 4-117

图 4-118

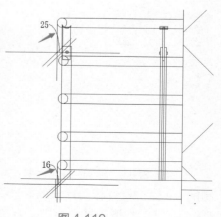

图 4-119

（25）修改好扶手后，修改栏杆。在“编辑类型”窗口点击“栏杆位置”右侧“编辑”按钮，打开“编辑栏杆位置”窗口，可以看到在“主样式”模块下目前只有第二行可以编辑，选择第二行，点击右侧“复制”按钮，复制出多行栏杆信息并进行修改，完成后点击“确定”按钮退出“编辑栏杆位置”窗口。【注意】在 Revit 软件定义“栏杆位置”的“编辑栏杆位置”窗口中，可以指定各栏杆结构的名称、采用的轮廓族类型、底部标高、顶部标高以及相对于前一栏杆的距离。单击“复制”按钮可以添加新的栏杆结构，可以使用“向上”、“向下”按钮修改栏杆的结构顺序。“栏杆”样式在高度方向的起点设置为“主体”，即从栏杆的主体或实例属性中定义的标高及底部偏移位置开始；高度方向的终点设置为“顶部扶手”，即是从名称为“顶部扶手”的扶手结构处结束。“顶部扶手、底部扶手、中间扶手”为上一步骤中在“编辑扶手（非连续）”窗口中设置的扶手名称。如图 4-120、图 4-121 所示。

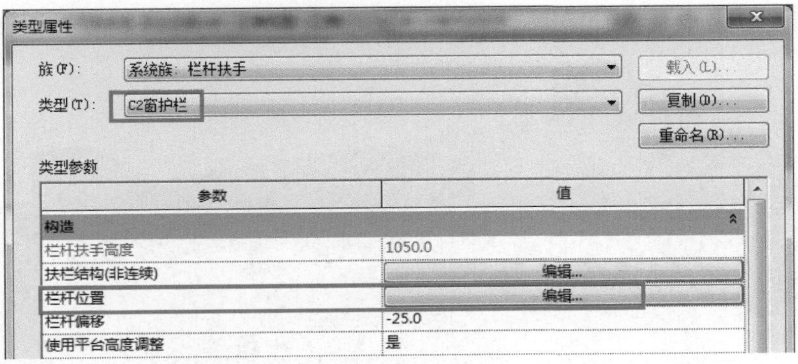
类型属性
族(F)：
系统族：栏杆扶手
载入(L)...
类型(T)：
C2窗护栏
复制(D)...
重命名(R)...
类型参数
参数
值
构造
栏杆扶手高度
1050.0
扶栏结构(非连续)
编辑...
栏杆位置
编辑...
栏杆偏移
-25.0
使用平台高度调整
是

图 4-120

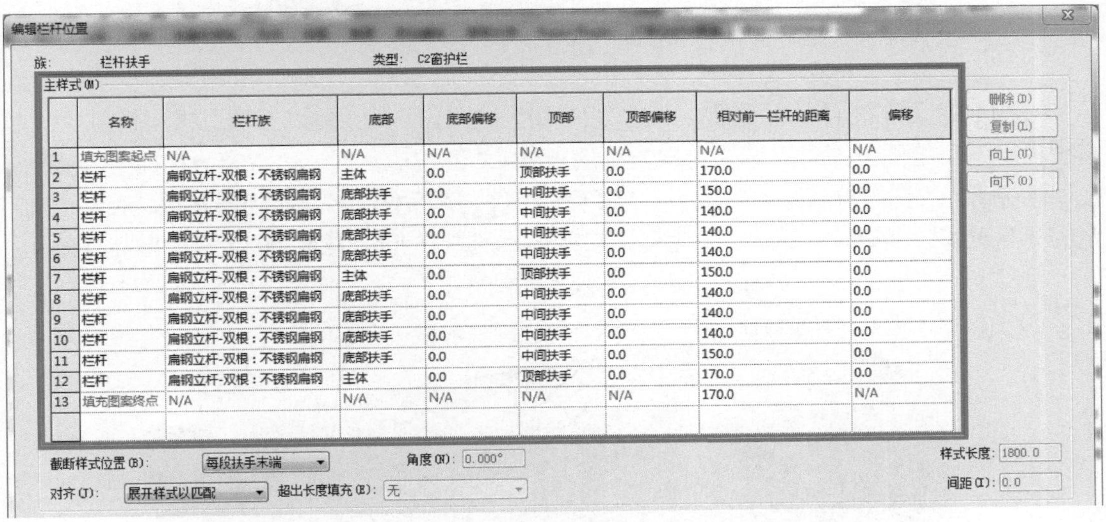
编辑栏杆位置
族：栏杆扶手
类型：C2窗护栏
主样式(M)
名称 栏杆族 底部 底部偏移 顶部 顶部偏移 相对前一栏杆的距离 偏移
1 填充图案起点 N/A N/A N/A N/A N/A N/A N/A
2 栏杆 扁钢立杆-双根：不锈钢扁钢 主体 0.0 顶部扶手 0.0 170.0 0.0
3 栏杆 扁钢立杆-双根：不锈钢扁钢 底部扶手 0.0 中间扶手 0.0 150.0 0.0
4 栏杆 扁钢立杆-双根：不锈钢扁钢 底部扶手 0.0 中间扶手 0.0 140.0 0.0
5 栏杆 扁钢立杆-双根：不锈钢扁钢 底部扶手 0.0 中间扶手 0.0 140.0 0.0
6 栏杆 扁钢立杆-双根：不锈钢扁钢 底部扶手 0.0 中间扶手 0.0 140.0 0.0
7 栏杆 扁钢立杆-双根：不锈钢扁钢 主体 0.0 顶部扶手 0.0 150.0 0.0
8 栏杆 扁钢立杆-双根：不锈钢扁钢 底部扶手 0.0 中间扶手 0.0 140.0 0.0
9 栏杆 扁钢立杆-双根：不锈钢扁钢 底部扶手 0.0 中间扶手 0.0 140.0 0.0
10 栏杆 扁钢立杆-双根：不锈钢扁钢 底部扶手 0.0 中间扶手 0.0 140.0 0.0
11 栏杆 扁钢立杆-双根：不锈钢扁钢 底部扶手 0.0 中间扶手 0.0 150.0 0.0
12 栏杆 扁钢立杆-双根：不锈钢扁钢 主体 0.0 顶部扶手 0.0 170.0 0.0
13 填充图案终点 N/A N/A N/A N/A N/A 170.0 N/A
删除(D)
复制(L)
向上(U)
向下(O)
截断样式位置(B)：每段扶手末端
角度(N)：0.000°
样式长度：1800.0
对齐(J)：展开样式以匹配
超出长度填充(E)：无
间距(I)：0.0

图 4-121

（26）最后退出“编辑类型”窗口后，查看 C2 窗护栏，如图 4-122 所示。可以看到修改后的 C2 窗护栏与“建施 – 06”中“14-1 立面图”和“1-14 立面图”C2 窗护栏轮廓基本一致。

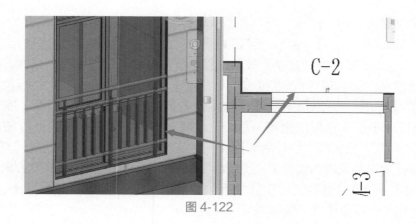

图 4-122

（27）F 轴与 3～4 轴线间 C2 窗护栏修改完成后，可以利用"复制"命令将首层其他 C2 窗位置进行 C2 窗护栏布置，首层 C2 窗护栏布置完成后如图 4-123 所示。

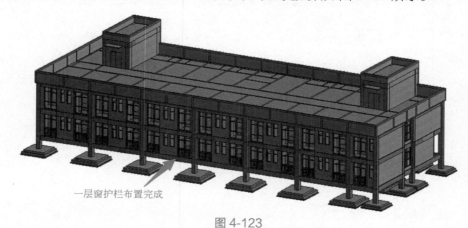

一层窗护栏布置完成

图 4-123

（28）"首层"楼层平面视图 C2 窗护栏绘制完成后，开始绘制"二层"楼层平面视图 C2 窗护栏。为了绘图方便可以选择首层绘制的一处 C2 窗护栏，通过"右键→选择全部实例→在视图中可见"选择首层绘制的所有 C2 窗护栏构件，然后使用"复制到剪贴板、粘贴、与选定的标高对齐"，选择"二层"，快速创建二层 C2 窗护栏构件。绘制完成后如图 4-124 所示。

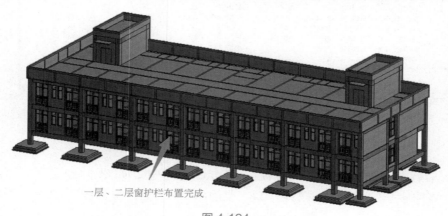

一层、二层窗护栏布置完成

图 4-124

（29）C2 窗护栏建立完毕后，进行 C4 窗护栏的搭建，切换到"首层"楼层平面视图，首先利用"类型属性"窗口，以类型"C2 窗护栏"为基础，复制生成"C4 窗护栏"，在"属性"面板设置"底部标高"为"首层"，"底部偏移"为"400"（C4 窗底高度为 400mm），Enter 键确认应用。"绘制"面板中选择"直线"绘制方式，其他设置默认不变，在 1 轴左侧与 C ～ D 轴线间 C4 窗窗框位置绘制窗护栏轮廓，点击"模式"选项卡下绿色对勾，完成 C4 窗护栏的建立。完成后切换到三维模型视图查看。如图 4-125 所示。

图 4-125

（30）继续在首层 14 轴右侧与 C ～ D 轴线间 C4 窗窗框位置绘制窗护栏。"首层"楼层平面视图中 C4 窗护栏绘制完成后，开始绘制"二层"楼层平面视图 C4 窗护栏。可以选择一个 C4 窗护栏后，按住 Ctrl 键将首层 C4 窗护栏全部选择，然后使用"复制到剪贴板、粘贴、与选定的标高对齐"，选择"二层"，快速创建二层 C4 窗护栏构件。绘制完成后如图 4-126 所示。

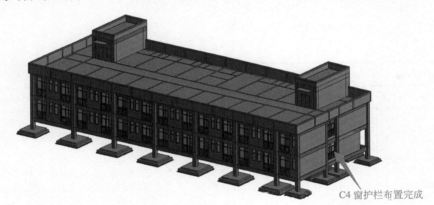

C4 窗护栏布置完成

图 4-126

（31）单击"快速访问栏"中保存按钮，保存当前项目成果。

4.8.3 总结拓展

4.8.3.1 步骤总结

在创建窗前一定梳理清楚相应思路，理解软件的同时也能更好地理解业务和图纸。总结上述 Revit 软件建立窗（含窗护栏）的操作步骤主要分为八步。按照本操作流程读者可以完成专用宿舍楼窗的创建。具体步骤如表 4-19 所示。

表 4-19

序号	操作步骤	具体步骤内容	重点中间过程
1	第一步	建立窗构件类型	
2	第二步	布置"首层"楼层平面视图窗	
3	第三步	布置"二层"楼层平面视图窗	

Chapter 4

序号	操作步骤	具体步骤内容	重点中间过程
4	第四步	布置"屋顶层"楼层平面视图窗	
5	第五步	建立 C2 窗护栏构件类型	
6	第六步	布置"首层"楼层平面视图 C2 窗护栏	
7	第七步	布置"二层"楼层平面视图 C2 窗护栏	
8	第八步	建立 C4 窗护栏构件类型并创建首层和二层 C4 窗护栏	

4.8.3.2 业务拓展

随着人们对生活空间质量的日益关注，门窗也承担了更重要的作用与功能。从技术角度分析，门窗承担了水密性、气密性、抗风压、机械力学强度、隔热、隔音、防盗、遮阳、耐候性、操作手感等一系列重要的功能；同时门窗代表了与地域相关的人文景观，是建筑师手中的设计元素，也是房主展示其个性的一种符号。门窗是人与环境交流的通道，并营造了私密的生活空间。实际项目中窗复杂多变，下面将从材质、用途、开启方式三种维度对窗进行分类并分析。具体内容如表 4-20 所示。

表 4-20

序号	划分类别	划分具体内容
1		窗按材质可分为铝合金窗、木窗、铝木窗、断桥隔热窗、钢窗、塑钢窗、彩钢窗、PVC 塑料窗等
1.1	铝合金窗	是目前使用最为广泛的门窗材料，其优点非常明显：质轻、坚固、不易变形、金属质感、易于加工，可使用喷涂或电泳进行表面处理，可以任意色彩搭配建筑外形及居室内部空间，是建筑门窗选择最多的材料
1.2	木窗	是人类最早使用的窗体材料，具有自然、和谐、温馨、坚实的特点，需用优质木材以及优良工艺制造，因此价格较高，多用于别墅等高档空间处理。劣质木窗则易于变形，影响使用毫无可取之处
1.3	铝木窗	是由铝合金同木窗组合而成，取二者的优点。通常木窗在里，体现自然、温馨、高档；铝合金包在外面防水更好，喷涂颜色与建筑相搭配。铝木窗需要优质木材，工艺也较为繁复，价格较高，如不符合质量标准长时间使用则会产生裂缝，严重的还会产生变形影响使用
1.4	断桥隔热窗	是铝合金窗的升级版，其原理是通过 PVC 隔热条将铝合金窗体型材分隔，以降低铝合金型材的导热系数，从而提高窗体的保温隔热性能，达到节能效果
1.5	钢窗	是工业革命后的产物，中国 20 世纪 80 年代前的老公房多用这种窗，易锈、价廉、不密封，现已基本淘汰
1.6	塑钢窗	是由塑料和钢组合为窗体型材的窗，塑料（PVC）型材内部衬钢，既达到保温效果，又增加强度，成本也较低；缺点是易老化变色，更有不良商家降低衬钢标准，甚至不衬钢，难以检验
1.7	彩钢窗	是由彩色钢板轧制的型材，可以理解为钢窗的升级版，也已基本淡出市场
1.8	PVC 塑料窗	是一种强度更高的塑料窗，不需要钢衬，属新型窗材
2		窗按用途可分为阳台窗、炫框阳台窗、墙体窗、屋顶窗、落地窗等
2.1	阳台窗	简称无框窗，其最大的特点是窗扇没有竖直框架，所有窗扇能够移动打开，保证了最大限度的通风采光，使得阳台既保留了通透舒适的空间感，又能有效地挡风遮雨，是景观休闲阳台的最佳选择。无框阳台窗又分为平面、转角和平移窗，平面适用于直线型阳台、转角窗适用于弧线型阳台。平面采用垂直滚轮，转角窗采用平面滚轮，垂直滚轮相对于平面滚轮滑动更流畅；除非弧形必要，尽量采用垂直滚轮结构的无框窗；平移窗则多用于阳台下窗处理

续表

序号	划分类别	划分具体内容
2.2	炫框阳台窗	也称多轨推拉窗，其特点性能是兼于无框窗和墙体窗之间，炫框纤细，空间感觉通透明亮，三轨、四轨的打开面积分别为 66%、75%，在增强防水密封性的前提下最大限度地保证阳台的通风、采光，特别适用于居室中的工作阳台（北阳台）
2.3	墙体窗	也称建筑门窗，在建筑施工过程中同时安装，作为建筑墙体的一部分，对防水、密封要求高，普遍应用于卧室、居室、厨房、卫生间等室内墙体。近年来对节能要求的提高，使得越来越多的客户选择中空玻璃、断桥隔热窗
2.4	屋顶窗	上海称"老虎窗"。斜屋顶的天窗用于屋顶的采光、通风，因为开在屋顶上，对密封处理具有更高的要求，需要专业的密封处理
2.5	落地窗	大面积的墙体窗或阳光房维护结构窗，可能有多种窗型组合而成，通常对组合窗体具有更高强度、抗风压要求，丰富了建筑的立面造型
3	窗按开启方式可分为推拉窗、平开窗、内开内倒窗、折叠窗、提拉窗、固定窗等	
3.1	推拉窗	是最普通也是使用最广泛的一种窗型，优点是开启简便，持久耐用且价格适中，但密封性不如平开窗
3.2	平开窗	其优点是密封性好，缺点是内开占用空间，外开有限制（国家规定 10 层以上不得使用）而且窗扇和配件成本都较高，窗扇也不能做得大
3.3	内开内倒窗	是平开（内开）窗的升级版，通过铰链的位置变换，既能内开又能内倒（内翻），这种铰链及五金配件最早由德国人发明
3.4	折叠窗	相邻两扇窗扇的竖挡间安装铰链，使窗扇联动打开，折叠窗开启方便，打开面积大，结构复杂、成本高
3.5	提拉窗	适用于宽度较小，需要开启但不能内外开的洞口，多用于厕所
3.6	固定窗	不能移、不能开，通常根据需要与其他窗型组合，或用于窗的下固定部分

4.8.3.3　软件拓展

　　上述内容详细讲解了【新建窗（含窗护栏）】的操作方法，在 Revit 软件中可以添加任意形式的窗构件，窗构件属于可载入族，在添加窗构件前，必须在项目中载入所需的窗族，才能在项目中使用。

　　下面将详细讲解建立窗族的绘制方法，具体编辑方法读者可以扫描下面的二维码，进入教学补充链接进行更详细直观的视频收听。具体视频内容如表 4-21 所示。

表 4-21

序号	视频分类	视频内容	二维码
1	新建窗	主要按照上述实施操作部分内容制作的视频操作	见下面
2	新建双扇窗族	主要补充双扇窗族的方法或注意事项	见下面

1　新建窗

2　新建双扇窗族

4.9　新建洞口

4.9.1　内容前瞻

在学习 Revit 软件具体操作之前，先从以下三方面简单了解本节【新建洞口】所涉及的业务知识、图纸信息、软件操作等内容，帮助读者对本节内容有总体认识，降低后面操作难度。知识总体架构如表 4-22 所示。

表 4-22

序号	知识体系开项	所需了解的具体内容
1	业务知识	建筑洞口是指预留的洞口，包括窗户、门口、水电预留管道口、天窗等
2	图纸信息	（1）建立洞口模型前，先根据专用宿舍楼图纸查阅洞口构件的尺寸、定位、属性等信息，保证洞口模型布置的正确性 （2）根据"建施－03"中"一层平面图"、"建施－04"中"二层平面图"可知洞口构件的平面定位信息 （3）根据"建施－09"中"门窗表及门窗详图"可知洞口构件的尺寸及洞高信息
3	软件操作	（1）学习使用"定向到视图"命令定位到任意视图 （2）学习使用"编辑轮廓"命令在墙体上开洞

4.9.2　实施操作

Revit 软件提供了洞口工具，不仅可以在楼板、天花板、墙等图元构件上创建洞口，还能在一定高度范围内创建竖井，用于创建如电梯井、管道井等垂直洞口。除了上述洞口工具外，Revit 软件还可对需要开洞的构件进行轮廓编辑，形成洞口。需注意在编辑轮廓时，轮廓线必须首尾相连，不得交叉、开放或重合，轮廓线可以在闭合的环内嵌套。下面以《BIM 算量一图一练》中的专用宿舍楼项目为例，讲解利用编辑轮廓的方式创建项目墙体洞口的操作步骤。

（1）前面两节讲解了门、窗的定义及布置方式，查阅"建施－09"中"门窗表及门窗详图"可知，还有 JD1、JD2 两类洞口未布置。JD1、JD2 两类洞口可以利用编辑墙体的方式进行洞口创建，所以无需定义洞口构件。首先需要找到开洞的墙体，在"项目浏览器"中展开"楼层平面"视图类别，双击"首层"视图名称，进入"首层"楼层平面视图。单击"快速访问栏"中三维视图按钮，切换到三维，鼠标放在 ViewCube 上，右键选择"定向到视图"→"楼层平面"→"楼层平面：首层"；利用"过滤器"工具以及"视图控制栏"下的"隐藏图元"工具将除了"剖面框、结构柱、墙"之外的其他构件隐藏。完成后如图 4-127 所示。

（2）点击模型外围的剖面框，点击中间出现的蓝色剖面拉伸按钮，鼠标向上提拉模型，只显示俯视状态下的上半部分墙体，按住 Shift 键＋鼠标滚轮将模型进行三维旋转，然后切换到前视图。如图 4-128、图 4-129 所示。

（3）选择前视图正前方墙体，切换到"修改 | 墙"上下文选项，点击"模式"面板中的"编辑轮廓"工具，激活"修改 | 墙 > 编辑轮廓"上下文选项。点击"绘制"面板中的"拾取线"工具，根据"建施－03"中"一层平面图"中 JD1 距离左右两侧尺寸输入相应偏移量数值。根据"建施－09"中"门窗表及门窗详图"JD1 洞口高度为 2700mm，定位上面

墙线。利用"修改"面板中"拆分图元"，断开下面墙线，再利用"修改"面板中"修剪 /
延伸为角"修剪墙线，形成封闭区域。点击"模式"面板中绿色对勾完成墙轮廓编辑操作，
在墙上生成 JD1。按 Esc 键两次退出修改墙模式。按住 Shift 键 + 鼠标滚轮将模型进行三维
旋转，查看 JD1 洞口。过程如图 4-130 ～图 4-136 所示。

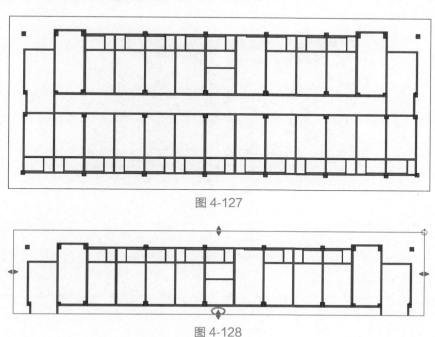

图 4-127

图 4-128

图 4-129

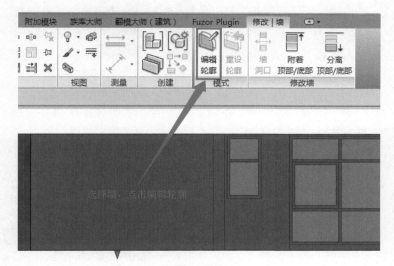

图 4-130

图 4-131

图 4-132

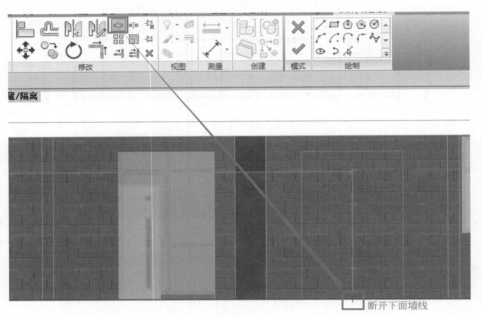

断开下面墙线

图 4-133

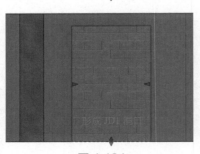

图 4-134

图 4-135

（4）按照上述操作方式，在首层建立JD2洞口。完成后如图4-137所示。

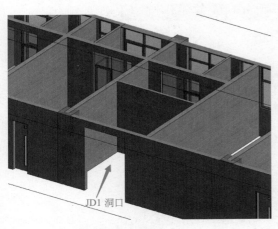

图4-136

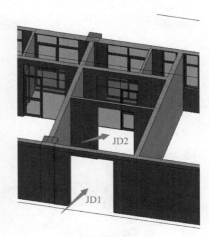

图4-137

（5）"首层"楼层平面视图洞口绘制完成后，开始绘制"二层"楼层平面视图洞口。按照上述操作方式，单击"快速访问栏"中三维视图按钮，切换到三维；鼠标放在ViewCube上，右键选择"定向到视图"→"楼层平面"→"楼层平面：二层"。利用"过滤器"工具以及"视图控制栏"下的"隐藏图元"工具，将除了"剖面框、结构柱、墙"之外的其他构件隐藏。完成后如图4-138所示。

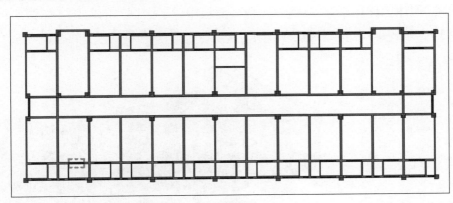

图4-138

（6）点击模型外围的剖面框，点击中间出现的蓝色剖面拉伸按钮，鼠标向上提拉模型，只显示俯视状态下的上半部分墙体；按住Shift键+鼠标滚轮将模型进行三维旋转，然后切换到前视图，如图4-139、图4-140所示。

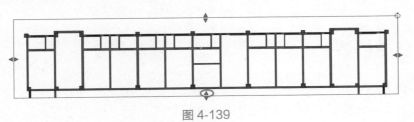

图4-139

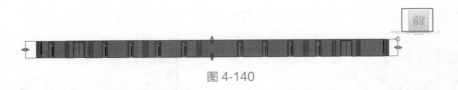

图 4-140

（7）按照首层创建 JD1、JD2 的方式编辑二层墙轮廓，建立二层 JD1、JD2 洞口构件。完成后如图 4-141 所示。

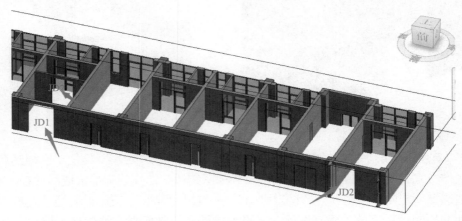

图 4-141

（8）在三维模型视图下，取消"属性"面板中"剖面框"的勾选，如图 4-142 所示。按住 Shift 键 + 鼠标滚轮将模型调整到合适的位置，查看模型如图 4-143 所示。

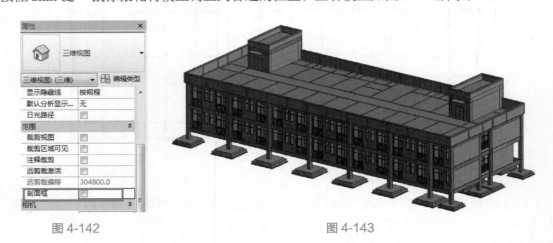

图 4-142　　　　　　　　　　　　　　图 4-143

（9）单击"快速访问栏"中保存按钮，保存当前项目成果。

4.9.3　总结拓展

4.9.3.1　步骤总结

在创建洞口前一定梳理清楚相应思路，理解软件的同时也能更好地理解业务和图纸。

总结上述 Revit 软件建立洞口的操作步骤主要分为四步。按照本操作流程读者可以完成专用宿舍楼洞口的创建。具体步骤如表 4-23 所示。

表 4-23

序号	操作步骤	具体步骤内容	重点中间过程
1	第一步	找到开洞的墙体	
2	第二步	编辑墙体轮廓线	
3	第三步	完成"首层"楼层平面视图洞口创建	
4	第四步	完成"二层"楼层平面视图洞口创建	

4.9.3.2　业务拓展

建筑洞口是指预留的洞口，包括窗户、门口、水电预留管道口、天窗等。

中国对建筑施工图纸中表述的"洞口尺寸"默认均为结构预留洞口的尺寸，不含装饰面层。根据《民用建筑设计通则》（GB 50352—2005）6.10.1 要求，"门窗加工的尺寸，应按门窗洞口设计尺寸扣除墙面装修材料的厚度，按净尺寸加工。"因此为避免分歧，一般建筑图纸均应标明结构应以结构施工图纸为准，门窗需由专业生产厂家根据现场实测情况和装饰厚度进行二次深化设计后方可施工。

4.9.3.3　软件拓展

上述内容详细讲解了【新建洞口】的操作方法，在 Revit 软件中还可以使用洞口工具创建项目所需洞口。

下面将详细讲解利用 Revit 软件中洞口工具创建不同洞口的绘制方法，具体编辑方法读者可以扫描下面的二维码，进入教学补充链接进行更详细直观的视频收听。具体视频内容如表 4-24 所示。

表 4-24

序号	视频分类	视频内容	二维码
1	新建洞口	主要按照上述实施操作部分内容制作的视频操作	见下面
2	板洞墙洞不同绘制方法	主要补充板洞墙洞绘制的不同方法和注意事项	见下面

4.10　新建过梁

1　新建洞口　　2　板洞墙洞不同绘制方法

4.10.1　内容前瞻

在学习 Revit 软件具体操作之前，先从以下三方面简单了解本节【新建过梁】所涉及的业务知识、图纸信息、软件操作等内容，帮助读者对本节内容有总体认识，降低后面操作难度。知识总体架构如表 4-25 所示。

表 4-25

序号	知识体系开项	所需了解的具体内容
1	业务知识	通常设置在门窗洞口上的横梁，称为过梁
2	图纸信息	（1）建立过梁模型前，先根据专用宿舍楼图纸查阅过梁构件的尺寸、定位、属性等信息，保证过梁模型布置的正确性 （2）根据"结施－01"中"图7.6.3 过梁截面图"可知过梁构件的尺寸信息为梁长 = 洞宽 +250mm，梁宽同墙宽，梁高为 120mm。即过梁的长度等于过梁下的门窗洞口的长度 +250mm，宽度等于门窗洞口所依附的墙的宽度 （3）根据"建施－07"中"1-1 剖面图"可知门窗洞口上确实有过梁
3	软件操作	门窗洞口上设置横梁，该梁称为过梁

4.10.2　实施操作

Revit 软件中没有专门绘制过梁构件的命令，一般情况下使用"结构"选项卡"结构"面板中的"梁"工具创建过梁构件类型，在命名中包含"过梁或 GL"字眼即可。下面以《BIM 算量一图一练》中的专用宿舍楼项目为例，讲解创建项目过梁的操作步骤。

（1）首先建立过梁构件类型。双击"项目浏览器"中"首层"进入"首层"楼层平面视图，按照建立结构梁构件类型的方式建立过梁的构件类型，本项目墙体有 300mm、200mm、100mm 厚三种类型，所以分别建立"S-GL-墙厚（100）×120、S-GL-墙厚（200）×120、S-GL-墙厚（300）×120"三种过梁构件类型。完成后如图 4-144 所示。

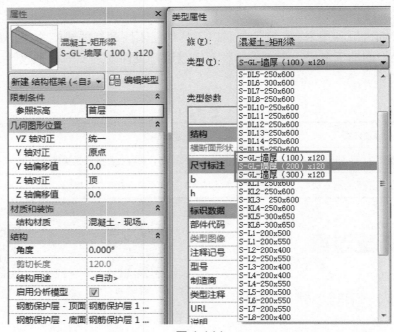

图 4-144

（2）构件定义完成后，开始布置构件。根据"建施－03"中"一层平面图"中门窗洞口位置布置首层过梁。按照布置结构梁的流程与操作方法进行首层过梁的布置。为了布置方便，首先在"首层"楼层平面视图利用"过滤器"工具以及"视图控制栏"下的"隐藏图元"工具将除了"墙、门、门标记、窗、窗标记、幕墙嵌板、幕墙网格、轴网"之外的其他构件隐藏。在三维模型视图利用"过滤器"工具以及"视图控制栏"下的"隐藏图元"工具将除了"墙、门、窗、幕墙嵌板、幕墙网格、结构框架（其他）、结构框架（大梁）、结构框架（托梁）"之外的其他构件隐藏。"首层"楼层平面视图与三维模型视图同时显示，如图 4-145 所示。

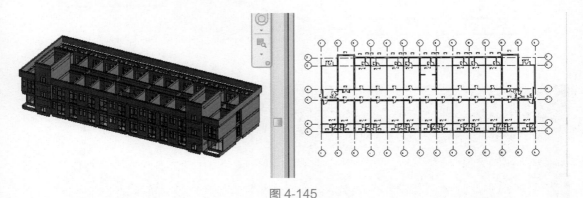

图 4-145

（3）在三维模型视图进行查看可知建筑外墙上的门窗构件顶部标高与结构梁底部标高一致，所以对于外墙上的门窗无需布置过梁构件，只需要在内墙的门窗上布置过梁构件即可。先讲解下在 D 轴与 2～3 轴线间 M-2 位置布置过梁的操作步骤。因为"过梁的长度等于过梁下的门窗洞口的长度 +250mm"，为了定位过梁的长度，可以先使用参照平面工具在M-2 左右两侧确定好过梁的起止端点位置，利用参照平面定位。完成后如图 4-146 所示。

（4）在"属性"面板中找到 S-GL- 墙厚（200）×120，Revit 软件自动切换至"修改 | 放置梁"上下文选项，单击"绘制"面板中的"直线"工具，选项栏"放置平面"选择"标高：首层"。鼠标移动到 M-2 左侧 125mm 位置左键点击作为过梁的起点，向右移动鼠标指针，鼠标捕捉到 M-2 右侧 125mm 位置处点击左键，作为过梁的终点。弹出构件不可见"警告"窗口，点击右上角叉号关闭即可。修改视图范围，便于过梁显示。先两次 Esc 键退出绘制过梁命令，当前显示为"楼层平面"的"属性"面板，点击"属性"面板中"视图范围"右侧的"编辑"按钮，打开"视图范围"窗口，在"底（B）"后面"偏移量（F）"处输入"–100"，在"标高（L）"后面"偏移量（S）"处输入"–100"，点击"确定"按钮，关闭窗口。绘制的过梁则可显示出来。为了方便查看构件，切换到三维模型视图查看。如图 4-147～图 4-149 所示。

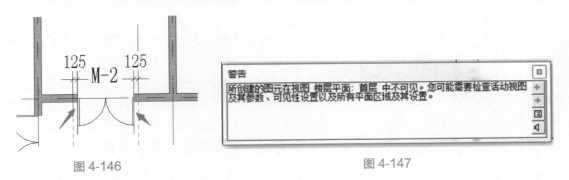

图 4-146　　　　　　　　　　　　　图 4-147

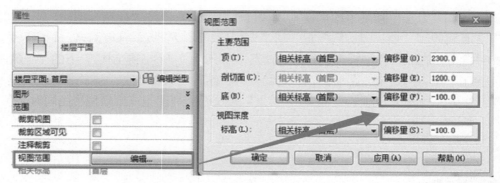

图 4-148

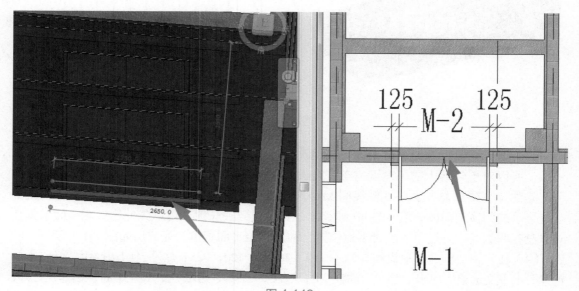

图 4-149

（5）对刚绘制的 S-GL- 墙厚（200）×120 图元进行标高修改，以满足过梁在门窗洞口上的需求。查看"建施 – 09"中"门窗表"可知 M-2 高度为 2700mm，那么需要修改过梁高度为 2820mm（Revit 软件默认设置的梁标高为梁顶部标高，M-2 高度为 2700mm，即过梁的底部标高为 2700mm，加上过梁自身高度 120mm 则过梁顶部标高为 2820mm）。选中刚绘制的 S-GL- 墙厚（200）×120 图元，在"属性"面板中设置"参照标高"为"首层"，"起点标高偏移"为"2820"，"终点标高偏移"为"2820"。Enter 键确认。修改后的过梁如图 4-150 所示。

（6）同样的方法，在其他门窗洞口上布置过梁构件并修改过梁标高信息。"首层"楼层平面视图过梁绘制完成后，开始绘制"二层"楼层平面视图过梁。为了绘图方便可以选择首层绘制的一根过梁，通过"右键→选择全部实例→在视图中可见"选择首层绘制的所有过梁构件，然后使用"复制到剪贴板、粘贴、与选定的标高对齐"，选择"二层"，快速创建二层过梁构件。对"屋顶层"楼层平面视图的过梁只有两根，可以按照首层布置过梁的方式手动进行绘制。布置完成后查看楼梯屋顶层处过梁如图 4-151 所示。

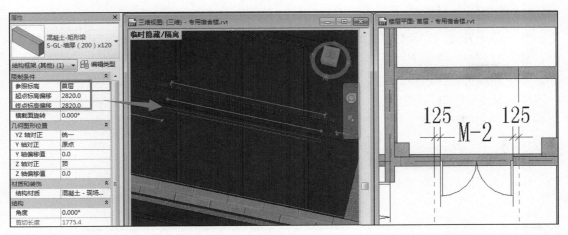

图 4-150

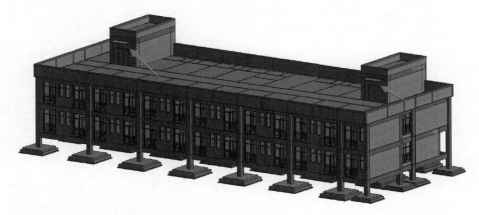

图 4-151

4.10.3 总结拓展

4.10.3.1 步骤总结

在创建过梁前一定梳理清楚相应思路，理解软件的同时也能更好地理解业务和图纸。总结上述 Revit 软件建立过梁的操作步骤主要分为五步。按照本操作流程读者可以完成专用宿舍楼过梁的创建。具体步骤如表 4-26 所示。

表 4-26

序号	操作步骤	具体步骤内容	重点中间过程
1	第一步	建立过梁构件类型	
2	第二步	定位过梁长度	含有过滤器、参照平面、注释等小步骤
3	第三步	布置"首层"楼层平面视图过梁	含有修改标高等小步骤
4	第四步	布置"二层"楼层平面视图过梁	
5	第五步	布置"屋顶层"楼层平面视图过梁	

Chapter 4

4.10.3.2 业务拓展

当墙体上开设门窗洞口且墙体洞口大于 300mm 时，为了支撑洞口上部砌体所传来的各种荷载，并将这些荷载传给门窗等洞口两边的墙，常在门窗洞口上设置横梁，该梁称为过梁。本节详细讲解了过梁的绘制方式。在实际项目中，过梁是必不可少的构件。

框架结构中除框架梁底和门窗上口标高相同时不设置过梁外，一般的框架梁很少有直接通过窗子和门顶正上方的，所以均要设置过梁；具体可以根据孔洞大小在图集中选择相应的过梁。

过梁是砌体结构房屋墙体门窗洞上常用的构件，它用来承受洞口顶面以上砌体的自重及上层楼盖梁板传来的荷载。过梁有以下三种构造方式。具体内容如表 4-27 所示。

表 4-27

序号	划分类别	划分具体内容
1	钢筋混凝土过梁	承载能力强，可用于较宽的洞口，一般和墙厚相同，高度要计算确定，两端伸进墙的长度要不小于 240mm（对于标准砖）
2	平拱砖过梁	是将砖侧砌而成，灰缝上宽下窄，砖向两边倾斜成拱，两端下部伸入墙内 20～30mm，中部起拱高度为跨度的 1/50。优点是钢筋、水泥用量少，缺点是施工速度慢，跨度小，有集中荷载或半砖墙不宜使用
3	钢筋砖过梁	在洞口顶部配置钢筋，形成加筋砖砌体，钢筋直径 6mm，间距小于 120mm，钢筋伸入两端墙体不小于 240mm

4.10.3.3 软件拓展

上述内容详细讲解了【新建过梁】的操作方法，在实际项目中，过梁是必不可少的构件。下面将详细讲解在广联达土建算量软件中绘制过梁的方法，具体编辑方法读者可以扫描下面的二维码，进入教学补充链接进行更详细直观的视频收听。具体视频内容如表 4-28 所示。

表 4-28

序号	视频分类	视频内容	二维码
1	新建过梁	主要按照上述实施操作部分内容制作的视频操作	见下面
2	广联达 GCL 绘制过梁	主要补充广联达 GCL 绘制过梁的方法和注意事项	见下面

4.11 新建台阶

1　新建过梁　　　2　广联达 GCL 绘制过梁

4.11.1 内容前瞻

在学习 Revit 软件具体操作之前，先从以下三方面简单了解本节【新建台阶】所涉及的业务知识、图纸信息、软件操作等内容，帮助读者对本节内容有总体认识，降低后面操作难度。知识总体架构如表 4-29 所示。

表 4-29

序号	知识体系开项	所需了解的具体内容
1	业务知识	台阶一般是指用砖、石、混凝土等筑成的一级一级供人上下的建筑物，多在大门前或坡道上
2	图纸信息	（1）建立台阶模型前，先根据专用宿舍楼图纸查阅台阶构件的尺寸、定位、属性等信息，保证台阶模型布置的正确性 （2）根据"建施 – 03"中"一层平面图"可知台阶构件的平面定位信息 （3）根据"建施 – 10"中"室外台阶"可知台阶为三级，每个踏步为 150mm 高，300mm 宽，混凝土强度等级为 C15
3	软件操作	学习使用"楼板：建筑"命令创建台阶

4.11.2　实施操作

在 Revit 软件中，室外台阶一般建立轮廓族，然后使用"楼板边缘"工具辅助生成台阶。由于本项目首层没有绘制板构件，所以无法使用轮廓族建立室外台阶，可以使用建筑板绘制方式来拼凑组建台阶。下面以《BIM 算量一图一练》中的专用宿舍楼项目为例，讲解创建项目台阶的操作步骤。

（1）首先建立室外台阶构件类型。在"项目浏览器"中展开"楼层平面"视图类别，双击"首层"视图名称，进入"首层"楼层平面视图。为了绘图方便，先利用"过滤器"工具以及"视图控制栏"下的"隐藏图元"工具将除了"结构柱、墙、轴网"之外的其他构件隐藏。完成后如图 4-152 所示。

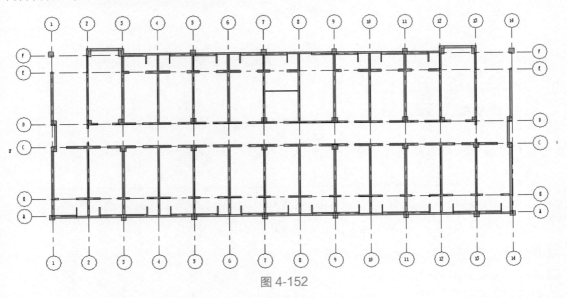

图 4-152

（2）单击"建筑"选项卡"构建"面板中的"楼板"下拉下的"楼板：建筑"工具，点击"属性"面板中的"编辑类型"，打开"类型属性"窗口，点击"复制"按钮，弹出"名称"窗口，输入"室外台阶板 – 150"，点击"确定"按钮关闭窗口。点击"结构"右侧"编辑"按钮，进入"编辑部件"窗口，修改"结构【1】""厚度"为"150"，点击

"结构【1】""材质""按类别"进入"材质浏览器"窗口，选择"混凝土 – 现场浇注混凝土 –C15"，点击"确定"关闭窗口，再次点击"确定"退出"类型属性"窗口，属性信息修改完毕。如图 4-153 所示。

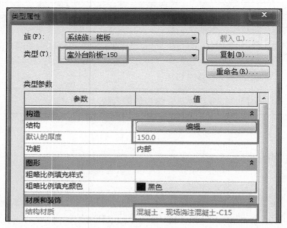

图 4-153

（3）构件定义完成后，开始布置构件。根据"建施 – 03"中"一层平面图"布置室外台阶板。在"属性"面板设置"标高"为"首层"，"自标高的高度偏移"为"–300"，Enter 键确认。"绘制"面板中选择"直线"方式，在 F 轴上侧 600mm 位置与 1 ～ 2 轴线间位置绘制台阶板轮廓，如图 4-154 所示。

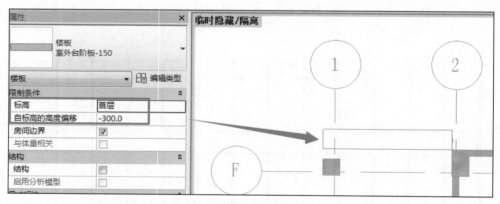

图 4-154

（4）点击"模式"面板下的绿色对勾，完成室外台阶底层板 –450 ～ –300mm 标高位置的创建。完成后如图 4-155 所示。

（5）重复上述操作，绘制 –300 ～ –150mm 标高位置的室外台阶板。在"属性"面板设置"标高"为"首层"，"自标高的高度偏移"为"–150"，Enter 键确认。"绘制"面板中选择"直线"方式，在 F 轴上侧 600mm 位置与 1 ～ 2 轴线间

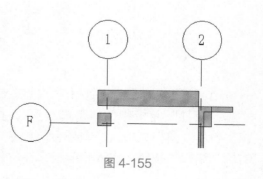

图 4-155

位置绘制板轮廓。如图 4-156 所示。

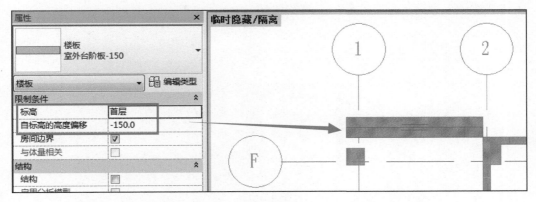

图 4-156

（6）点击"模式"面板下的绿色对勾，完成室外台阶上层板 –300 ～ –150mm 标高位置的创建。完成后如图 4-157 所示。

（7）重复上述操作，在 E ～ F 轴与 13 ～ 14 轴位置绘制 –450 ～ –300mm 标高位置的室外台阶板。在"属性"面板设置"标高"为"首层"，"自标高的高度偏移"为" –300"，Enter 键确认。"绘制"面板中选择"直线"方式，在 E ～ F 轴与 13 ～ 14 轴位置绘制板轮廓。如图 4-158 所示。

（8）点击"模式"面板下的绿色对勾，完成室外台阶底层板 –450 ～ –300mm 标高位置的创建。完成后如图 4-159 所示。

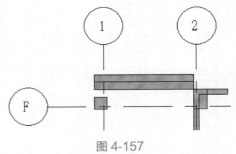

图 4-157

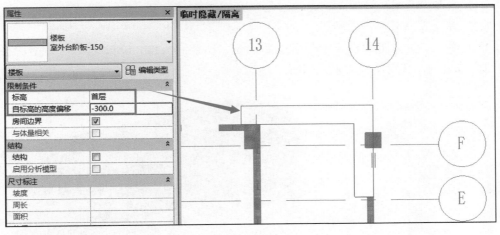

图 4-158

（9）重复上述操作，在 E ～ F 轴与 13 ～ 14 轴位置绘制 –300 ～ –150mm 标高位置的室外台阶板。在"属性"面板设置"标高"为"首层"，"自标高的高度偏移"为" –150"，

Enter 键确认。"绘制"面板中选择"直线"方式，在 E～F 轴与 13～14 轴位置绘制板轮廓。如图 4-160 所示。

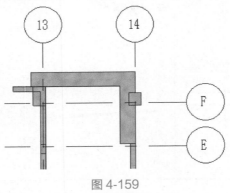

图 4-159

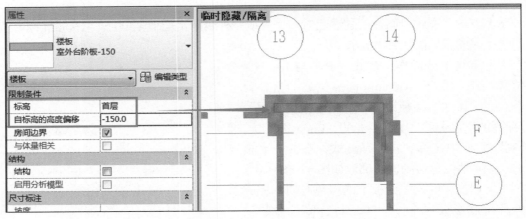

图 4-160

（10）点击"模式"面板下的绿色对勾，完成室外台阶上层板 –300～–150mm 标高位置的创建。完成后如图 4-161 所示。

（11）单击"快速访问栏"中三维视图按钮，切换到三维，Shift 键 + 鼠标滚轮将模型旋转到合适位置，查看模型成果。如图 4-162 所示。

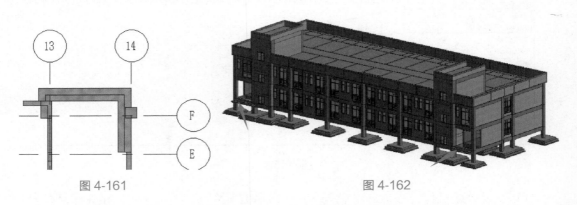

图 4-161   图 4-162

（12）单击"快速访问栏"中保存按钮，保存当前项目成果。

4.11.3　总结拓展

4.11.3.1　步骤总结

在创建台阶前一定梳理清楚相应思路，理解软件的同时也能更好地理解业务和图纸。总结上述 Revit 软件建立台阶的操作步骤主要分为三步。按照本操作流程读者可以完成专用宿舍楼台阶的创建。具体步骤如表 4-30 所示。

表 4-30

序号	操作步骤	具体步骤内容	重点中间过程
1	第一步	建立台阶构件类型	
2	第二步	绘制底层台阶板	
3	第三步	绘制顶层台阶板	

4.11.3.2　业务拓展

台阶一般是指用砖、石、混凝土等筑成的一级一级供人上下的建筑物，多在大门前或坡道上。工程量的计算中一般会涉及台阶的工程量的计算。台阶设置应符合下列规定。

（1）公共建筑室内外台阶踏步宽度不宜小于 0.30m，踏步高度不宜大于 0.15m 且不宜小于 0.10m。室内台阶踏步数不应少于 2 级，当高差不足 2 级时，应按坡道设置。

（2）踏步应防滑，人流密集的场所台阶高度超过 0.70m 并侧面临空时，应有防护设施。

（3）室外台阶由平台和踏步组成，平台面应比门洞口每边宽出 500mm 左右，且比室内地坪低 20～50mm，向外做出约 1% 的排水坡度。一般踏步的宽度不小于 300mm，高度不大于 150mm。台阶踏步所形成的坡度应比楼梯平缓，当室内外高差超过 1000mm 时，应在台阶临空一侧设置围护栏杆或栏板。

4.11.3.3　软件拓展

上述内容详细讲解了【新建台阶】的操作方法，在板存在的情况下，Revit 软件还可以建立轮廓族，使用"楼板边缘"工具辅助生成台阶。

下面将详细讲解利用轮廓族及楼板边缘创建台阶的绘制方法，具体编辑方法读者可以扫描下面的二维码，进入教学补充链接进行更详细直观的视频收听。具体视频内容如表 4-31 所示。

表 4-31

序号	视频分类	视频内容	二维码
1	新建台阶	主要按照上述实施操作部分内容制作的视频操作	见下面
2	台阶的多种创建方法	主要补充台阶的多种创建方法及注意事项	见下面

4.12　新建散水

1　新建台阶　　　2　台阶的多种创建方法

4.12.1　内容前瞻

在学习 Revit 软件具体操作之前，先从以下三方面简单了解本节【新建散水】所涉及的业务知识、图纸信息、软件操作等内容，帮助读者对本节内容有总体认识，降低后面操作难度。知识总体架构如表 4-32 所示。

表 4-32

序号	知识体系开项	所需了解的具体内容
1	业务知识	（1）散水是与外墙勒脚垂直交接倾斜的室外地面部分 （2）设置散水的目的是为了使建筑物外墙勒脚附近的地面积水能够迅速排走
2	图纸信息	（1）建立散水模型前，先根据专用宿舍楼图纸查阅散水构件的尺寸、定位、属性等信息，保证散水模型布置的正确性 （2）根据"建施－03"中"一层平面图"可知散水构件的平面定位信息，散水宽度为 900mm （3）根据"建施－10"中"室外散水"可知散水为 70mm 厚 C15 混凝土，坡度为 5%，混凝土强度等级为 C15，散水底部 80mm 厚压实碎石的顶部与"建施－07"中"1-1 剖面图"右侧室外地坪 –0.450m 的顶部标高相同，也就是散水的底部标高也为 –0.450m
3	软件操作	（1）学习使用"轮廓族"命令创建散水族 （2）学习使用"墙饰条"命令载入散水族 （3）学习使用"墙饰条"命令沿墙布置散水构件 （4）学习使用"修改转角"、"连接几何图形"命令完善散水构件

4.12.2 实施操作

散水指在建筑周围铺的用以防止雨水渗入的保护层，为了保护墙基不受雨水侵蚀，在外墙四周将地面做成向外倾斜的坡面，以便将屋面的雨水排至远处。在 Revit 中散水可以使用轮廓族围绕墙体进行布置，也可以使用板进行绘制，在完成后进行坡度设定。下面以《BIM 算量一图一练》中的专用宿舍楼项目为例，讲解使用轮廓族围绕墙体布置散水的操作步骤。

（1）首先建立散水轮廓族。点击应用程序菜单"R"按钮，在列表中选择"新建－族"选项，以"公称轮廓 .rft"族样板文件为族样板，进入轮廓族编辑模式。如图 4-163 所示。

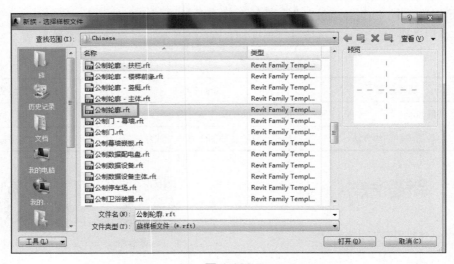

图 4-163

（2）单击"创建"选项卡"详图"面板中的"直线"工具，参照下图所示尺寸绘制首尾相连且封闭的散水截面轮廓。单击保存按钮，将该族命名为"900宽室外散水轮廓"，文件保存路径为："Desktop\ 案例工程 \ 专用宿舍楼 \ 族 \ 轮廓族"。单击"族编辑器"面板中的"载入到项目中"按钮，将轮廓族载入到专用宿舍楼项目中。如图 4-164 ～图 4-166 所示。

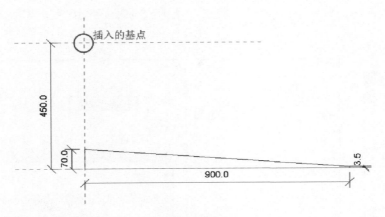

图 4-164

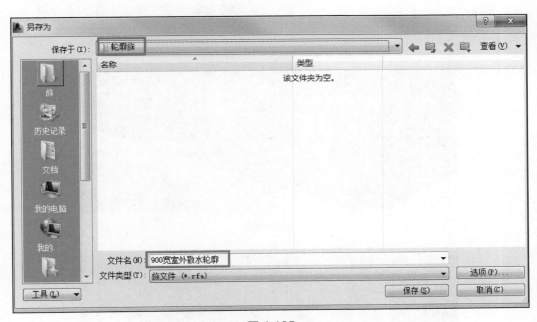

图 4-165

（3）单击"快速访问栏"中三维视图按钮，切换到三维，Shift 键 + 鼠标滚轮旋转到模型合适位置，在三维状态下布置散水构件。单击"建筑"选项卡"构建"面板中的"墙"下拉下的"墙：饰条"工具，点击"属性"面板中的"编辑类型"，打开"类型属性"窗口。点击"复制"按钮，弹出"名称"窗口，输入"900 宽室外散水轮廓"，点击"确

图 4-166

定"按钮关闭窗口。勾选"被插入对象剪切"选项（即当墙饰条遇到门窗洞口位置时自动被洞口打断），修改"轮廓"为"900 宽室外散水轮廓"，修改"材质"为"混凝土 – 现场浇注混凝土 – C15"。单击"确定"按钮，退出"类型属性"窗口。如图 4-167、图 4-168所示。

（4）确认"放置"面板中墙饰条的生成方式为"水平"（即沿墙水平方向生成墙饰条）。在三维视图中，分别单击外墙底部边缘，沿所拾取墙底部边缘生成散水。如图 4-169、图 4-170 所示。

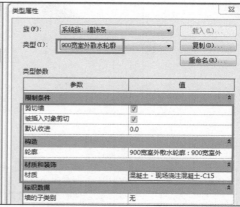

图 4-167

图 4-168

图 4-169

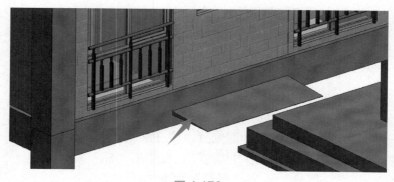

图 4-170

（5）选择刚布置的散水构件，点击散水一端的末端蓝色端点，沿墙进行拖拽，完成后如图 4-171 所示。

（6）按照上述方式在其他位置进行散水绘制。对于图 4-172 中所示两段散水相交位置进行处理，应选择其中一段散水，自动切换至"修改 | 墙饰条"上下文选项，单击"墙饰条"面板中的"修改转角"按钮，确认选项栏中的"转角选项"为"转角"，"角度"为"90°"。如图 4-173、图 4-174 所示。

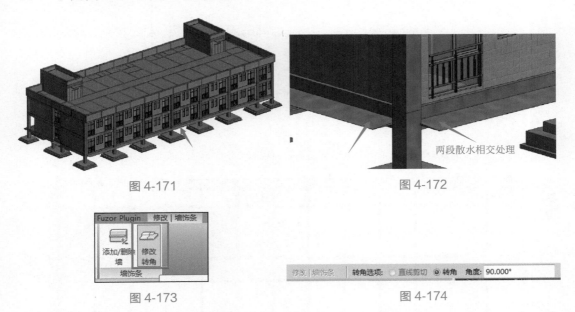

图 4-171　　　　　　　　　　　　　　　　　　图 4-172

图 4-173　　　　　　　　　　　　　　　　　　图 4-174

（7）单击选择散水的末端截面，Revit 软件将修改所选择截面为 90° 转角。按 Esc 键两次退出修改转角状态。再次选择另外一侧散水，按住并拖动一端的末端蓝色端点，直到与另外一侧散水相交，退出修改墙饰条状态。如图 4-175 所示。

（8）单击"修改"选项卡"几何图形"面板中的"连接"下的"连接几何图形"工具，分别单击刚刚相交的两段散水构件，对散水模型进行运算生成完整的散水模型。如图 4-176 所示。

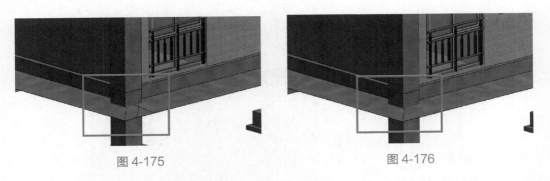

图 4-175　　　　　　　　　　　　　　　　　　图 4-176

（9）按照上述操作步骤将其他位置散水布置完成，散水需要相交位置参见上述"修改转角"和"连接几何图形"工具。整体完成后切换到"首层"楼层平面视图，无法看到散水构件，点击"属性"面板中"视图范围"右侧的"编辑"按钮，打开"视图范围"窗口，在"底（B）"后面"偏移量（F）"处输入"–450"，在"标高（L）"后面"偏移量（S）"处输

入 "−450",如图 4-177 所示。点击 "确定" 按钮,关闭窗口。完成后散水模型如图 4-178 所示。

图 4-177

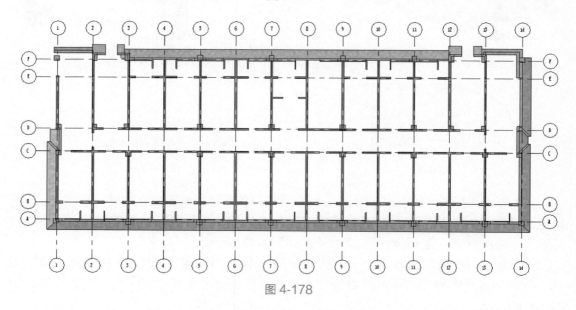

图 4-178

(10)单击 "快速访问栏" 中三维视图按钮,切换到三维,模型显示如图 4-179 所示。

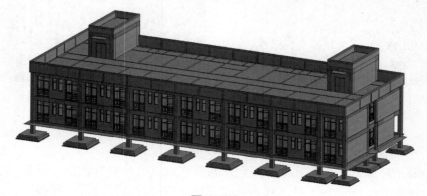

图 4-179

(11)单击 "快速访问栏" 中保存按钮,保存当前项目成果。

4.12.3 总结拓展

4.12.3.1 步骤总结

在创建散水前一定梳理清楚相应思路，理解软件的同时也能更好地理解业务和图纸。总结上述 Revit 软件建立散水的操作步骤主要分为三步。按照本操作流程读者可以完成专用宿舍楼散水的创建。具体步骤如表 4-33 所示。

表 4-33

序号	操作步骤	具体步骤内容	重点中间过程
1	第一步	建立散水轮廓族	
2	第二步	利用墙饰条工具载入散水族	
3	第三步	沿所拾取墙底部边缘生成散水	含有修改转角、连接几何图形等小步骤

4.12.3.2 业务拓展

散水是与外墙勒脚垂直交接倾斜的室外地面部分（如图 4-180 所示），设置散水的目的是为了使建筑物外墙勒脚附近的地面积水能够迅速排走，并且防止屋檐的滴水冲刷外墙四周地面的土壤，减少墙身与基础受水浸泡的可能，保护墙身和基础以延长建筑物的寿命。散水的宽度应根据土壤性质、气候条件、建筑物的高度和屋面排水形式确定，一般为 600 ～ 1000mm。当屋面采用无组织排水时，散水宽度应大于檐口挑出长度 200 ～ 300mm。为保证排水顺畅，一般散水的坡度为 3% ～ 5% 左右，散水外缘高出室外地坪 30 ～ 50mm。散水常用材料为混凝土、水泥砂浆、卵石、块石等。

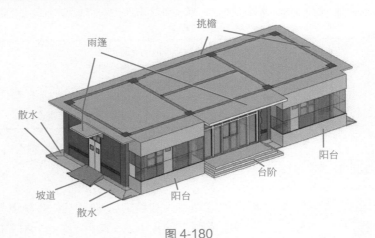

图 4-180

4.12.3.3 软件拓展

上述内容详细讲解了【新建散水】的操作方法，在 Revit 软件中还可以使用板进行绘制，然后进行坡度设定即可完成散水的创建。下面将详细讲解利用坡度板、内建模型等不同创建散水的绘制方法，具体编辑方法读者可以扫描下面的二维码，进入教学补充链接进行更详细直观的视频收听。具体视频内容如表 4-34 所示。

表 4-34

序号	视频分类	视频内容	二维码
1	新建散水	主要按照上述实施操作部分内容制作的视频操作	见下面
2	散水的多种创建方法	主要补充散水的多种创建方法及注意事项	见下面

4.13 新建坡道（含坡道栏杆）

4.13.1 内容前瞻

1 新建散水　　2 散水的多种创建方法

在学习 Revit 软件具体操作之前，先从以下三方面简单了解本节【新建坡道（含坡道栏杆）】所涉及的业务知识、图纸信息、软件操作等内容，帮助读者对本节内容有总体认识，降低后面操作难度。知识总体架构如表 4-35 所示。

表 4-35

序号	知识体系开项	所需了解的具体内容
1	业务知识	坡道是连接高差地面或者楼面的斜向交通通道，方便行走设置
2	图纸信息	（1）建立坡道模型前，先根据专用宿舍楼图纸查阅坡道构件的尺寸、定位、属性等信息，保证坡道模型布置的正确性 （2）根据"建施－03"中"一层平面图"可知坡道构件的平面定位信息及坡道宽度为1200mm （3）根据"建施－07"中"F-A（A-F）立面图"可知坡道起点标高为 –0.450m，终点标高为首层标高 ±0.000m （4）根据"建施－11"中"无障碍坡道断面图"可知坡道混凝土强度等级为 C15，坡道板厚度为 70mm
3	软件操作	（1）学习使用"楼板：建筑"命令创建坡道构件 （2）学习使用"坡度箭头"命令创建带坡度的坡道 （3）学习使用"栏杆扶手"命令创建坡道栏杆 （4）学习使用"拾取新主体"命令修正坡道栏 （5）学习使用"编辑扶手结构"命令修正坡道扶栏间距及高度

4.13.2 实施操作

Revit 软件提供了坡道工具，可以为本项目添加坡道，坡道工具的使用与楼梯类似。本项目中 1 轴外侧与 D ～ F 轴线间位置坡道可以使用 Revit 软件专门的坡道工具绘制，也可以使用带坡度的板进行绘制，下面以《BIM 算量一图一练》中的专用宿舍楼项目为例，讲解使用带坡度的板绘制坡道的操作步骤。

（1）首先建立坡道构件类型。在"项目浏览器"中展开"楼层平面"视图类别，双击"首层"视图名称，进入"首层"楼层平面视图。为了绘图方便，先利用"过滤器"工具以及"视图控制栏"下的"隐藏图元"工具，将除了"结构柱、墙、轴网"之外的其他构件隐藏。完成后如图 4-181 所示。

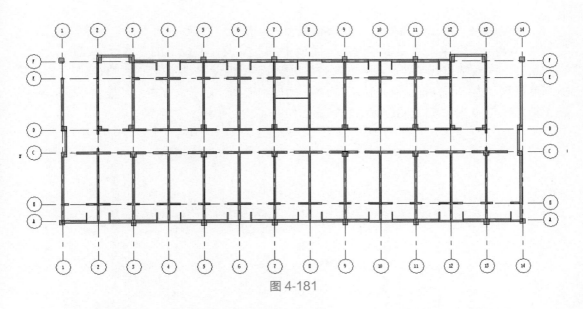

图 4-181

（2）单击"建筑"选项卡"构建"面板中的"楼板"下拉下的"楼板：建筑"工具，点击"属性"面板中的"编辑类型"，打开"类型属性"窗口，点击"复制"按钮，弹出"名称"窗口，输入"坡道板 – 70"，点击"确定"按钮关闭窗口。点击"结构"右侧"编辑"按钮，进入"编辑部件"窗口，修改"结构【1】""厚度"为"70"，点击"结构【1】""材质""按类别"进入"材质浏览器"窗口，选择"混凝土 – 现场浇注混凝土 – C15"，点击"确定"按钮关闭窗口。再次点击"确定"退出"类型属性"窗口，属性信息修改完毕。如图 4-182 所示。

图 4-182

（3）构件定义完成后，在布置构件前先根据"建施 – 03"中"一层平面图"中坡道的尺寸线数值，设置坡道的平面尺寸定位条件。单击"建筑"选项卡"工作平面"面板中的"参照平面"工具，单击"绘制"面板中的"拾取线"工具，参照图 4-183 所示尺寸设置相应偏移量数值进行参照平面绘制。

Chapter 4

（4）平面尺寸定位设置好后，开始布置构件。根据"建施 – 03"中"一层平面图"布置坡道。单击"建筑"选项卡"构建"面板中的"楼板"下拉下的"楼板：建筑"工具，在"属性"面板中找到"坡道板 – 70"，在"属性"面板设置"标高"为"首层"，"自标高的高度偏移"为"0"，Enter 键确认。"绘制"面板中选择"矩形"方式，其他设置默认不变，在 1 轴外侧与 D ～ E 轴线间位置绘制轮廓，如图 4-184 所示。

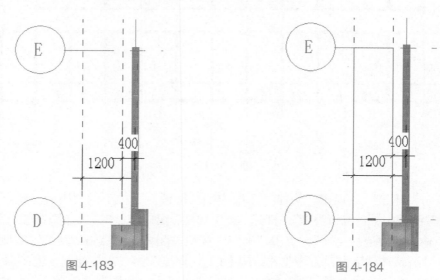

图 4-183　　　　　　　　　　　　　　图 4-184

（5）点击"绘制"面板中"坡度箭头"工具，在坡道板中心进行绘制。选中坡度箭头，修改"属性"面板中"尾高度偏移"为"0"，"头高度偏移"为"–450"，Enter 键确认。点击"模式"选项卡下绿色对勾，完成坡道板的建立。如图 4-185 所示。

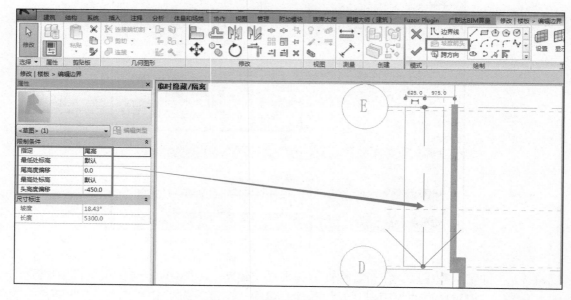

图 4-185

（6）切换到三维模型视图，利用"视图"选项卡"窗口"面板中的"平铺"工具将三维模型视图与"首层"楼层平面视图同时展示。看到的坡道板如图 4-186 所示。

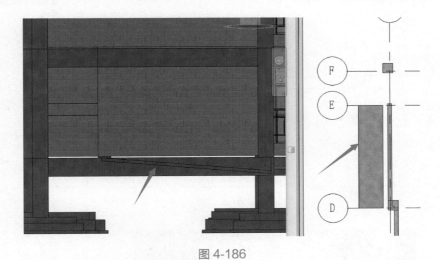

图 4-186

（7）继续在 1 轴外侧与 E ～ F 轴线位置绘制坡道板。使用"坡道板 – 70"、"矩形"方式绘制，完成后点击"模式"选项卡下绿色对勾，完成第二块坡道板的建立。如图 4-187、图 4-188 所示。

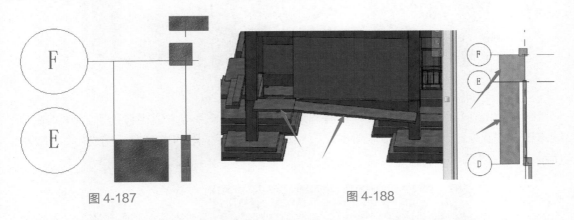

图 4-187　　　　　　　　　　　　　　　图 4-188

（8）坡道绘制完成后，查阅"建施 – 07"中"F-A（A-F）立面图"、"建施 – 11"中"无障碍坡道断面图"可知坡道板上有栏杆，图纸中给出的栏杆为不锈钢管，为了讲解简单，下面利用 Revit 软件默认的"栏杆扶手"命令，使用默认设置在坡道板周边进行坡道栏杆制。

　　单击"建筑"选项卡"楼梯坡道"面板中的"栏杆扶手"下拉下的"绘制路径"工具，点击"属性"面板中的"编辑类型"，打开"类型属性"窗口，点击"复制"按钮，弹出"名称"窗口，输入"坡道栏杆"，点击"确定"按钮关闭窗口。再次点击"确定"按钮退出"类型属性"窗口。在"属性"面板设置"底部标高"为"首层"，"底部偏移"为"0"，Enter键确认应用。"绘制"面板中选择"直线"绘制方式，其他设置默认不变，在 1 轴外侧与 D ～ E 轴线间位置坡道板外侧绘制栏杆轮廓。点击"模式"选项卡下绿色对勾，完成坡道栏杆的建立。如图 4-189、图 4-190 所示。

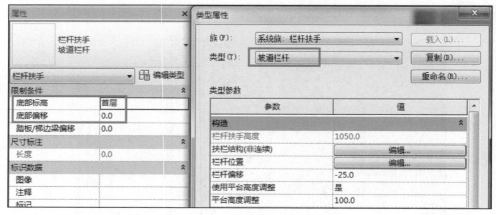

图 4-189

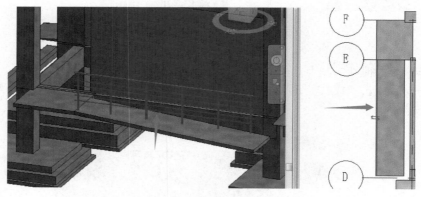

图 4-190

（9）此时可以发现，坡道栏杆没有与坡道标高吻合。保持坡道栏杆处于选中状态，继续点击"工具"选项卡下"拾取新主体"，点击坡道栏杆依附的坡道板。完成后如图 4-191 所示。

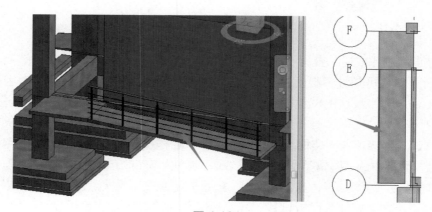

图 4-191

（10）按照上述操作方式，在 1 轴外侧与 D ～ F 轴线间位置坡道板内侧绘制栏杆轮廓，并将坡道栏杆依附在坡道板上。完成后如图 4-192 所示。

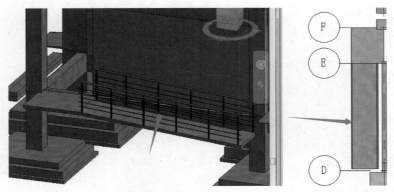

图 4-192

（11）选择刚绘制的坡道栏杆，点击"属性"面板中的"编辑类型"，打开"类型属性"
窗口，点击"扶栏结构（非连续）"右侧"编辑"按钮，打开"编辑扶手（非连续）"窗口，
修改所有扶手轮廓材质为"不锈钢"，完成后点击"确定"按钮退出"编辑扶手（非连续）"
窗口。修改后坡道扶手显示如图 4-193、图 4-194 所示。

图 4-193

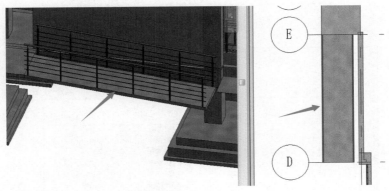

图 4-194

（12）继续使用坡道栏杆构件绘制第二块坡道板位置的栏杆扶手。由于第二块坡道板为
平板，没有坡度，所以只需要绘制栏杆扶手路径，不需要再拾取新主体。使用"坡道栏杆"

绘制，在"属性"面板设置"底部标高"为"首层"，"底部偏移"为"0"，Enter 键确认应用。"绘制"面板中选择"直线"绘制方式，其他设置默认不变。完成后如图 4-195 所示。

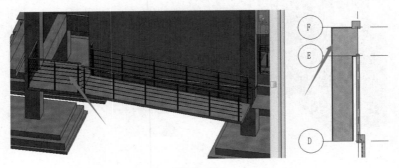

图 4-195

（13）修改刚刚绘制的坡道栏杆的标高，使之与下面的带坡度的坡道栏杆标高对齐。选择没有坡度的坡道板上的坡道栏杆，点击"属性"面板中的"编辑类型"，打开"类型属性"窗口，点击"复制"按钮，弹出"名称"窗口，输入"坡道栏杆 – 1"，点击"确定"按钮关闭窗口。点击"扶栏结构（非连续）"右侧"编辑"按钮，打开"编辑扶手（非连续）"窗口，逐个修改扶手高度，最后点击"确定"按钮退出"类型属性"窗口，如图 4-196、图 4-197 所示。标高修改完成后如图 4-198、图 4-199 所示。

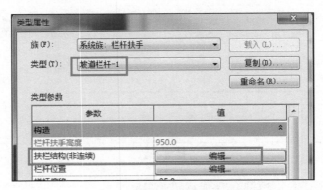

图 4-196

图 4-197

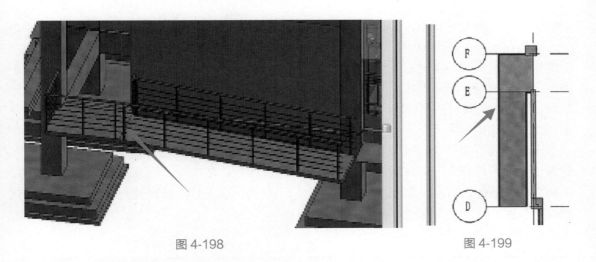

图 4-198   图 4-199

（14）单击"快速访问栏"中保存按钮，保存当前项目成果。

4.13.3 总结拓展

4.13.3.1 步骤总结

在创建坡道前一定梳理清楚相应思路，理解软件的同时也能更好地理解业务和图纸。总结上述 Revit 软件建立坡道（含坡道栏杆）的操作步骤主要分为五步。按照本操作流程读者可以完成专用宿舍楼坡道的创建。具体步骤如表 4-36 所示。

表 4-36

序号	操作步骤	具体步骤内容	重点中间过程
1	第一步	建立坡道构件类型	
2	第二步	定位坡道平面位置	含参照平面、注释等小步骤
3	第三步	绘制坡道	含设置坡度等小步骤
4	第四步	绘制坡道栏杆	含定义坡道栏杆、绘制坡道栏杆路径、拾取新主体等小步骤
5	第五步	编辑坡道栏杆	

4.13.3.2 业务拓展

坡道是连接高差地面或者楼面的斜向交通通道。常见的坡道有两类：一类是为连接有高差的地面而设，如出入口处为通过车辆常结合台阶而设的坡道，或在有限时间里要求通过大量人流的建筑，如火车站、体育馆、影剧院的疏散坡道等；另一类是为连接两个楼层而设的行车坡道，常用在医院、残疾人机构、幼儿园、多层汽车库和仓库等场所。此外，室外公共活动场所也有结合台阶设置的坡道，以利于残疾人轮椅和婴儿车通过。

坡道的坡度与使用要求、面层做法、材料选用等因素有关。行人通过的坡道，坡度宜小于 1∶8；面层光滑的坡道，坡度宜小于或等于 1∶10；粗糙材料和有防滑条坡道的坡度可以稍陡，但不得大于 1：6；斜面做成锯齿状坡道的坡度一般不宜大于 1：4。

坡道面层多采用混凝土、天然石料等抗冻性好、耐磨损的材料，低标准或临时性的坡道则用普通黏土砖。实地铺筑坡道的方法和混凝土地面相同；架空式坡道做法和楼层做法类似。为了防滑，混凝土坡道上的水泥砂浆面层可划分成格条纹以增加摩擦力，也可采用水泥金刚砂防滑条；花岗石坡道可将表面做粗糙处理。

4.13.3.3 软件拓展

上述内容详细讲解了【新建坡道】的操作方法，在 Revit 软件中还可以使用"坡道"命令进行坡道绘制，下面将详细讲解利用"坡道"命令、常规模型等不同方式创建坡道的绘制方法，具体编辑方法读者可以扫描下面的二维码，进入教学补充链接进行更详细直观的视频收听。具体视频内容如表 4-37 所示。

表 4-37

序号	视频分类	视频内容	二维码
1	新建坡道	主要按照上述实施操作部分内容制作的视频操作	见下面
2	坡道的多种创建方法	主要补充坡道的多种创建方法及注意事项	见下面

4.14 新建空调板（含空调护栏）

1 新建坡道 2 坡道的多种创建方法

4.14.1 内容前瞻

在学习 Revit 软件具体操作之前，先从以下三方面简单了解本节【新建空调板（含空调护栏）】所涉及的业务知识、图纸信息、软件操作等内容，帮助读者对本节内容有总体认识，降低后面操作难度。知识总体架构如表 4-38 所示。

表 4-38

序号	知识体系开项	所需了解的具体内容
1	业务知识	（1）空调板就是附设在外墙面上外伸的混凝土板，用于安放空调室外机 （2）空调护栏起到保护空调机室外的作用
2	图纸信息	（1）建立空调板模型前，先根据专用宿舍楼图纸查阅空调板构件的尺寸、定位、属性等信息，保证空调板模型布置的正确性 （2）根据"建施－03"中"一层平面图"、"建施－04"中"二层平面图"可知空调板构件的平面定位信息（在所有的 C3 窗位置外侧） （3）根据"建施－06"中"14-1 立面图"和"1-14 立面图"（CAD 测量）可知空调板厚度为 100mm （4）根据"建施－07"中"F-A（A-F）立面图"（CAD 测量）可知空调板厚度为 100mm，首层空调板板顶标高为 ±0.000m，二层空调板板顶标高为 ±3.600m （5）图纸中未标注空调板混凝土强度等级，初步设定与楼层结构板一致，为 C30
3	软件操作	（1）学习使用"楼板：建筑"命令创建空调板 （2）学习使用"栏杆扶手"命令创建空调护栏

4.14.2 实施操作

Revit 软件中没有专门绘制空调板构件的命令，一般情况下使用"建筑"选项卡"构建"面板中的"楼板"下拉下的"楼板：建筑"工具创建空调板构件类型，在命名中包含"空调板"字眼即可。下面以《BIM 算量一图一练》中的专用宿舍楼项目为例，讲解创建项目空调板的操作步骤。

（1）首先建立空调板构件类型。在"项目浏览器"中展开"楼层平面"视图类别，双击"首层"视图名称，进入"首层"楼层平面视图。为了绘图方便，先利用"过滤器"工具以及"视图控制栏"下的"隐藏图元"工具将除了"结构柱、墙、轴网"之外的其他构件隐藏。完成后如图 4-200 所示。

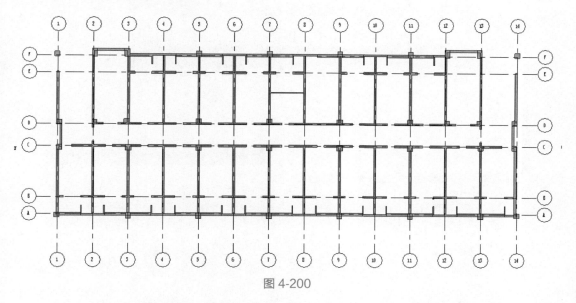

图 4-200

（2）单击"建筑"选项卡"构建"面板中的"楼板"下拉下的"楼板：建筑"工具，点击"属性"面板中的"编辑类型"，打开"类型属性"窗口，点击"复制"按钮，弹出"名称"窗口，输入"空调板–100"，点击"确定"按钮关闭窗口。点击"结构"右侧"编辑"按钮，进入"编辑部件"窗口，修改"结构【1】""厚度"为"100"，点击"结构【1】""材质""按类别"进入"材质浏览器"窗口，选择"混凝土–现场浇注混凝土–C30"，点击"确定"关闭窗口，再次点击"确定"退出"类型属性"窗口，属性信息修改完毕。如图 4-201 所示。

（3）构件定义完成后，在布置构件前，先根据"建施–03"中"一层平面图"中空调板的尺寸线数值，设置空调板的平面尺寸定位条件。单击"建筑"选项卡"工作平面"面板中的"参照平面"工具，单击"绘制面板"面板中的"拾取线"工具，参照图 4-202 所示尺寸设置相应偏移量数值并在 A 轴与 2 轴位置进行参照平面绘制（数值 650mm 根据 CAD 测量获得）。

（4）平面尺寸定位设置好后，开始布置构件。根据"建施–03"中"一层平面图"布置空调板。单击"建筑"选项卡"构建"面板中的"楼板"下拉下的"楼板：建筑"工具，在"属性"面板中找到"空调板–100"，在"属性"面板设置"标高"为"首层"，"自标高的高度偏移"为"0"，Enter 键确认。"绘制"面板中选择"矩形"方式，其他设置默认不变，在 A 轴与 2 轴位置绘制轮廓，如图 4-203 所示。

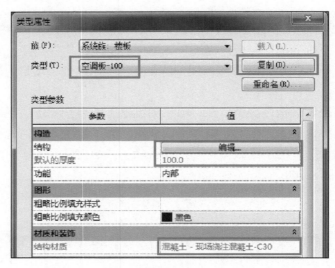

图 4-201

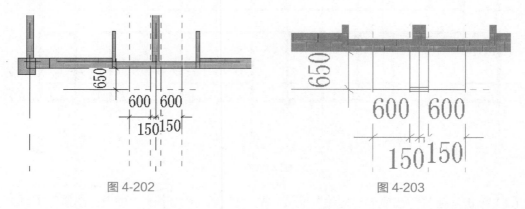

图 4-202　　　　　　　　　　　　　图 4-203

（5）点击"模式"选项卡下绿色对勾，完成空调板的建立。切换到三维模型视图，利用"视图"选项卡"窗口"面板中的"平铺"工具将三维模型视图与"首层"楼层平面视图同时展示。看到的空调板如图 4-204 所示。

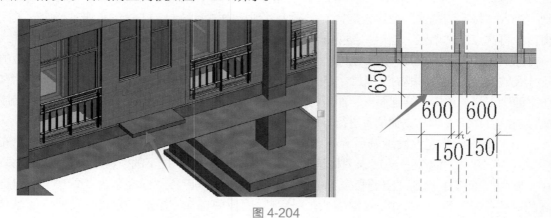

图 4-204

（6）按照上述操作方式，根据"建施 – 03"中"一层平面图"在其他位置进行空调板绘制。为了绘图方便，可以使用"复制"命令快速创建首层其他位置空调板构件。绘制完成后查看三维模型视图。如图 4-205 所示。

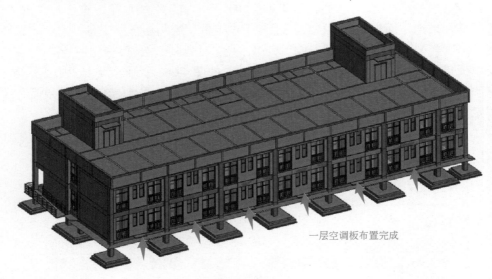

一层空调板布置完成

图 4-205

（7）单击"快速访问栏"中保存按钮，保存当前项目成果。

（8）"首层"楼层平面视图空调板绘制完成后，开始绘制"二层"楼层平面视图空调板。根据"建施 – 04"中"二层平面图"在二层相应位置进行空调板绘制。为了绘图方便可以选择首层绘制的一块空调板，通过"右键→选择全部实例→在视图中可见"，选择首层绘制的所有空调板构件，然后使用"复制到剪贴板、粘贴、与选定的标高对齐"，选择"二层"，快速创建二层空调板构件。绘制完成后如图 4-206 所示。

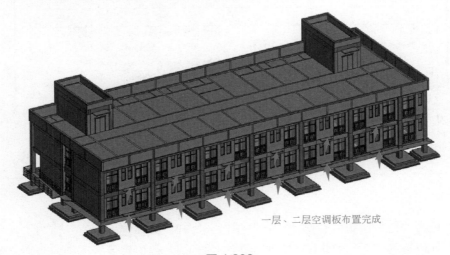

一层、二层空调板布置完成

图 4-206

（9）单击"快速访问栏"中保存按钮，保存当前项目成果。

（10）空调板构件布置完成后，查阅"建施－06"中"14-1 立面图"和"1-14 立面图"可知空调板上有护栏，护栏高度为 750mm（CAD 测量可知）；根据"建施－07"中"F-A（A-F）立面图"同样可知空调板护栏高度为 750mm（CAD 测量可知）；护栏标高的底部即为空调板的顶部。

（11）首先先建立空调板护栏构件类型。切换到"首层"楼层平面视图，单击"建筑"选项卡"楼梯坡道"面板中的"栏杆扶手"下拉下的"绘制路径"工具，点击"属性"面板中的"编辑类型"，打开"类型属性"窗口，点击"复制"按钮，弹出"名称"窗口，输入"空调板护栏"，点击"确定"按钮关闭窗口，如图 4-207 所示。点击"扶栏结构（非连续）"右侧"编辑"按钮，打开"编辑扶手（非连续）"窗口，逐个修改扶手高度及材质，点击"确定"按钮关闭窗口。如图 4-208 所示。

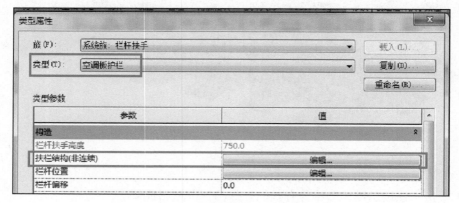

图 4-207

图 4-208

（12）点击"栏杆位置"右侧"编辑"按钮，打开"编辑栏杆位置"窗口，在主样式的"栏杆族"处设置为"无"（即不在扶手中添加栏杆），其他位置保持不变，点击"确定"按钮关闭窗口，返回"类型属性"窗口。修改"栏杆偏移"为"0"，点击"确定"按钮，退出"类型属性"窗口。如图 4-209、图 4-210 所示。

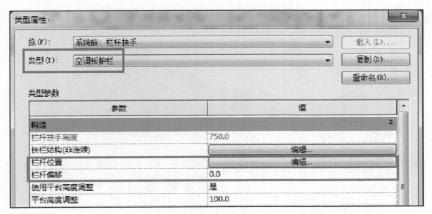

图 4-209

图 4-210

（13）"类型属性"窗口设置完成后，设置"属性"面板中"底部标高"为"首层"，"底部偏移"为"0"，Enter键确认。单击"绘制"面板中的"直线"绘制方式，设置选项栏中的"偏移量"为"50"，适当放大视图，沿A轴与2轴位置空调板外轮廓，绘制空调板护栏路径，完成后点击"模式"选项卡下绿色对勾，完成空调板护栏的建立。如图4-211所示。

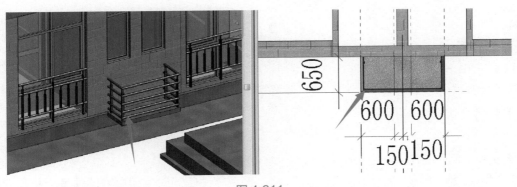

图 4-211

（14）A轴与2轴位置室外空调护栏绘制完成后，可以利用"复制"命令在首层其他空调板位置进行空调板护栏布置，首层空调板护栏布置完成后如图 4-212 所示。

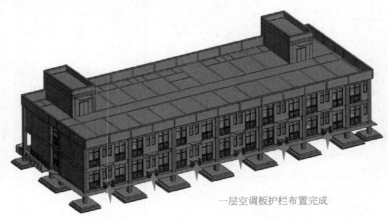

一层空调板护栏布置完成

图 4-212

（15）"首层"楼层平面视图空调板护栏绘制完成后，开始绘制"二层"楼层平面视图空调板护栏。为了绘图方便可以选择首层绘制的一处空调板护栏，通过"右键→选择全部实例→在视图中可见"选择首层绘制的所有空调板护栏构件，然后使用"复制到剪贴板、粘贴、与选定的标高对齐"，选择"二层"，快速创建二层空调板护栏构件。绘制完成后如图 4-213 所示。

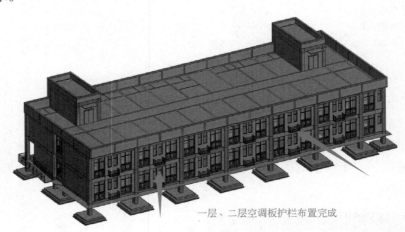

一层、二层空调板护栏布置完成

图 4-213

（16）单击"快速访问栏"中保存按钮，保存当前项目成果。

4.14.3 总结拓展

4.14.3.1 步骤总结

在创建空调板前一定梳理清楚相应思路，理解软件的同时也能更好地理解业务和图纸。总结上述 Revit 软件建立空调板（含空调护栏）的操作步骤主要分为六步。按照本操作流程读者可以完成专用宿舍楼空调板的创建。具体步骤如表 4-39 所示。

表 4-39

序号	操作步骤	具体步骤内容	重点中间过程
1	第一步	建立空调板构件类型	
2	第二步	确定空调板平面位置	含参照平面、注释等小步骤
3	第三步	绘制空调板	
4	第四步	建立空调板护栏构件类型	
5	第五步	布置"首层"楼层平面视图空调板护栏	
6	第六步	布置"二层"楼层平面视图空调板护栏	

4.14.3.2　业务拓展

空调板就是附设在外墙面上的外伸的混凝土板，用于安放空调室外机，一般的尺寸为 600mm×800mm 或 600mm×1000mm。由于空调板会有少量雨水进入且空调外机本身产生冷凝水，故宜在空调板上设置小型地漏或预埋管，接入空调冷凝水立管中以避免积水。

栏杆在使用中起分隔、导向的作用，使被分割区域边界明确清晰。栏杆的设计，应考虑安全、适用、美观、节省空间和施工方便等。从形式上看，栏杆可分为节间式与连续式两种。前者由立柱、扶手及横档组成，扶手支撑于立柱上；后者具有连续的扶手、由扶手，栏杆柱及底座组成。常见种类有：木制栏杆、石栏杆、不锈钢栏杆、铸铁栏杆、铸造石栏杆、水泥栏杆、组合式栏杆。一般低栏高 0.2～0.3m，中栏 0.8～0.9m，高栏 1.1～1.3m。栏杆柱的间距一般为 0.5～2m。

建造栏杆的材料有木、石、混凝土、砖、瓦、竹、金属、有机玻璃和塑料等。栏杆的高度主要取决于使用对象和场所，一般高 900mm；幼儿园、小学楼梯栏杆还可建成双道扶手形式，分别供成人和儿童使用；在高险处可酌情加高。楼梯宽度超过 1.4m 时，应设双面栏杆扶手（靠墙一面设置靠墙扶手）；大于 2.4m 时，必须在中间加一道栏杆扶手。居住建筑中，栏杆不宜有过大空档或可攀登的横档。

4.14.3.3　软件拓展

上述内容详细讲解了【新建空调板（含空调护栏）】的操作方法，在实际项目中常常会遇到形式各样的栏杆扶手。对于复杂的栏杆扶手可以使用 Revit 的族文件进行自由创建。下面将详细讲解如何在 Revit 软件中利用族样板创建栏杆扶手构件，具体编辑方法读者可以扫描下面的二维码，进入教学补充链接进行更详细直观的视频收听。具体视频内容如表 4-40 所示。

表 4-40

序号	视频分类	视频内容	二维码
1	新建空调板（含空调护栏）	主要按照上述实施操作部分内容制作的视频操作	见下面
2	栏杆扶手创建	主要补充栏杆扶手的创建方法及注意事项	见下面

1　新建空调板（含空调护栏）

2　栏杆扶手创建

4.15 新建室内装修及外墙面装修

4.15.1 内容前瞻

在学习 Revit 软件具体操作之前，先从以下三方面简单了解本节【新建室内装修及外墙面装修】所涉及的业务知识、图纸信息、软件操作等内容，帮助读者对本节内容有总体认识，降低后面操作难度。知识总体架构如表 4-41 所示。

表 4-41

序号	知识体系开项	所需了解的具体内容
1	业务知识	（1）装修可以简单地分为粗装修和精装修 （2）粗装修一般包含楼地面、楼面、踢脚板、内墙面、顶棚、外墙面的装修
2	图纸信息	（1）建立室内装修模型前，先根据专用宿舍楼图纸查阅室内装修做法表 （2）根据"建施 – 02"中"室内装修做法表"可知不同房间的楼地面、楼面、踢脚板、内墙面、顶棚的装修做法 （3）根据"建施 – 06"中"14-1 立面图"和"1-14 立面图"可知外墙面的装修做法
3	软件操作	（1）学习使用"编辑部件"命令创建楼地面 （2）学习使用"编辑部件"命令创建楼面 （3）学习使用"墙：饰条"命令创建踢脚板 （4）学习使用"墙：饰条"命令创建内墙面 （5）学习使用"编辑部件"命令创建顶棚 （6）学习使用"编辑部件"命令创建外墙面

4.15.2 实施操作

Revit 软件中基本没有专门绘制各类装修构件的命令，但是 Revit 软件提供了强大的"编辑部件"功能，可以利用各结构层的灵活定义来反映构件的装修做法，以达到精细化设计的目的。下面对装修做法表中"楼地面、楼面、踢脚板、内墙面、顶棚"以及立面图中的"外墙面"装修进行逐一讲解。

4.15.2.1 楼地面装修

（1）楼地面业务简介　楼地面就是第一层底层的地板，楼面是二层及以上各层的地板总称。

楼地面工程中地面构造一般为面层、垫层和基层（素土夯实）；楼层地面构造一般为面层、填充层结构层、天棚装修层。当地面和楼层地面的基本构造不能满足使用或构造要求时，可增设结合层、隔离层、填充层、找平层等其他构造层次。如图 4-214 所示。

地面垫层常用的材料有混凝土、砂、炉渣、碎（卵）石等；结合层常用的材料有水泥砂浆、干硬性水泥砂浆、黏结剂等；填充层常用的材料有水泥炉渣、加气混凝土块、水泥膨胀珍珠岩块等；找平层常用的材料有水泥砂浆和混凝土；隔离层常用的材料有防水涂膜、热沥青、油毡等；面层常用的材料有混凝土、水泥砂浆、现浇（预制）水磨石、天然石材（大理石、花岗岩等）、陶瓷锦砖、地砖、木质板材、塑料、橡胶、地毯等。

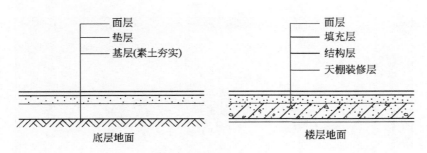

图 4-214

楼地面的做法分为整体地面、石材地面、块料地面。整体地面包括水泥混凝土地面、橡胶地面、木地板等；石材地面包括花岗岩地面、大理石地面、文化石地面等；块料地面包括缸砖地面、釉砖地面等。

（2）楼地面软件操作　在前述模型成果中并没有建立首层的楼板构件，这是因为图纸中没有一层板配筋图。根据本项目的特点，首层楼板的创建方法反映在了室内装修做法表中，也就是装修做法表中的楼地面。根据房间使用功能不同，楼地面的装修做法进行了分别描述（具体做法参见"建施－02"中"室内装修做法表"）。下面以"门厅"房间为例，利用"编辑部件"命令讲解楼地面的创建方法。

①首先建立楼地面（门厅）构件类型。在"项目浏览器"中展开"楼层平面"视图类别，双击"首层"视图名称，进入"首层"楼层平面视图。单击"结构"选项卡"结构"面板中的"楼板"下拉下的"楼板：结构"工具，点击"属性"面板中的"编辑类型"，打开"类型属性"窗口，点击"复制"按钮，弹出"名称"窗口，输入"楼地面（门厅）"，点击"确定"按钮关闭窗口，如图 4-215 所示。点击"结构"右侧"编辑"按钮，进入"编辑部件"窗口。要创建正确的楼地面类型，必须设置正确的楼地面厚度、做法、材质等信息。在"编辑部件"的"功能"列表中提供了 7 种楼板功能，即"结构【1】"、"衬底【2】"、"保温层/空气层【3】"、"面层1【4】"、"面层2【5】"、"涂膜层"（通常用于防水涂层，厚度必须为 0）、"压型板【1】"。这些功能可以定义楼板结构中每一层在楼板中所起的作用。需要额外说明的是，Revit 功能层之间是有关联关系和优先级关系的，方括号中的数字越大，该层的连接的优先级越低。如图 4-216 所示。

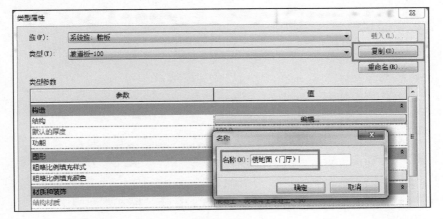

图 4-215

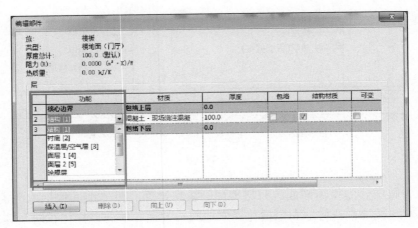

图 4-216

② 上述内容详细讲解了"编辑部件"中"功能"列表的具体用途，下面依据楼地面（门厅）的装修做法在 Revit 中进行匹配设置。修改"结构【1】""厚度"为"60"，材质修改为"混凝土垫层"，选择第二行，然后点击"插入"按钮三次，在"层"列表中插入 3 个新层，新插入的层默认厚度为"0.0"，功能为"结构【1】"。选择第二行，单击"向上"按钮一次，变成第一行，在功能下拉列表中修改为"面层 2【5】"，材质修改为"花岗岩石材"，"厚度"修改为"20"。选择第四行，单击"向上"按钮两次，变成第二行，在功能下拉列表中修改为"衬底【2】"，材质修改为"水泥砂浆"，"厚度"修改为"30"。选择第四行，单击"向下"按钮两次，变成第六行，在功能下拉列表中修改为"面层 2【5】"，材质修改为"碎石"，"厚度"修改为"150"。设置完成后点击"确定"按钮，关闭"编辑部件"窗口。如图 4-217 所示。

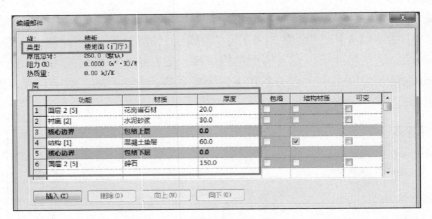

图 4-217

③ 构件定义完成后，开始布置构件。在"属性"面板设置"标高"为"首层"，"自标高的高度偏移"为"0"，Enter 键确认。"绘制"面板中选择"矩形"方式，选项栏中"偏移量"设置为"0"，根据"建施 – 03"中"一层平面图"找到门厅位置（1～2 轴与 D～E 轴轴线交点围成的封闭区域）绘制矩形框，绘制完成后单击"模式"面板中的"绿色对勾"工具，完成门厅位置楼地面的创建，如图 4-218、图 4-219 所示。过程中会弹出载入跨方向族

窗口，点击"否"即可。弹出"是否希望将高达此楼层标高的墙附着到此楼层的底部"，点击"否"即可。如图 4-220、图 4-221 所示。

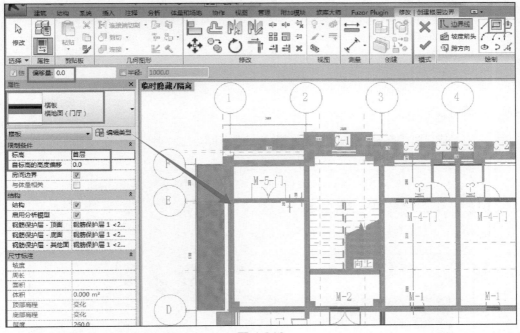

图 4-218

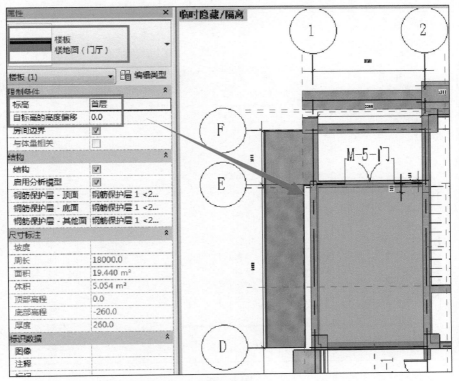

图 4-219

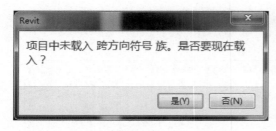

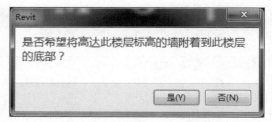

图 4-220　　　　　　　　　　　　　　　　图 4-221

④ 使用同样的方法设置"走道、阳台、宿舍"、"开水房、洗浴室、公用卫生间、宿舍卫生间"、"楼梯间"、"管理室"的楼地面做法，如图 4-222 ～图 4-226 所示。

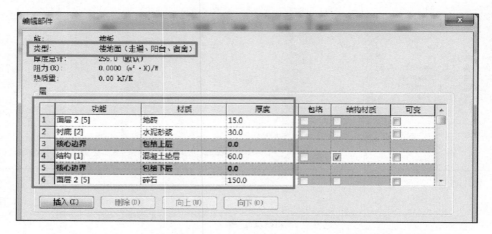

图 4-222

图 4-223

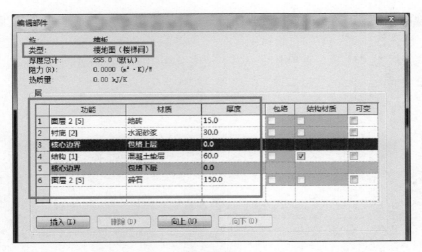

图 4-224

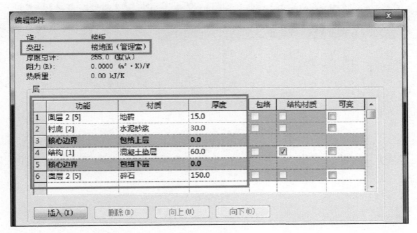

图 4-225

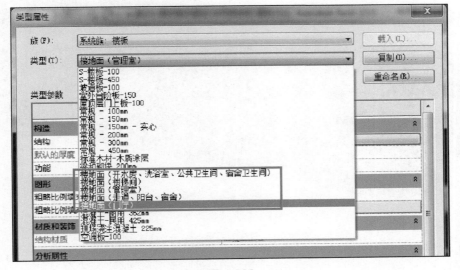

图 4-226

Chapter 4

⑤ 楼地面构件全部定义完成后，开始布置构件。为了绘图方便，可以先使用"过滤器"工具以及"视图控制栏"下的"隐藏图元"工具将除了"墙、楼板、轴网"之外的其他构件隐藏，然后根据"建施 – 03"中"一层平面图"在相应位置布置楼地面构件。布置完成后如图 4-227 所示。

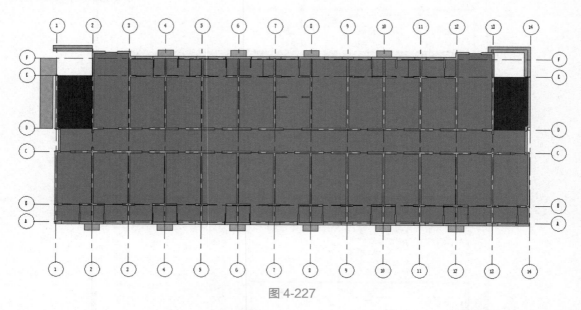

图 4-227

⑥ 切换到三维模型视图，鼠标放在 ViewCube 上，右键，选择"定向到视图"→"楼层平面"→"楼层平面：首层"，按住 Shift 键 + 鼠标滚轮将模型进行三维旋转查看。如图 4-228 所示。

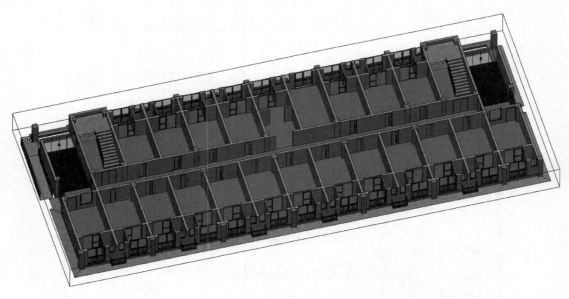

图 4-228

⑦ 单击"快速访问栏"中保存按钮，保存当前项目成果。

4.15.2.2 楼面装修

（1）楼面业务简介　楼面特指楼层的地上表面，位于屋顶层的楼面则称为屋面。楼面在建筑剖面图上看，只是一条楼层的分界线，因而不能用楼面指代一个楼层。楼面用于表示此处的材料装饰与构造做法的标高位置，如三层楼面是指第三层地面的相关信息，与第二层楼关联但不能包含第二层楼的构件。

严格来说具有现浇混凝土板的面都应该叫做楼面，地面则是指与土有接触的面，比如有地下室的建筑物首层地面做法设计也是参考楼面做法执行，一般只有垫层做法和面层做法，而框架结构独立基础无地下室（本项目结构形式）的情况下，首层地面做法设计是按照地面做法执行，一般会有回填灰土垫层、垫层和面层做法。

（2）楼面软件操作　根据"建施－02"中"室内装修做法表"可知，无论哪个房间，楼面的结构层都是"现浇钢筋混凝土楼板"。根据房间不同，楼面的装修做法不同。前面讲解结构建模过程中，对于二层的结构板构件都是一整块绘制的，是因为考虑到实际现场浇筑也是整块板浇筑。但是楼面装修时根据房间布局不同而进行个性化装修，所以要实现"建施－02"中"室内装修做法表"中不同房间楼面的装修做法，有如下方法。第一种，删除原有二层的结构板构件，按照前面讲解的楼地面的定义方式和绘制方式重新建立二层带装修的楼面模型；第二种，保留原有二层的结构板构件，然后按照前面讲解的楼地面的定义方式对楼板面层进行定义，然后再根据房间布局不同进行单独绘制。在算量要求精确的情况下建议使用第一种方法进行绘制。如果使用第二种方法，在建立楼板面层构件时，在Revit的"编辑部件"窗口中"结构【1】"是必须存在的，并且"厚度"必须大于或等于"1mm"，如图4-229所示。但是"现浇钢筋混凝土楼板"已经绘制，所以只需要上面的装修厚度即可。为了单独做楼板面层，只能将原来是面层或衬底的厚度放在结构层厚度中，面层或衬底的材质放在结构层的材质中，这样布置后同一个位置楼板会有至少两种结构层，在算量汇总时并不合适。所以综合考虑本节采取第一种方法重新建立带装修属性的二层楼板构件。

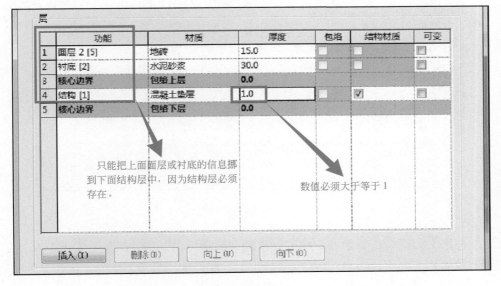

图 4-229

① 在"项目浏览器"中展开"楼层平面"视图类别，双击"二层"视图名称，进入"二层"楼层平面视图。选择二层所有结构板将其删除。为了绘图方便，先使用"过滤器"工具以及"视图控制栏"下的"隐藏图元"工具将除了"墙、楼板、轴网"之外的其他构件隐藏，然后按照首层创建楼地面的方法创建二层各房间带装修的楼面构件。二层楼面定义完成后如图 4-230～图 4-235 所示。

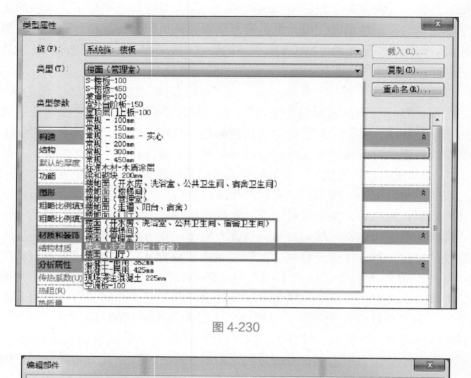

图 4-230

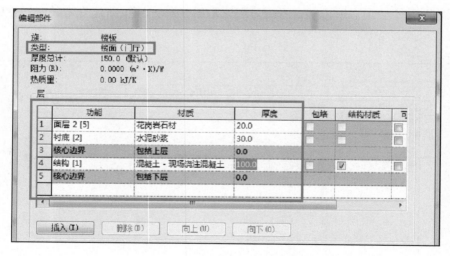

图 4-231

② 构件定义完成后，开始布置构件。根据"建施－04"中"二层平面图"布置二层带装修的楼面构件。"走道、阳台、宿舍"、"开水房、洗浴室、公用卫生间、宿舍卫生间"、"楼梯间"、"管理室"的楼面，绘制完成后如图 4-236 所示。

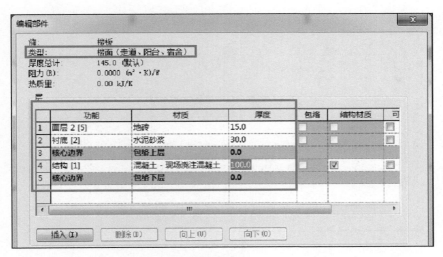

图 4-232

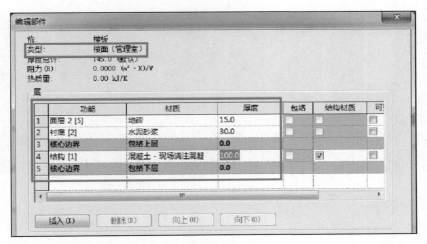

图 4-233

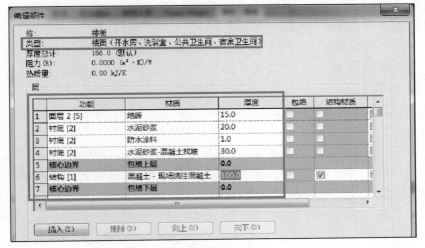

图 4-234

Chapter 4

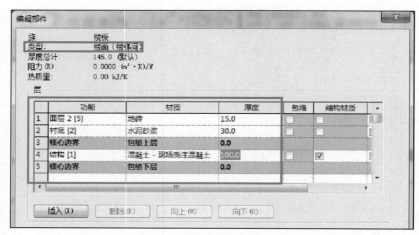

图 4-235

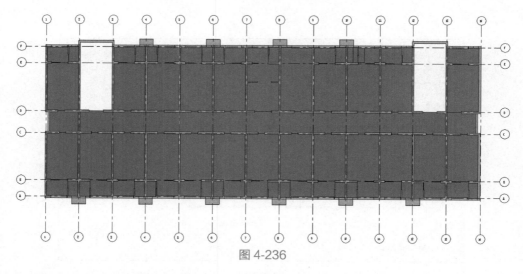

图 4-236

③ 单击"快速访问栏"中保存按钮，保存当前项目成果。

④ 二层楼面创建完成后，开始创建屋顶层以及楼梯屋顶层带装修的屋面。根据"建施 – 05"中"屋顶层平面图"可知，屋顶层有屋面 1、屋面 2、屋面 3 共计三种屋面板类型。查阅"建施 – 07"可知屋面 1、屋面 2、屋面 3 的装修做法。按照上述创建二层带装修的楼面的方法，分别创建"屋面 1"、"屋面 2"、"屋面 3"三种带装修做法构件。创建完成后如图 4-237 ～图 4-239 所示。

⑤ 构件定义完成后，开始布置构件。前面讲解结构板建模过程中已经绘制了屋面 1（当时构件名称为"S – 楼板 – 100"）、屋面 2（当时构件名称为"S – 楼板 – 100"）、屋面 3（当时构件名称为"屋顶层门上板 – 100"）。因为屋顶层及楼梯屋顶层没有房间布局区分，现在只需要选择已经绘制的屋面结构板替换为新建立的屋面 1、屋面 2、屋面 3 构件类型即可。切换到三维模型视图，去掉"属性"面板中剖面框的勾选，选择屋顶层的"S – 楼板 – 100"图元，找到"属性"面板构件类型中的"屋面 1"进行替换；同样的方法，选择楼梯屋顶层的"S – 楼板 – 100"图元，替换为"屋面 2"，选择楼梯屋顶层的"屋顶层门上板 – 100"图元，替换为"屋面 3"。过程如图 4-240 ～图 4-243 所示。

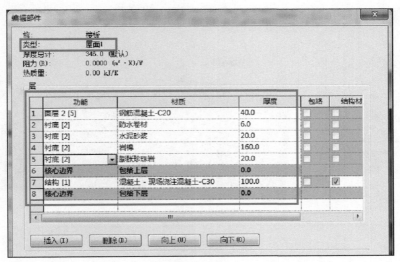

图 4-237

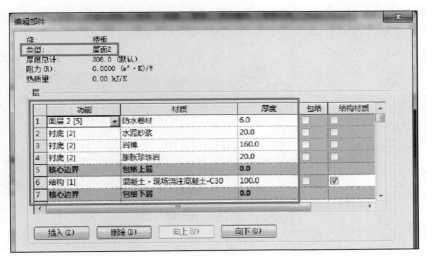

图 4-238

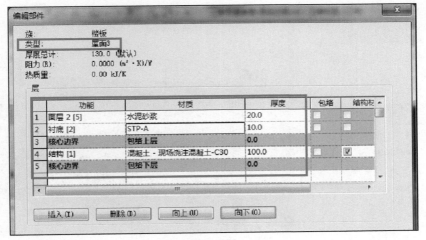

图 4-239

Chapter 4

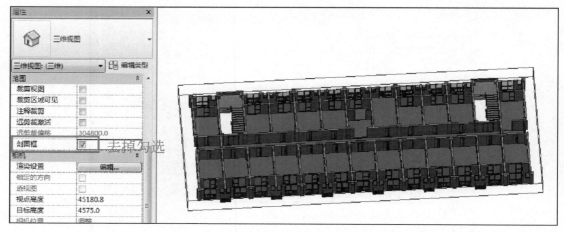

图 4-240

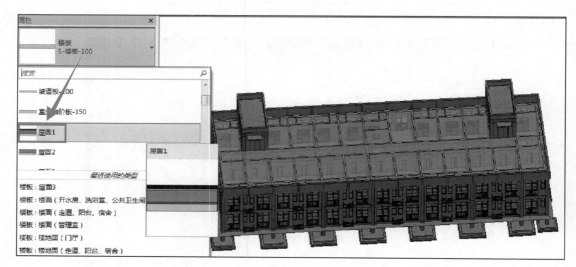

图 4-241

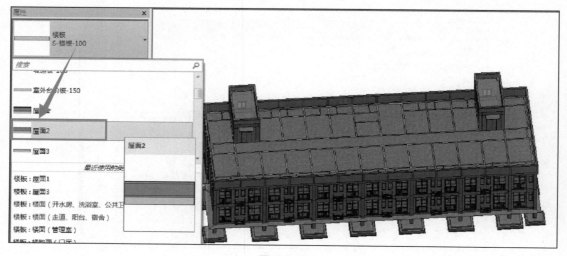

图 4-242

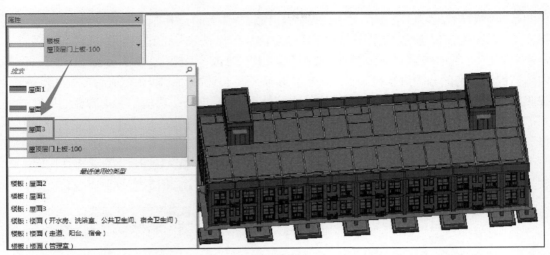

图 4-243

⑥ 单击"快速访问栏"中保存按钮，保存当前项目成果。

4.15.2.3 踢脚板装修

（1）踢脚板业务简介

踢脚板又称为脚踢板或地脚线，是楼地面和墙面相交处的一个重要构造节点。踢脚板有两个作用：一是保护作用，遮盖楼地面与墙面的接缝，使墙体和地面之间更好地结合牢固，减少墙体变形，避免外力碰撞造成破坏；二是装饰作用，在居室设计中，腰线、踢脚线（踢脚板）起着视觉的平衡作用。

市场上常见的制作踢脚线的材料有原木质材料、中密度纤维板、高密度纤维板和新材料 PVC 高分子发泡材料。每种材料都各有特点，但是对于消费者来说最重要的考虑因素依然是质量和价格，各项质量指标中，尤以环保指标最要紧。PVC 高分子发泡材料是后起之秀，因为它的配方中不含铅，也不会散发氨、游离甲醛等对人身体有害的气体，做到了无毒无害无放射性。此外，PVC 踢脚线安装后不需油漆装饰；虽然原木踢脚线对人体也无害，但油漆却造成了污染。一些瓷砖厂家为配合地面砖的需要，推出了瓷砖踢脚线，可以更好地与瓷砖进行搭配，且不怕水、火，易擦洗。

居室的踢脚板在墙的最下部，从地面向上 10 ～ 18cm，是墙面装饰的一部分，也是墙面与地面的分界线。目前踢脚线的高度一般选用 6.6cm 或 7cm，使室内装修看上去更加秀气、美观；装饰绘图时一般绘制 15cm。

踢脚板的选色应区别于地面和墙面，建议选地面与墙面的中间色；同时还可根据房间的面积来确定颜色：房间面积小的踢脚板选靠近地面的颜色，反之则宜选靠近墙壁的颜色。

Revit 软件中没有专门绘制踢脚板构件的命令，可以使用"墙：饰条"功能来放置踢脚板，也可以使用墙功能单独创建踢脚板构件。为了操作快捷，下面讲解使用"墙：饰条"功能创建踢脚板的操作方法。

（2）踢脚板软件操作

查阅"建施 – 02"中"室内装修做法表"可知踢脚板根据房间不同做法不一。其中"走道、阳台、宿舍、开水房、洗浴室、公用卫生间、宿舍卫生间、楼梯间"等房间做法一致，"门厅"、"管理室"有单独做法。踢脚板是遮盖楼地面与墙面的接缝，绘制在墙底部，根据房间布局不同、装修方式不同。但是在前面建模过程中，首层和二层墙构件没有考虑房间分隔，是通长创建的，所以如果想完全按照"室内装修做法表"通过房间分隔来创建踢脚板，则需要对已经绘制的内墙构件进行打断处理（使用"修改"面板中的"拆分图元"工具即可）。内墙构件根据房间分隔进行打断处理的操作步骤不再赘述，假设现在首层和二层的墙体都是按照房间分隔来进行绘制的，下面将详细讲解使用"墙：饰条"功能创建踢脚板的操作方法。

①首先创建踢脚板轮廓。查阅"室内装修做法表"，可知踢脚板的组成材质共分为五种：10～15 厚大理石石材板、12 厚 1：2 水泥砂浆、6 厚 1：2.5 水泥砂浆、8 厚 1：3 水泥砂浆、10～15 厚花岗石石材板，踢脚板高度都为 100mm。点击"应用程序菜单"按钮，在列表中选择"新建 – 族"选项，以"公制轮廓 .rft"族样板文件为族样板，进入轮廓族编辑模式。如图 4-244 所示。

图 4-244

②单击"创建"选项卡"详图"面板中的"直线"工具，参照图 4-245～图 4-249 所示尺寸绘制首尾相连且封闭的踢脚板截面轮廓。单击保存按钮，将创建的族分别命名为"10～15 厚大理石石材板 – 踢脚板"、"12 厚水泥砂浆 – 踢脚板"、"6 厚水泥砂浆 – 踢脚板"、"8 厚水泥砂浆 – 踢脚板"、"10～15 厚花岗石石材板 – 踢脚板"，如图 4-245～图 4-249 所示。文件保存路径为："Desktop\ 案例工程 \ 专用宿舍楼 \ 族 \ 轮廓族"。单击"族编辑器"面板中的"载入到项目"按钮，将轮廓族载入到专用宿舍楼项目中，如图 4-250 所示。

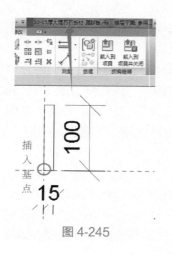

图 4-245

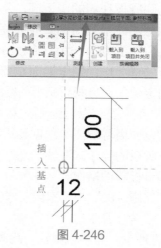

图 4-246

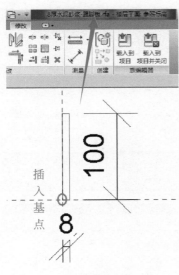

图 4-247

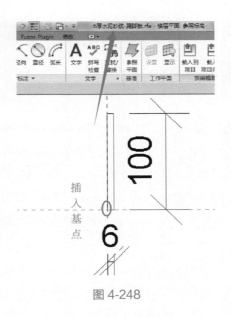

图 4-248

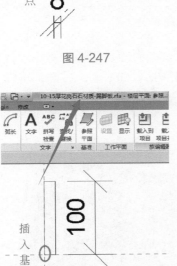

图 4-249

图 4-250

　　③ 创建不同材质的墙饰条构件。切换到专用宿舍楼项目中，单击"建筑"选项卡"构建"面板中的"墙"下拉下的"墙：饰条"工具，点击"属性"面板中的"编辑类型"，打开"类型属性"窗口，点击"复制"按钮，创建"10～15厚大理石石材质－踢脚板"。在"轮廓"右侧选择"10～15厚大理石石材质－踢脚板"，在"材质"右侧选择"大理石"，"剪切墙"和"被插入对象剪切"默认勾选；继续创建"12厚水泥砂浆－踢脚板"，在"轮廓"右侧选择"12厚水泥砂浆－踢脚板"，在"材质"右侧选择"水泥砂浆"；创建"6厚水泥砂浆－踢脚板"，在"轮廓"右侧选择"6厚水泥砂浆－踢脚板"，在"材质"右侧选择"水泥砂浆"；创建"8厚水泥砂浆－踢脚板"，在"轮廓"右侧选择"8厚水泥砂浆－踢脚板"，在"材质"右侧选择"水泥砂浆"；创建"10～15厚花岗石石材质－踢脚板"，在"轮廓"右侧选择"10～15厚花岗石石材质－踢脚板"，在"材质"右侧选择"花岗石"。如图4-251、图4-252所示。

图 4-251

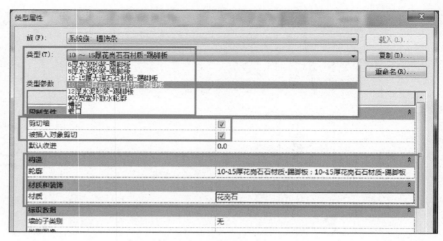

图 4-252

④ 创建完墙饰条构件后，开始给墙布置踢脚板。先布置首层走道位置踢脚板构件。为了布置方便，将模型切换到三维模型视图，鼠标放在 ViewCube 上，右键，选择"定向到视图"→"楼层平面"→"楼层平面：首层"，按住 Shift 键 + 鼠标滚轮将模型进行三维旋转，旋转到合适视角便于布置墙饰条。如图 4-253 所示。

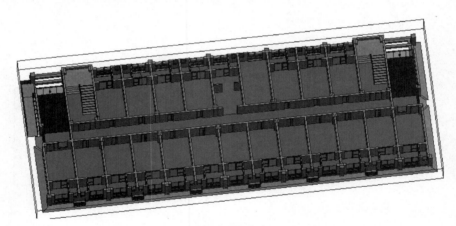

图 4-253

⑤ 走道位置踢脚板做法为 6 厚水泥砂浆与 8 厚水泥砂浆，且 6 厚水泥砂浆在外侧。在"墙：饰条"的"属性"面板构件类型中找到"6 厚水泥砂浆 – 踢脚板"，"放置"面板中选择"水平"，鼠标移动到走道位置的墙下侧单击，沿所拾取墙底部边缘生成 6mm 外侧的墙饰条。选择 6mm 外侧的墙饰条，在"属性"面板中设置"与墙的偏移"为"8"（为了保证在布置 8mm 内侧的墙饰条时不会与 6mm 外侧的墙饰条重叠）。如图 4-254 所示。

⑥ 选择刚布置的 6mm 外侧的墙饰条，将其隐藏。继续在"墙：饰条"的"属性"面板构件类型中找到"8 厚水泥砂浆 – 踢脚板"，"放置"面板中选择"水平"，鼠标再次移动到走道位置的墙下侧单击，沿所拾取墙底部边缘生成 8mm 内侧的墙饰条。如图 4-255 所示。

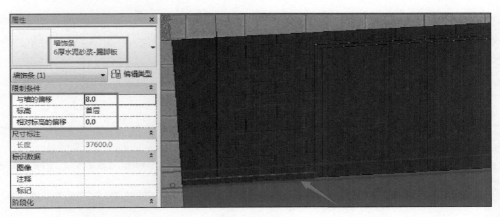

图 4-254

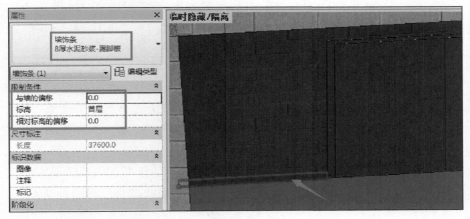

图 4-255

⑦ 将 6mm 外侧的墙饰条与 8mm 内侧的墙饰条同时显示，切换到俯视图并放大，布置踢脚板的位置如图 4-256 所示。

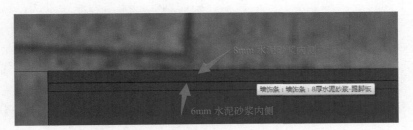

图 4-256

⑧ 使用同样的方法，根据"建施 – 02"中"室内装修做法表"中不同房间踢脚板的做法，对不同房间的墙进行踢脚板的布置。

⑨ 使用同样的方法，对二层的不同房间的墙进行踢脚板的布置。

⑩ 单击"快速访问栏"中保存按钮，保存当前项目成果。

4.15.2.4 内墙面装修

（1）内墙面业务简介　内墙面是指房间中（室内）四周墙面，包括外墙的内面；封闭阳台内的墙面也属于内墙面，即室外可以看到的墙面为外墙面，在室外看不到的墙面为内墙面。

墙面装饰的主要目的是保护墙体，美化墙面环境，让被装饰的墙焕然一新、清新环保。墙面装修最常用的手法为刷乳胶漆、贴壁纸、铺板材、贴瓷砖，具体内容如表 4-42 所示。

表 4-42

序号	划分类别	划分具体内容
1	刷乳胶漆	这是对墙壁最简单也是最普遍的装修方式。通常先对墙壁进行面层处理，用腻子找平，打磨光滑平整，然后刷乳胶漆，是目前墙面处理的主流
2	贴壁纸	墙壁面层处理平整后，铺贴壁纸。壁纸的种类非常多，有几百种甚至上千种，色彩、花纹非常丰富。壁纸清洁起来也很简单，新型壁纸都可以用湿布直接擦拭
3	铺板材	墙面整体都铺上基层板材，外面贴上装饰面板，整体效果雍容华贵，但会使房间显得拥挤
4	贴瓷砖	瓷砖除了可以用在铺设地面外，还可以用在墙面装饰，一般比较多的是厨卫和阳台。瓷砖装修之所以常被用在这些地方，是因为其具有耐脏、易清洗的特点

（2）内墙面软件操作　Revit 软件中没有专门绘制内墙面构件的命令，可以使用"墙：饰条"功能来放置内墙面，也可以使用"编辑部件"的功能来创建内墙面。为了每一道内墙的内外侧装修做法都可以顾及，以下讲解使用"墙：饰条"功能创建内墙面的操作方法。

查阅"建施 – 02"中"室内装修做法表"可知，内墙面根据房间不同做法不一。其中"开水房、洗浴室、公用卫生间、宿舍卫生间"这些房间与其他房间做法不同。但是在前面建模过程中，首层和二层墙构件没有考虑房间分隔，是通长创建的，所以如果想完全按照"室内装修做法表"通过房间分隔来创建内墙面，则需要对已经绘制的内墙构件进行打断处理（使用"修改"面板中的"拆分图元"工具即可）。内墙构件根据房间分隔进行打断处理的操作步骤不再赘述，假设现在首层和二层的墙体都是按照房间分隔来进行绘制的，下面重点讲解使用"墙：饰条"功能创建内墙面的操作方法，具体操作步骤如下。

① 首先创建内墙面轮廓。查阅"室内装修做法表"，可知内墙面的组成材质总共分为四种：2 厚纸筋石灰罩面、12 厚水泥石灰膏砂浆、10 厚墙面砖、4 厚强力胶粉泥。后面建立内墙面轮廓的操作步骤与建立踢脚板轮廓的方法一致，不再赘述，需要注意的是内墙面轮廓创建时高度为 3600mm（因为首层和二层的层高均为 3600mm）。创建完毕后将内墙面轮廓族分别保存到"Desktop\ 案例工程 \ 专用宿舍楼 \ 族 \ 轮廓族"，并且载入到专用宿舍楼项目中。完成后如图 4-257 所示。

② 创建不同材质的内墙面构件。建立内墙面构件的操作步骤与建立踢脚板构件的方法一致，不再赘述。完成后如图 4-258 所示。

③ 创建完内墙面的墙饰条构件后，开始给内墙布置内墙面。布置内墙面构件的操作步骤与布置踢脚板构件的方法一致，不再赘述。

④ 同样的方法，对二层的不同房间的墙进行内墙面的布置。

⑤ 单击"快速访问栏"中保存按钮，保存当前项目成果。

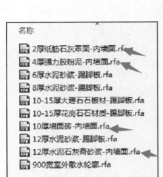

图 4-257

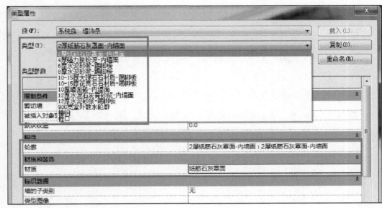

图 4-258

4.15.2.5 顶棚装修

（1）顶棚业务简介　室内空间上部的结构层或装修层；为室内美观及保温隔热的需要，多数设顶棚（吊顶），把屋面的结构层隐蔽起来，以满足室内使用要求，又称天花、天棚、平顶。常用顶棚有两类，分别为直接式顶棚和悬吊式顶棚。具体内容如表 4-43 所示。

表 4-43

序号	划分类别	划分具体内容
1	直接式顶棚	指直接在楼板底面进行抹灰或粉刷、粘贴等装饰而形成的顶棚，一般用于装修要求不高的房间，其要求和做法与内墙装修相同。屋顶（或楼板层）的结构下表面直接露于室内空间。现代建筑中有用钢筋混凝土浇成井字梁、网格，或用钢管网架构成结构顶棚，以显示结构美
2	悬吊式顶棚	为了对一些楼板底面极不平整或在楼板底敷设管线的房间加以修饰美化，或满足较高隔声要求而在楼板下部空间所做的装修。在屋顶（或楼板层）结构下，另吊挂一顶棚，称吊顶棚。吊顶棚可节约空调能源消耗，供结构层与吊顶棚之间布置设备管线之用

吊顶的类型多种多样，按结构形式可分为以下几种。具体内容如表 4-44 所示。

表 4-44

序号	划分类别	划分具体内容
1	整体性吊顶	指顶面形成一个整体、没有分格的吊顶形式，其龙骨一般为木龙骨或槽型轻钢龙骨，面板用胶合板、石膏板等；也可在龙骨上先钉灰板条或钢丝网，然后用水泥砂浆抹平形成吊顶
2	活动式装配吊顶	将其面板直接搁在龙骨上，通常与倒 T 形轻钢龙骨配合使用。这种吊顶龙骨外露，形成纵横分格的装饰效果，且施工安装方便，又便于维修，是目前应用推广的一种吊顶形式
3	隐蔽式装配吊顶	指龙骨不外露，饰面板表面平整，整体效果较好的一种吊顶形式
4	开敞式吊顶	通过特定形状的单元体及其组合而成，吊顶的饰面是敞口的，如木格栅吊顶、铝合金格栅吊顶，具有良好的装饰效果，多用于重要房间的局部装饰

（2）顶棚软件操作　Revit 软件中可以使用"天花板"命令创建顶棚构件，也可以使用"编辑部件"的功能来创建顶棚。查阅"建施 – 02"中"室内装修做法表"可知虽然房间布局不同，但是顶棚的装修做法一致。本项目图纸中并没有告知顶棚为直接式顶棚还是悬吊式顶棚，仅根据装修做法表只能初步判断本项目为直接式顶棚（也就是直接在楼板底面进行抹灰或粉刷，装修做法参见"建施 – 02"中"室内装修做法表"）。那么综合考虑后可以在原有二层楼面、屋顶层楼面、楼梯屋顶层楼面基础上，利用"编辑部件"功能进行顶棚装修的完善。

① 单击"结构"选项卡"结构"面板中的"楼板"下拉下的"楼板：结构"工具，在"属性"面板中找到二层的楼面构件类型，在其基础上进行复制，创建带顶棚装修材质的构件类型（重新创建可以保留原始楼面构件类型，以便根据需求不同将模型灵活切换为不同形式模型）。创建完成后如图 4-259 ～图 4-263 所示。

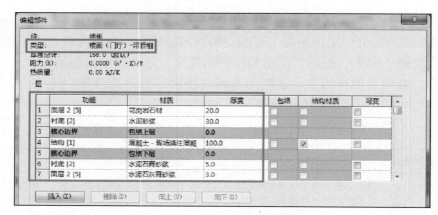

图 4-259

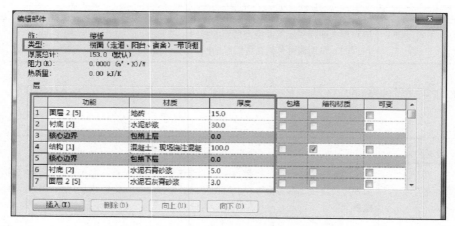

图 4-260

② 构件定义完成后，开始布置构件。切换到三维模型视图，鼠标放在 ViewCube 上，右键，选择"定向到视图"→"楼层平面"→"楼层平面：二层"，将二层的楼面图元分别选择（同类的可以先选择一个图元→右键→选择全部实例→在视图中可见，进行快速选择），修改为刚刚创建的带顶棚的楼面构件。

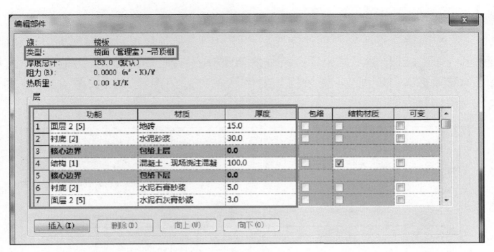

图 4-261

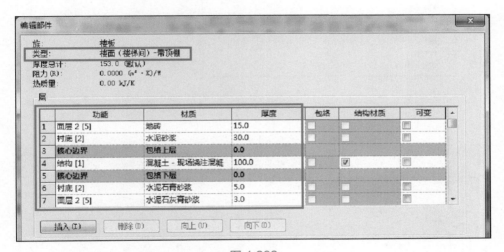

图 4-262

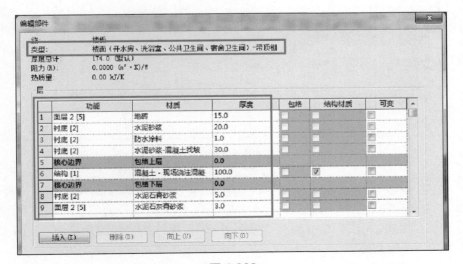

图 4-263

Chapter 4

③ 单击"快速访问栏"中保存按钮，保存当前项目成果。

④ 二层带顶棚装修的楼面创建完成后，开始创建屋顶层以及楼梯屋顶层带顶棚装修的楼面板。按照上述创建二层带顶棚装修的楼面板的方法，分别创建"屋面 1 – 带顶棚"、"屋面 2 – 带顶棚"、"屋面 3 – 带顶棚"的做法构件。创建完成后如图 4-264 ～ 图 4-266所示。

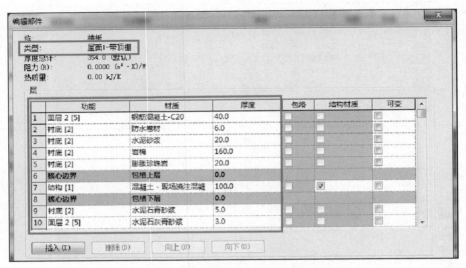

图 4-264

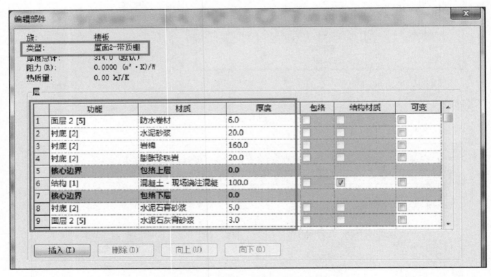

图 4-265

⑤ 构件定义完成后，开始布置构件。切换到三维模型视图，去掉"属性"面板中剖面框的勾选，将模型全部显示。将屋顶层的"屋面 1"图元，替换为"屋面 1 – 带顶棚"；将楼梯屋顶层的"屋面 2"图元，替换为"屋面 2 – 带顶棚"；将楼梯屋顶层的"屋面 3"图元，替换为"屋面 3 – 带顶棚"。

⑥ 单击"快速访问栏"中保存按钮，保存当前项目成果。

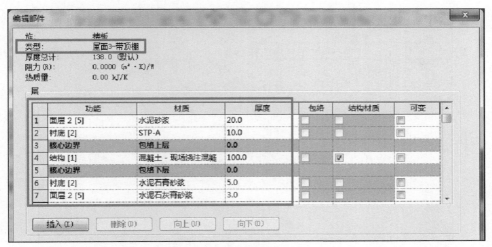

图 4-266

4.15.2.6　外墙面装修

（1）外墙面业务简介　外墙面是指建筑装饰中的室外墙面，外墙面通常也是相对于内墙面而言。外墙面是和室外空气直接接触的墙体（直接接触指没有墙、门窗和室外空气相隔），直接影响建筑物外观和城市面貌，应根据建筑物本身的使用要求和技术经济条件选用具有一定防水和耐风化性能的材料，以保护墙体结构，以保持外观清洁。

（2）外墙面软件操作　根据"建施 – 07"中"F-A（A-F）立面图"外墙面做法 1 和外墙面做法 2 可知，外墙面有两种装修做法，第一种做法为贴饰面砖，第二种做法为刷外墙涂料。查阅"建施 – 06"中"14-1 立面图"和"1-14 立面图"，只看到标注外墙为贴白色面砖横贴，没有刷涂料的指示。在前面结构建模中首层、二层、屋顶层、楼梯屋顶层外墙都已经建立模型，现在只需要在原有外墙模型基础上加上外侧的装修做法即可。因为外墙面只有对室外的一面，不用考虑房间分隔，所以外墙面装修可以使用 Revit 软件的"编辑部件"功能进行创建。

① 根据"建施 – 03"中"一层平面图"、"建施 – 04"中"二层平面图"、"建施 – 05"中"屋顶层平面图"可知墙构件有 300mm 外墙、200mm 外墙、200mm 女儿墙三种外墙类型。根据"建施 – 07"中"F-A（A-F）立面图"外墙面做法，在原有外墙构件类型基础上，分别创建"A – 建筑墙 – 外 – 300 – 带墙面"、"A – 建筑墙 – 外 – 200 – 带墙面"、"A – 女儿墙 – 200 – 带墙面"的做法构件（重新创建可以保留原始外墙构件类型，以便根据需求不同将模型灵活切换为不同形式模型）。创建完成后如图 4-267 ～图 4-269 所示。

② 构件定义完成后，开始布置构件。现在只需要分别选择已经绘制的三种外墙图元，将其替换为新建立的"A – 建筑墙 – 外 – 300 – 带墙面"、"A – 建筑墙 – 外 – 200 – 带墙面"、"A – 女儿墙 – 200 – 带墙面"构建类型即可。切换到三维模型视图，选择所有 300 厚外墙图元（可以先选择一道 300 厚外墙→右键→选择全部实例→在视图中可见，快速选择同一类构件），找到"属性"面板构件类型中的"A – 建筑墙 – 外 – 300 – 带墙面"进行替换；使用同样的方法，选择 200 厚外墙图元，替换为"A – 建筑墙 – 外 – 200 – 带墙面"，选择 200 厚女儿墙图元，替换为"A – 女儿墙 – 200 – 带墙面"。完成后如图 4-270 ～图 4-273 所示。

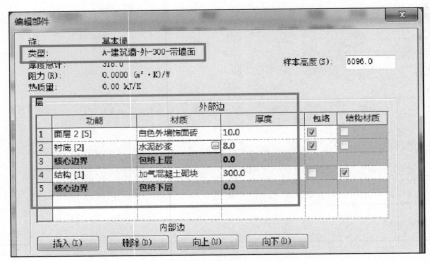

图 4-267

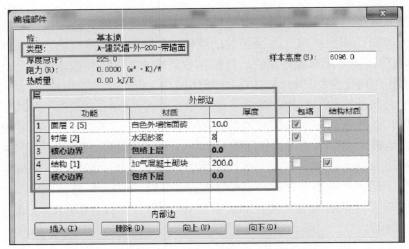

图 4-268

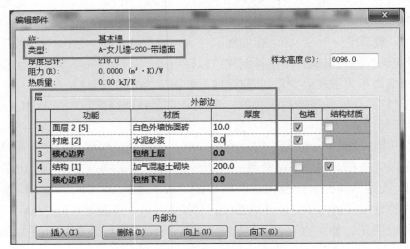

图 4-269

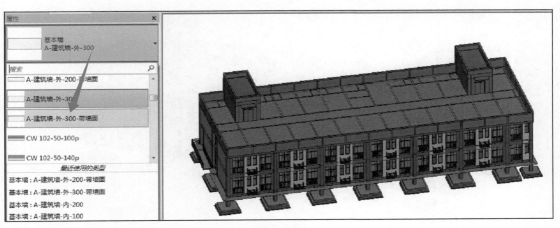

图 4-270

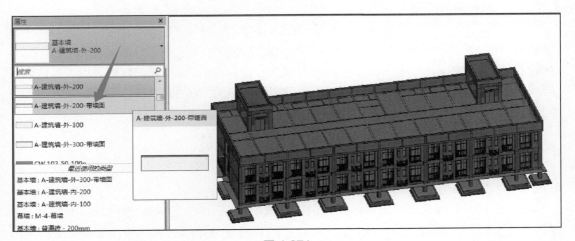

图 4-271

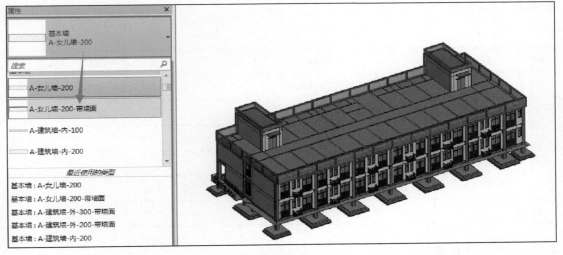

图 4-272

③ 单击"快速访问栏"中保存按钮，保存当前项目成果。

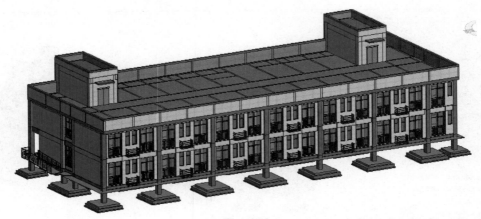

图 4-273

4.15.2.7　其他室外装修

　　根据"建施 – 06"中"14-1 立面图"和"1-14 立面图","建施 – 07"中"F-A（A-F）立面图"已经讲述了外墙面的装修做法；再查阅"建施 – 06"中"14-1 立面图"和"1-14立面图"可知，立面图中还告知了空调板材质为"白色涂料"，空调护栏材质为"砖红色成品空调格栅"。前面建筑建模部分已经讲述了空调板和空调护栏的创建，此处材质的添加只需要修改对应材质即可，不再赘述。

4.15.3　总结拓展

4.15.3.1　步骤总结

　　在创建室内装修及外墙面装修前一定梳理清楚相应思路，理解软件的同时也能更好地理解业务和图纸。总结上述 Revit 软件建立室内装修及外墙面装修的操作步骤主要分为六步。按照本操作流程读者可以完成专用宿舍楼室内装修及外墙面装修的创建。具体步骤如表 4-45 所示。

表 4-45

序号	操作步骤	具体步骤内容	重点中间过程
1	第一步	建立楼地面装修做法	
2	第二步	建立楼面装修做法	
3	第三步	建立踢脚板装修做法	
4	第四步	建立内墙面装修做法	
5	第五步	建立顶棚装修做法	
6	第六步	建立外墙面装修做法	

4.15.3.2　业务拓展

　　室内装修包括房间设计、装修、家具布置及各种小装点。室内装修偏重于建筑物里面的装修建设，不仅在装修设计施工期间，还包括入住之后长期的不断装饰。另外应逐渐树立"轻装修、重装饰"的概念；装修时，使用的材料越多、越复杂，污染物可能越多。

　　装修施工按工种分类包括拆除工、水电工、泥工、木工、油漆工等。按施工项目划分则包括以下内容。具体内容如表 4-46 所示。

表 4-46

序号	划分类别	划分具体内容
1	拆除工程	拆除一些非承重墙、门洞、多余结构等
2	水电工程	包括给水管和排水管重新布置和施工；电路回路重新设置，开关、插座、灯具重新确定位置并布线，设置专用线等
3	顶棚工程	包括所有吊顶和顶部的各种装饰造型等
4	墙面工程	包括墙面基层处理、涂刷乳胶漆等
5	地面工程	包括木地板、地砖、复合地板、踢脚板的安装等
6	家具工程	包括大衣柜、书柜、电视柜、橱柜、鞋柜、书桌、酒柜等
7	门窗工程	包括门窗制作安装和包门窗套等
8	油漆工程	包括所有装修项目的各种油漆施工
9	安装工程	包括抽油烟机、风扇、冰箱、洗菜盆、面盆、洁具、灯具、电器、空调等安装

4.15.3.3　软件拓展

　　上述内容详细讲解了【新建室内装修及外墙面装修】的操作方法，本项目的室内装修可以理解为简单的粗装修，并没有软装工程。软装是相对于硬装而言，即指除了室内装潢中固定的、不能移动的装饰物（如地板、顶棚、墙面以及门窗等）之外，其他可以移动的、易于更换的饰物（如窗帘、沙发、靠垫、壁挂、地毯、床上用品、灯具以及装饰工艺品、居室植物等）。在实际复杂真实的项目中，装修也是项目中非常重要的一部分，需要根据图纸、业主及合同要求进行 BIM 模型的创建，在现场施工前就展现出项目装修后的面貌。

　　Revit 软件对于粗装修的解决方案主要是利用"编辑部件"功能或者是单独的功能（类似"墙：饰条"这种）进行创建。对于软装修（可以理解为精装修），比如家具、植物的布置，一般需要利用 Revit 软件自身提供的家具族、植物族进行创建，或者是进行单独族的创建。

　　下面将详细讲解在 Revit 软件中创建粗装修和精装修的操作方法，具体编辑方法读者可以扫描下面的二维码，进入教学补充链接进行更详细直观的视频收听。具体视频内容如表 4-47 所示。

表 4-47

序号	视频分类	视频内容	二维码
1	新建楼地面	主要按照上述实施操作部分内容制作的视频操作	见下面
2	新建楼面及屋面		见下面
3	新建踢脚板		见下面
4	新建内墙面、顶棚、外墙面		见下面

续表

序号	视频分类	视频内容	二维码
5	精装修视频	主要补充精装修模型的创建方法及注意事项	见下面

1　新建楼地面　　　　2　新建楼面及屋面　　　　3　新建踢脚板

4　新建内墙面、顶棚、外墙面　　　　5　精装修视频

模型后期应用

Revit 软件除了强大的模型搭建能力外还有强大的模型后期处理能力，可以对模型进行简单的浏览展示、图片渲染、漫游动画、材料统计、出图等应用。由于 Revit 软件本身对电脑配置有一定要求，在加载 BIM 大模型的情况下就更加吃力，所以建议读者更多地使用 Revit 软件进行模型搭建。

针对 Revit 软件中对 BIM 模型的后期应用操作，本章节将重点讲解如何在 Revit 软件中对搭建好的 BIM 模型进行可视化展示、漫游动画制作、渲染图片、材料统计、出图等功能，帮助读者加深对 Revit 软件的认识。具体讲解重点如图 5-1 所示。

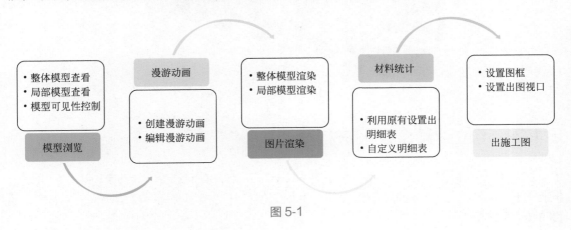

图 5-1

5.1 模型浏览

主体模型绘制完毕后，可以对模型进行全方位查看。本节将针对"对于整体模型的自由查看"、"定位到某个视图进行查看"、"控制构件的隐藏和显示"三种方式进行讲解。学习使用"ViewCube"、"定向到视图"、"隐藏类别"、"重设临时隐藏／隔离"等命令浏览 BIM 模型。具体操作步骤如下。

5.1.1　对于整体模型的自由查看

（1）单击"快速访问栏"中三维视图按钮，切换到三维查看模型成果，如图 5-2 所示。

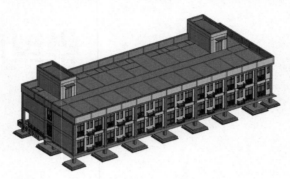

图 5-2

（2）对于这个整体模型可以使用 Shift 键 + 鼠标滚轮，对模型进行旋转查看；或者直接点击 ViewCube 上各角点进行各视图的自由切换，方便对模型进行快速查看。如图 5-3 所示。

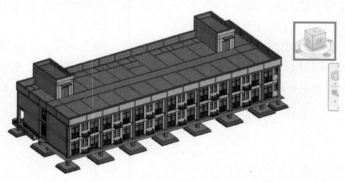

图 5-3

5.1.2　定位到某个视图进行查看

（1）在三维视图状态下，将鼠标放在 ViewCube 上，右键选择"定向到视图"，可以定向打开任意楼层平面、立面及三维视图。例如定位打开"楼层平面→楼层平面：首层"。如图 5-4、图 5-5 所示。

（2）可以看到模型外围有个矩形框，称为剖面框。可以取消勾选"属性"面板中"剖面框"对勾，模型将全部显示出来（默认为俯视图状态），使用 Shift 键 + 鼠标滚轮，模型将再次在三维状态下展示。如图 5-6 所示。

5.1.3　控制构件的隐藏和显示

方法一：使用可见性控制

（1）例如在三维视图状态下，点击"属性"面板中"可见性 / 图形替换"后面的"编辑"

按钮，打开"三维视图：{三维}的可见性／图形替换"窗口，例如取消勾选"墙"构件类型，点击"确定"按钮，关闭窗口，则三维模型中墙构件全部隐藏。如图 5-7、图 5-8 所示。

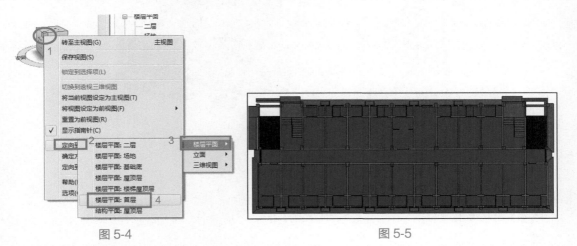

图 5-4　　　　　　　　　　　　　　　　　图 5-5

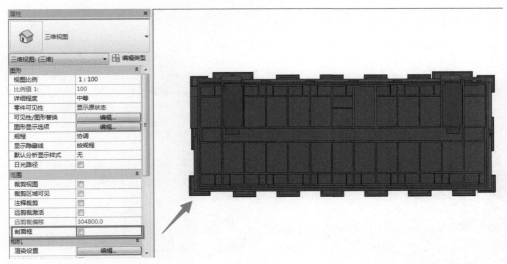

图 5-6

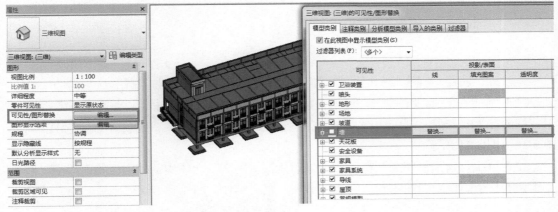

图 5-7

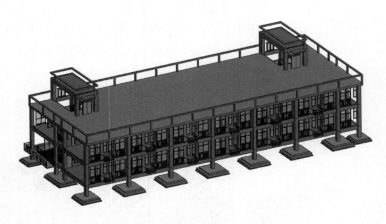

图 5-8

（2）可以再次点击"属性"面板中"可见性／图形替换"后面的"编辑"按钮，打开"三维视图：{三维}的可见性／图形替换"窗口，将"墙"构件类型再次勾选，点击"确定"按钮，关闭窗口，则三维模型中墙构件恢复显示状态。如图 5-9 所示。

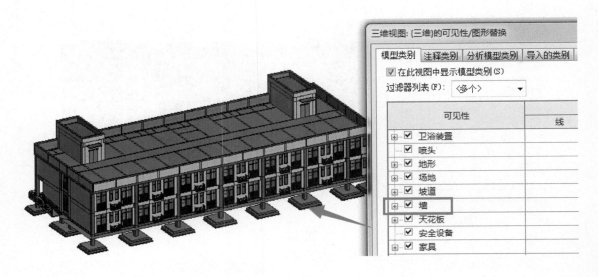

图 5-9

方法二：使用"视图控制栏"中"临时隐藏／隔离"功能临时隐藏、显示构件

（1）例如在三维视图状态下，选择模型中的一个结构柱图元，点击"视图控制栏"中"临时隐藏／隔离"功能中的"隐藏类别"工具，整个模型中的柱图元全部隐藏。如图 5-10、图 5-11 所示。

（2）再次点击"视图控制栏"中"临时隐藏／隔离"功能中的"重设临时隐藏／隔离"工具，则整个模型中的柱图元全部显示出来。如图 5-12、图 5-13 所示。

（3）单击"快速访问栏"中保存按钮，保存当前项目成果。

Chapter 5

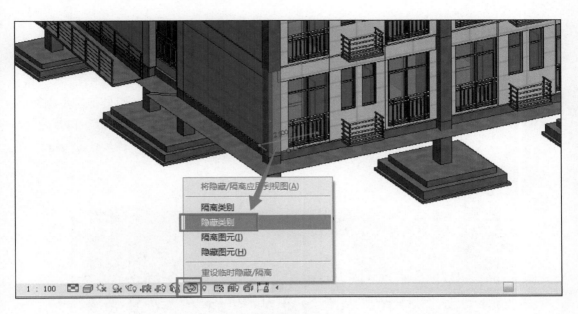

图 5-10

柱子全部不显示

图 5-11

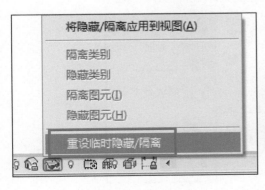

图 5-12

图 5-13

5.2 漫游动画

主体模型绘制完毕后，在 Revit 软件中可以对模型进行简单漫游动画制作，本节将会学习使用"漫游"、"编辑漫游"、"导出漫游动画"等命令创建漫游动画。具体操作步骤如下。

（1）双击"项目浏览器"中"首层"，进入"首层"楼层平面视图，如图 5-14 所示。

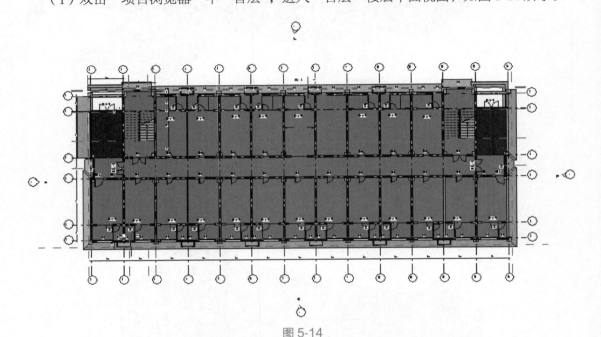

图 5-14

（2）单击"视图"选项卡"创建"面板中的"三维视图"下拉下的"漫游"工具。进入"修改 | 漫游"上下文选项，其他设置保持不变，从建筑物外围进行逐个点击（点击的位置为后期关键帧位置），注意点击的位置距离建筑物远一点，以保持后期看到的漫游模型为整栋建筑。漫游路径设置完成后，点击"漫游"选项卡中"完成漫游"工具，同时在"项目浏览器"的"漫游"视图类别下新增了"漫游 1"的动画。过程如图 5-15 ～图 5-18 所示。

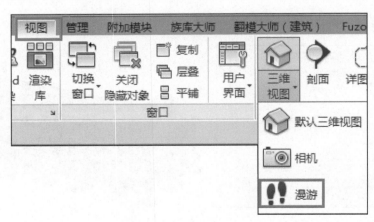

图 5-15

图 5-16

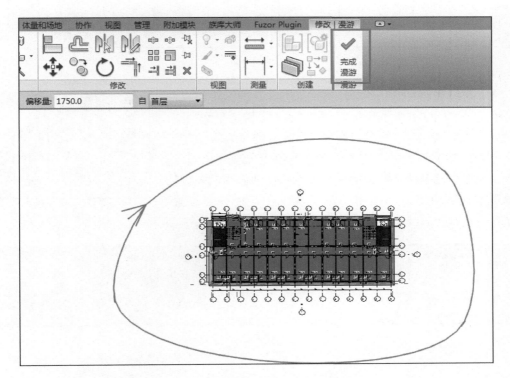

图 5-17

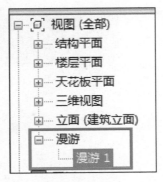

图 5-18

（3）双击"漫游 1"激活"漫游 1"视图，使用"视图"选项卡"窗口"面板中的"平铺"工具，将"漫游 1"视图与"首层"楼层平面视图进行平铺展示。点击"漫游 1"视图中的矩形框，则"首层"楼层平面视图中刚刚绘制的漫游路径被选择。如图 5-19 所示。

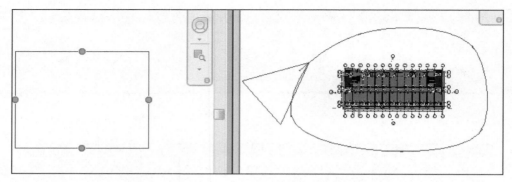

图 5-19

（4）对漫游路径进行编辑，使"漫游1"视图中可以清晰显示漫游过程中的模型变化。单击"首层"楼层平面视图，使之处于激活状态。单击"漫游"面板中的"编辑漫游"，进入"编辑漫游"上下文选项，漫游路径上出现红色圆点。红色原点即为漫游动画的关键帧，大喇叭口即为当前关键帧下看到的视野范围，"小相机"图标为当前漫游视点位置。过程如图 5-20 ～图 5-22 所示。

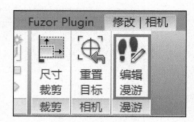

图 5-20

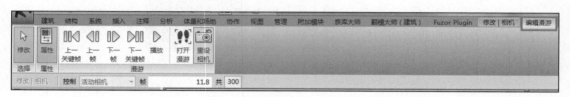

图 5-21

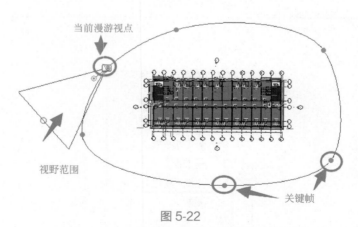

图 5-22

（5）移动"小相机"图标，放在开始漫游的第一个关键帧位置（红点位置），点击粉色的移动目标点，将视野范围（大喇叭口）对准 BIM 模型。移动前与移动后如图 5-23、图 5-24 所示。

（6）单击"漫游1"视图，使之处于激活状态。单击"视图控制栏"中"视觉样式"功能中的"真实"工具，如图 5-25 所示，模型显示如图 5-26 所示。

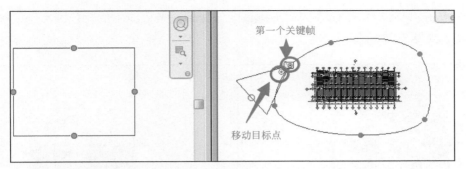

图 5-23

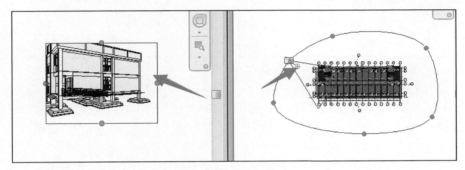

图 5-24

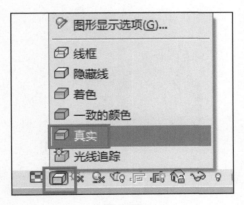

图 5-25

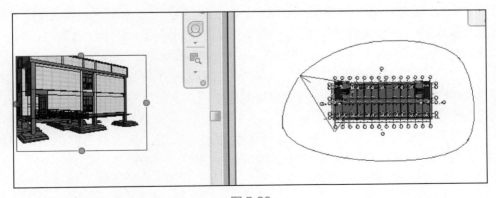

图 5-26

（7）点击"漫游1"视图中的矩形框，向外拉伸四条边线上的蓝色圆点，使模型区域显示更多，如图 5-27 所示。

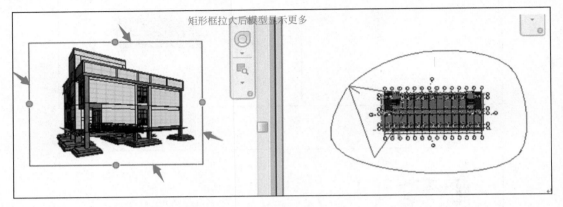

图 5-27

（8）修改"属性"面板中"远剪裁偏移"数值为"50000"（也可以在"首层"楼层平面视图中手动拖动大喇叭口的开口范围），使当前关键帧看到更多模型。如图 5-28 所示。

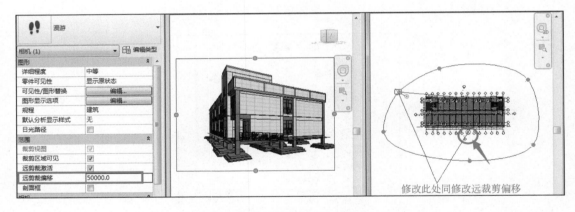

图 5-28

（9）单击"首层"楼层平面视图，使之处于激活状态。单击"编辑漫游"选项卡"漫游"面板中的"下一关键帧"工具，相机位置自动切换到下一个红色圆点位置。点击粉色的移动目标点，将视野范围（大喇叭口）对准 BIM 模型。如图 5-29 所示。

（10）按照上述操作步骤利用"下一关键帧"工具，逐个将相机移动到后面的关键帧位置（红色圆点），修改好后面每个关键帧看到的模型范围。最后将关键帧定在第一个起点红色原点位置。如图 5-30 所示。

（11）单击"漫游1"视图，使之处于激活状态，点击"编辑漫游"选项卡"漫游"面板中的"播放"工具，可以将做好的漫游动画进行播放。如图 5-31 所示。

（12）最终将漫游动画导出。单击"应用程序"按钮，点击"导出""图像和动画"下的"漫游"工具，弹出"长度/格式"窗口，无需修改，点击"确定"按钮，关闭窗口，弹出"导出漫游"窗口，指定存放路径为"Desktop\案例工程\专用宿舍楼\漫游动画"，命名为"漫游动画"，默认文件类型为".avi"格式，点击"保存"按钮弹出"视频压缩"窗口，无需修改，点击"确定"按钮，关闭窗口。过程如图5-32～图5-34所示。

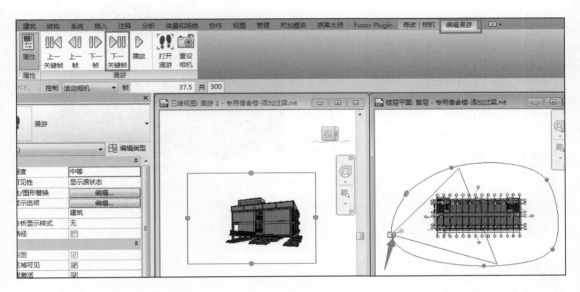

图 5-29

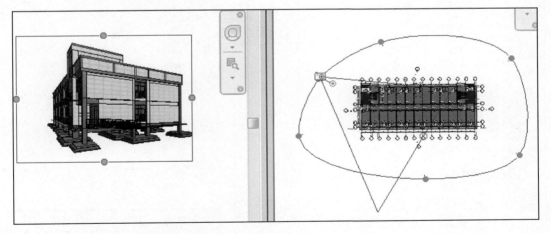

图 5-30

（13）导出的漫游动画可以脱离 Revit 软件进行播放展示。单击"快速访问栏"中保存按钮，保存当前项目成果。

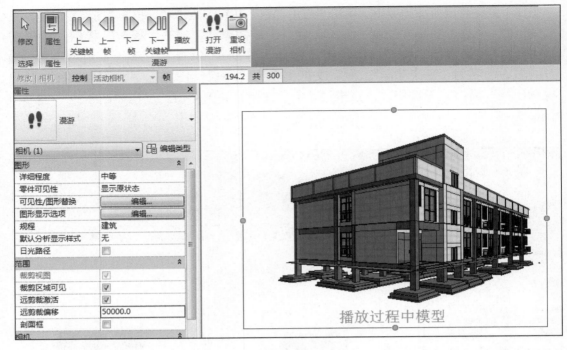

图 5-31

图 5-32

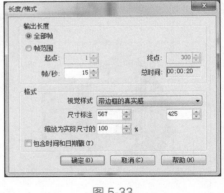

图 5-33

图 5-34

5.3 图片渲染

　　主体模型绘制完毕后，在 Revit 软件中可以对模型进行简单图片渲染制作，本节将会学习使用"渲染"、"相机"等命令创建渲染图片。具体操作步骤如下。

5.3.1 对整体模型制作渲染图片

　　（1）单击"快速访问栏"中三维视图按钮，切换到三维，查看模型成果。如图 5-35 所示。

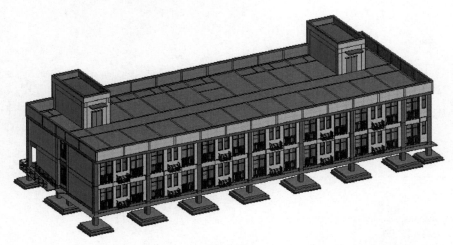

图 5-35

　　（2）单击"视图"选项卡"图形"面板中的"渲染"工具，打开"渲染"窗口，可以对窗口中的功能进行按需修改。在"质量"下"设置"右侧的下拉框中选择"中"，注意应根据电脑配置可以选择不同的渲染质量，配置越高电脑可以选择越高的渲染设置，以保证得到更清晰的图片。"渲染"窗口中其他设置可以暂不修改，设置完成后点击窗口左上角"渲染"按钮，弹出"渲染进度"窗口，进度条显示 100% 后，图片渲染完成。如图 5-36 ～ 图 5-38 所示。

　　（3）点击"渲染"窗口中的"保存到项目中"工具，弹出"保存到项目中"窗口，设置保存名称为"整体渲染图片"，点击"确定"按钮，关闭窗口。同时在"项目浏览器"中新增"渲染"视图类别，含有刚保存到项目的"整体渲染图片"。如图 5-39、图 5-40 所示。

　　（4）点击"渲染"窗口中的"导出"工具，弹出"保存图像"窗口，命名为"整体渲染图片"，指定存放路径为" Desktop\ 案例工程 \ 专用宿舍楼 \ 渲染图片"，命名为"整体渲染图片"，默认文件类型为".jpg, jpeg"格式，点击"保存"按钮，关闭窗口。将渲染的图片导出，可以脱离 Revit 软件打开图片。如图 5-41 所示。

　　（5）也可以关闭"渲染"窗口，单击"应用程序"按钮，点击"导出""图像和动画"下的"图像"工具，将渲染的图片导出。如图 5-42 所示。

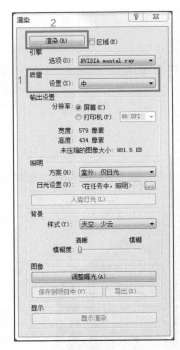

图 5-36

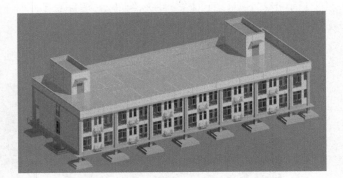

图 5-37

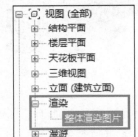

图 5-38

图 5-39

图 5-40

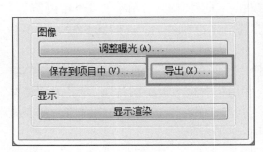

图 5-41

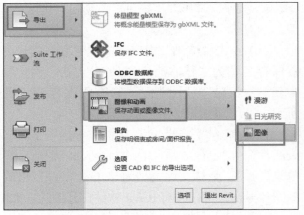

图 5-42

5.3.2 对局部图片进行渲染

（1）例如在三维视图状态下，单击"视图"选项卡"创建"面板中的"三维视图"下拉下的"相机"工具。单击空白处放置相机，鼠标向模型位置移动，形成相机视角。如图 5-43、图 5-44 所示。

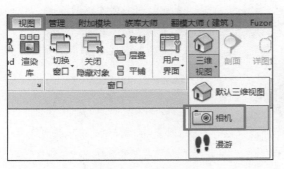

图 5-43

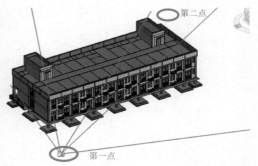

图 5-44

（2）相机布置完成后，同时在"项目浏览器"中新增"三维视图"视图类别，此时含有刚才相机形成的"三维视图 1"，如图 5-45 所示。

（3）同时自动切换进入"三维视图 1"的视图中。单击"视图控制栏"中"视觉样式"功能中的"真实"工具，模型显示如图 5-46 所示。

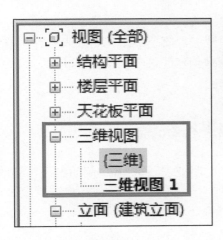

图 5-45

图 5-46

（4）单击"视图"选项卡"图形"面板中的"渲染"工具，打开"渲染"窗口，可以对窗口中的功能按需进行设计。渲染完成后也可以"保存到项目中"或"导出"到 Revit 软件之外。如图 5-47 所示。

（5）导出的渲染图片可以脱离 Revit 软件进行展示。单击"快速访问栏"中保存按钮，保存当前项目成果。

图 5-47

5.4 材料统计

主体模型绘制完成后，在 Revit 软件中可以对模型进行简单的图元明细表统计。本节将会学习使用"明细表 / 数量"、"导出明细表"等命令创建明细表。下面以"门"构件为例讲解明细表统计的方法。

5.4.1 直接利用已设置好的门明细表进行统计

双击"项目浏览器"中"明细表 / 数量"下的"门明细表"，打开"门明细表"视图，如图 5-48、图 5-49 所示。

5.4.2 自定义门明细表

（1）单击"视图"选项卡"创建"面板中的"明细表"下拉下的"明细表 / 数量"工具。如图 5-50 所示。

（2）弹出"新建明细表"窗口，在"类别"列表中选择"门"对象类型，即本明细表将统计项目中门对象类别的图元信息，修改明细表名称为"专用宿舍楼 – 门明细表"，确认明细表类型为"建筑构件明细表"，其他参数默认，单击"确认"按钮，打开"明细表属性"窗口。如图 5-51 所示。

图 5-48　　　　　　　　　图 5-49

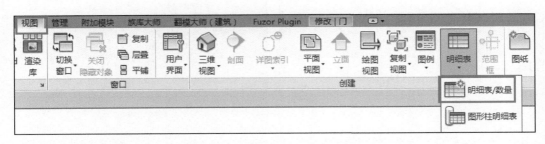

图 5-50

（3）弹出"明细表属性"窗口，在"明细表属性"窗口的"字段"选项卡中，"可用的字段"列表中显示门对象类别中所有可以在明细表中显示的实例参数和类型参数。依次在列表中选择"类型、宽度、高度、合计"参数，单击"添加"按钮，添加到右侧的"明细表字段"列表中。在"明细表字段"列表中选择各参数，单击"上移"或"下移"按钮，按图中所示顺序调节字段顺序，该列表中从上至下顺序反映了后期生成的明细表从左至右各列的显示顺序。如图 5-52 所示。

（4）切换到"排序/成组"选项卡，设置"排序方式"为"类型"，排序顺序为"升序"，不勾选"逐项列举每个实例"选项，此时将按门"类型"参数值在明细表中汇总显示已选字段。如图 5-53 所示。

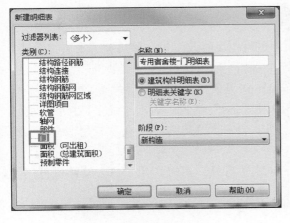

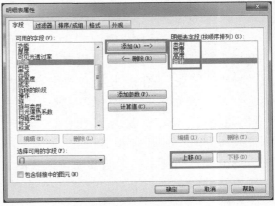

图 5-51　　　　　　　　　图 5-52

（5）切换至"外观"选项卡，确认勾选"网格线"选项，设置网格线样式为"细线"，勾选"轮廓"选项，设置轮廓线样式为"中粗线"，取消勾选"数据前的空行"选项，确认勾选"显示标题"和"显示页眉"选项，单击"确定"按钮，完成明细表属性设置。如图 5-54 所示。

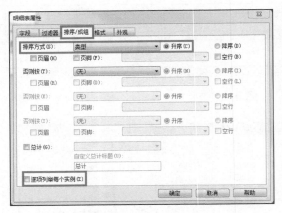

图 5-53

图 5-54

（6）Revit 软件自动按照指定字段建立名称为"专用宿舍楼 – 门明细表"的新明细表视图，并自动切换至该视图，还将自动切换至"修改明细表 / 数量"上下文选项。如图 5-55 所示。

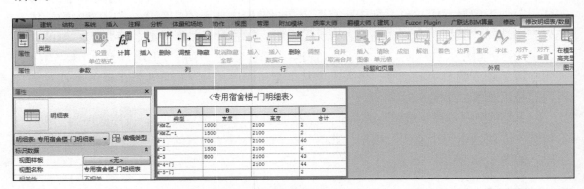

图 5-55

（7）如有需要还可以继续在"属性"面板中进行相应修改设置。最终将"专用宿舍楼 – 门明细表"导出。单击"应用程序"按钮，点击"导出""报告"下的"明细表"工具。弹出"导出明细表"窗口，指定存放路径为" Desktop\ 案例工程 \ 专用宿舍楼 \ 明细表"，命名为"专用宿舍楼 – 门明细表"，默认文件类型为" .txt"格式。点击"确定"按钮，弹出"导出明细表"窗口，默认设置即可，点击"确定"按钮，关闭窗口，将"专用宿舍楼 – 门明细表"导出。如图 5-56、图 5-57 所示。

（8）导出的文本类型明细表可以脱离 Revit 软件打开，可以利用 Office 软件进行后期的编辑修改。单击"快速访问栏"中保存按钮，保存当前项目成果。

5.5　出施工图

　　Revit 软件可以将项目中多个视图或明细表布置在一个图纸视图中，形成用于打印和发布的施工图纸。本节将会学习使用"图纸"、"视图"、"导出 DWG 格式"等命令创建施工图。下面简单讲解下利用 Revit 软件中"新建图纸"工具为项目创建图纸视图，并将指定的视图布置在图纸视图中形成最终施工图档的操作过程。

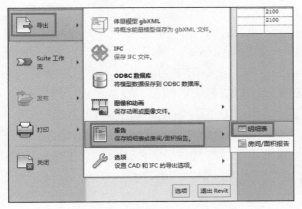

图 5-56

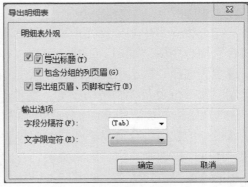

图 5-57

　　（1）首先创建图纸视图。单击"视图"选项卡"图纸组合"面板中的"图纸"工具，弹出"新建图纸"窗口，点击"载入"按钮，弹出"载入族"窗口，默认进入 Revit 族库文件夹，点击"标题栏"文件夹，找到" A0 公制 .rfa"文件，点击"打开"命令，将其载入到"新建图纸"窗口中，点击"确定"按钮，以 A0 公制标题栏创建新图纸视图，并自动切换至视图。创建的新图纸视图在"图纸（全部）"视图类别中。选择刚创建的新图纸视图，"右键→重命名"修改"编号"为"001"，修改"名称"为"专用宿舍楼图纸"。过程如图 5-58 ～图 5-60 所示。

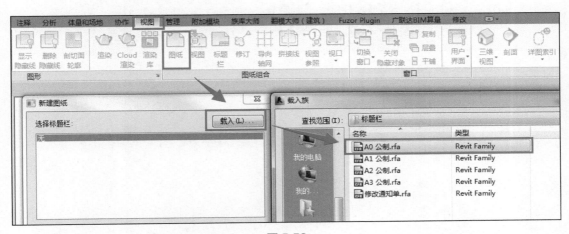

图 5-58

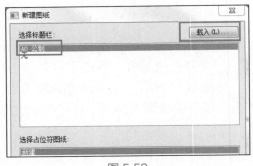

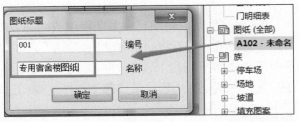

图 5-59　　　　　　　　　　　　　　　　图 5-60

（2）将项目中多个视图或明细表布置在一个图纸视图中。单击"视图"选项卡"图纸组合"面板中的"视图"工具，弹出"视图"窗口，在窗口中列出了当前项目中所有的可用视图。选择"楼层平面：首层"点击"在图纸中添加视图"按钮，默认给出"楼层平面：首层"摆放位置及视图范围预览，在"专用宿舍楼出图"视图范围内找到合适位置放置该视图（在图纸中放置的视图称为"视口"），Revit 软件自动在视口底部添加视口标题，默认以该视口的视口名称命名该视口。如果想修改视口标题样式，则需要选择默认的视口标题，在"属性"面板中点击"编辑类型"，打开"类型属性"窗口，修改类型参数"标题"为所使用的族即可。如图 5-61 ～图 5-63 所示。

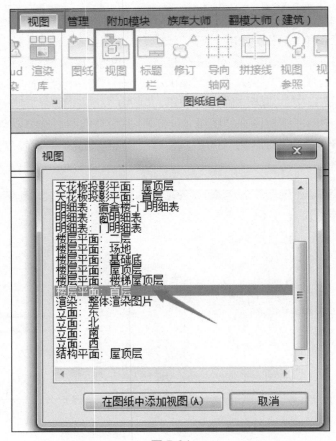

图 5-61

（3）除了修改视口标题样式，还可以修改视口的名称。选择刚放入的首层视口，鼠标在视口"属性"面板中向下拖动，找到"图纸上的标题"，输入"一层平面图"，Enter键确认，视口标题则由原来的"首层"自动修改为"一层平面图"，如图5-64所示。

（4）按照上述操作方法可以将其他平面、立面、剖面图纸、材料明细表等视图添加到图纸视图中。需要注意的是除了上述讲到的放置视图的方法外，还可以通过拖拽的方式把视图放入图纸中。保证"专用宿舍楼图纸"处于激活状态下，在项目浏览器中找到"二层"，单击"二层"视图并按住鼠标左键不放将此视图拖入"专用宿舍楼图纸"视图中合适位置放置即可。如图5-65所示。

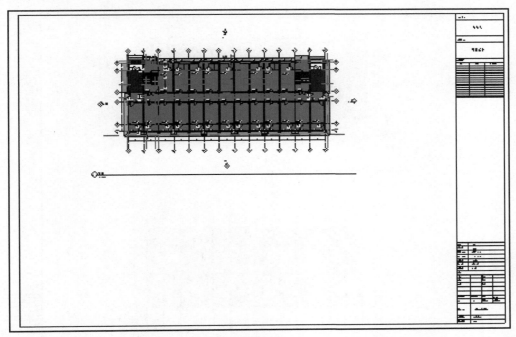

图 5-62

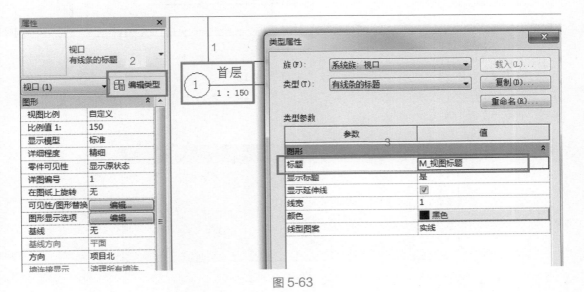

图 5-63

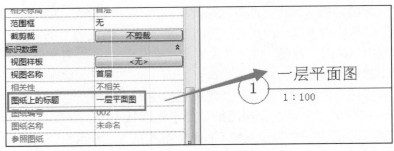

图 5-64

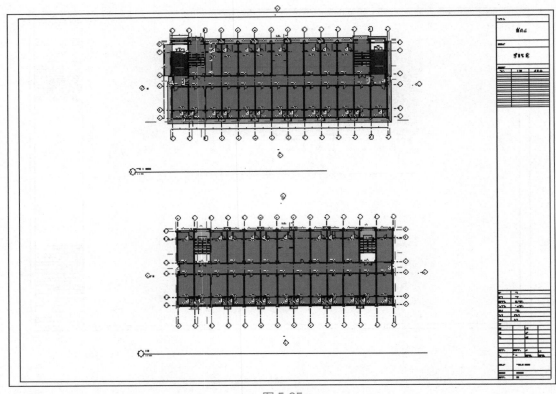

图 5-65

（5）图纸中的视口创建好后，点击"注释"选项卡"符号"面板中的"符号"工具。在"属性"面板的下拉类型选项中找到"指北针"，在图纸右上角空白位置单击放置指北针符号。如图 5-66、图 5-67 所示。

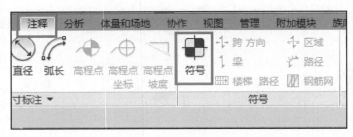

图 5-66

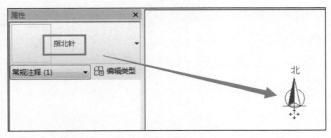

图 5-67

（6）图纸布置完成后，可以将图纸导出，在实际项目中实现图纸共享。单击"应用程序"按钮，点击"导出""CAD 格式"下的"DWG"工具，弹出"DWG 导出"窗口，无需修改，点击"下一步"按钮，关闭窗口，弹出"导出 CAD 格式"窗口，指定存放路径为"Desktop\ 案例工程 \ 专用宿舍楼 \ 出图"，命名为"专用宿舍楼 – 图低 – 001 – 专用宿舍楼图纸"，默认文件类型为" AutoCAD 2013.dwg"格式（目前 Revit 2016 可以导出的图纸版本类型有 2013、2010、2007 三种版本，在实际项目图纸传输中按需选择），点击"确定"按钮，关闭窗口。【注意】窗口中"将图纸上的视图和链接作为外部参照导出"，若勾选则导出的文件采用 AutoCAD 外部参照模式。如图 5-68、图 5-69 所示。

图 5-68

（7）导出的 DWG 文件可以脱离 Revit 软件打开，可以利用 CAD 看图软件或 AutoCAD 软件进行后期的看图及编辑修改。单击"快速访问栏"中保存按钮，保存当前项目成果。

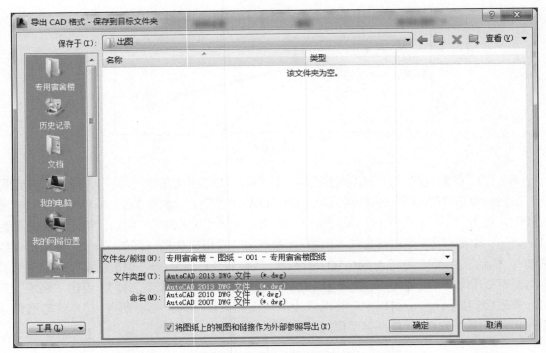

图 5-69

5.6 总结

5.6.1 业务总结

在 BIM 技术应用过程中，最基础的工作就是创建模型，然后以 BIM 模型为基础结合项目需求、合同要求开展具体的 BIM 应用工作。Revit 作为市场上普遍应用的 BIM 软件，除了强大的参数化建模能力外，还具备丰富的基于 BIM 模型的延伸应用，除了上面讲到的模型浏览、制作漫游视频、图片渲染、材料统计、出施工图外，Revit 还有碰撞检查、日照分析、房间面积计算等应用；所有这些后期应用操作都基于 BIM 模型，所以当 BIM 模型发生变化时，Revit 会自动更新所有相关信息（包括所有图纸、表格、工程量表等）。

Revit 强大的参数化建模、精确统计、协同设计、碰撞检查等功能，在民用及工厂设计领域，已经越来越多地应用到甲方、设计、施工、咨询等各类企业。所以无论读者从事建筑工程哪个环节的工作，都应尽快学习 BIM，应用 BIM，利用 BIM 技术管理项目，创造价值。

5.6.2 软件总结

上述内容详细讲解了 BIM 模型的后期应用操作，下面将以视频形式展示上述操作内容，读者可以扫描下面的二维码，进入教学补充链接进行更详细直观的视频收听。具体视频内容如表 5-1 所示。

表 5-1

序号	视频分类	视频内容	二维码
1	模型后期应用		见下面
2	模型浏览		见下面
3	漫游动画	主要按照上述实施操作部分内容制作的视频操作	见下面
4	图片渲染		见下面
5	明细表		见下面
6	出施工图		见下面

1　模型后期应用

2　模型浏览

3　漫游动画

4　图片渲染

5　明细表

6　出施工图

6

与其他软件对接

前期 BIM 模型搭建是 BIM 工作的第一步，模型后期还有很多应用场景，如利用模型进行工程量统计，以便指导施工现场报量采购工作；或利用 BIM 模型进行碰撞检查，将大部分模型碰撞问题解决在施工前期，避免现场返工。Revit 软件本身具有强大的建模能力，但是 BIM 模型的后期应用还需要与众多行业优秀 BIM 软件合作。本章节将重点讲解如何将搭建好的 Revit 模型与建筑行业其他主流 BIM 软件（如 Navisworks 软件、Fuzor 软件、广联达土建算量软件 GCL2013、广联达 BIM5D 软件）进行对接，以方便模型后期的多层次应用，最终为 BIM 模型提升应用价值。具体数据流转重点如图 6-1 所示。

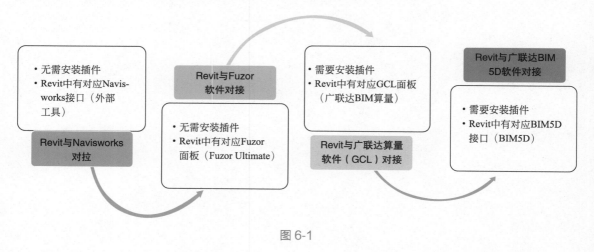

图 6-1

6.1 Revit 与 Navisworks 软件对接

通过了解 Navisworks 软件，学习使用 " Navisworks 2016" 等命令导出 Navisworks 文件，实现 Revit 数据与 Navisworks 软件对接。下面将从软件简介与数据对接两方面进行讲解。

6.1.1　Navisworks 软件简介

Autodesk Navisworks 软件能够将 AutoCAD 和 Revit 系列等应用创建的设计数据，与来自其他设计工具的几何图形和信息相结合，将其作为整体的三维项目，通过多种文件格式进行实时审阅，而无需考虑文件的大小。Navisworks 软件产品可以帮助所有相关方将项目作为一个整体来看待，从而优化从设计决策、建筑实施、性能预测和规划直至设施管理和运营等各个环节。

Autodesk Navisworks 软件系列包括四款产品，能够加强对项目的控制，使用现有的三维设计数据透彻了解并预测项目的性能，即使在最复杂的项目中也可提高工作效率，保证工程质量。具体内容如表 6-1 所示。

表 6-1

序号	产品划分	具体功能
1	Autodesk Navisworks Manage	是设计和施工管理专业人员使用的、用于全面审阅解决方案，以保证项目顺利进行。Navisworks Manage 将精确的错误查找和冲突管理功能与动态的四维项目进度仿真和照片级可视化功能完美结合
2	Autodesk Navisworks Simulate	能够精确地再现设计意图，制定准确的四维施工进度表，超前实现施工项目的可视化。在实际动工前就可以在真实的环境中体验所设计的项目，更加全面地评估和验证所用材质和纹理是否符合设计意图
3	Autodesk Navisworks Review	支持实现整个项目的实时可视化，审阅各种格式的文件，而无需考虑文件大小
4	Autodesk Navisworks Freedom	软件是免费的，Autodesk Navisworks NWD 文件与三维 DWF 格式文件浏览器

6.1.2　Revit 与 Navisworks 数据对接

（1）Revit 软件可以直接导出为 Navisworks 软件可识别的数据格式，所以两个软件数据互通，只需要在电脑上安装好 Revit 和 Navisworks 程序即可，无需其他插件。安装好的 Revit 和 Navisworks 软件如图 6-2 所示。

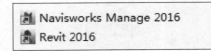

图 6-2

（2）回到 Revit 软件，单击"附加模块"选项卡"外部"面板中的"外部工具"下拉下的"Navisworks 2016"工具，弹出"导出场景为"窗口，指定存放路径为"Desktop\案例工程\专用宿舍楼\Revit 与 Navisworks 软件对接"，命名为"Revit 与 Navisworks 对接文件"，默认保存的文件类型为".nwc"格式。点击"保存"按钮，弹出"导出进度条"窗口，等待片刻，全部导出完成后进度条消失。如图 6-3、图 6-4 所示。

图 6-3

图 6-4

（3）打开安装好的 Navisworks 软件，单击"快速访问栏"中"打开"工具，弹出"打开"窗口，找到刚刚 Revit 导出的"Revit 与 Navisworks 对接文件"，点击"打开"按钮。Revit 建立好的 BIM 模型整体显示在 Navisworks 软件中。配合 Shift 键 + 鼠标滚轮，对模型进行查看，如图 6-5 所示。

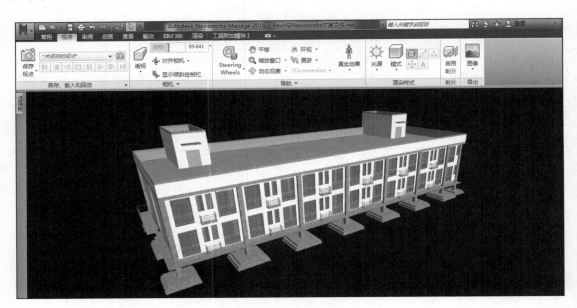

图 6-5

（4）在 Navisworks 软件中可以对 BIM 模型进行浏览查看、碰撞检查、渲染图片、动画制作、进度模拟等操作，以配合现场投标、施工过程指导等工作。这里不再详述操作步骤，读者可自行寻找 Navisworks 软件资料进行学习。

6.2　Revit 与 Fuzor 软件对接

通过了解 Fuzor 软件，学习使用"Launch Fuzor"等命令将 Revit 文件转化进入 Fuzor 软件，实现 Revit 数据与 Fuzor 软件对接。下面将从软件简介与数据对接两方面进行讲解。

6.2.1　Fuzor 软件简介

Fuzor 是由美国 Kalloc Studios 打造的一款虚拟现实级的 BIM 软件平台，首次将最先进的多人游戏引擎技术引入建筑工程行业，拥有独家双向实时无缝链接专利，具备同类软件无法比拟的功能体验。

Fuzor 是革命性的 BIM 软件，不仅提供实时的虚拟现实场景，更可在瞬间变成和游戏场景一样的亲和度极高的模型，最重要的是它保留了完整的 BIM 信息，实现了"用玩游戏的体验做 BIM"。Fuzor 包含如下具体功能，具体内容如表 6-2 所示。

表 6-2

序号	功能划分	具体内容
1	双向实时同步	Fuzor 的 Live Link 是 Fuzor 和 Revit、ArchiCAD 之间建立沟通的桥梁，此功能使两个软件可以双向实时同步两者的变化，无需为再得到一个良好的可视化效果而在几个软件中转换
2	强大的 BIM 虚拟现实引擎	Fuzor 开发了自有 3D 引擎，模型承受量、展示效果、数据支持都是为 BIM 量身定做。在 Fuzor 里的光照模拟、材质显示都在性能和效果之间找了最好的平衡
3	服务器、平台化支持	Fuzor 支持多人基于私有服务器的协同工作，模型文件以及它的一切变化都可以记录在服务器里
4	云端问题追踪	Fuzor2017 通过协同服务器，可将项目参与各方的问题交互都放到用户的私有云或公有云上，让项目管理者可以随时调出或添加项目中发生的问题，并实时地将问题分配给相应责任人
5	移动端支持	Fuzor 有强大的移动端支持，可以让大于 5G 的 BIM 模型在移动设备里流畅展示，即可以在移动端设备里自由浏览、批注、测量、查看 BIM 模型参数
6	客户端浏览器	Fuzor 可以把文件打包为一个 EXE 的可执行文件，供其他没有安装 Fuzor 的人员一样审阅模型，并同时对 BIM 成果进行标注，操作非常的便捷
7	2D 地图导航	在 Fuzor 的 2D 地图导航中，点选地图上某一点，视图将会瞬间移动所需位置；允许用户输入 X、Y、Z 坐标瞬移相机（或虚拟人物）到项目的特定点
8	物体可见控制	Fuzor 允许隐藏、着色或改变对象的不透明度，这些变化可以应用于所选对象或所有实例，突出显示问题区域和快速识别项目中的对象
9	Fuzor 注释功能	用户可以对一个对象添加注释，也可以将注释保存为一个文件，使其他人员可以将注释载入到 Fuzor 或 Revit 中，注释清晰且被标注模型高亮显示
10	实时族对象放置	用户可以在 Fuzor 环境下直接放置 Revit 族对象移动或删除族对象，可以使用 Live Link 连接功能把这些改变同步到 Revit 文件中
11	广泛的设备支持	Fuzor 用户可以使用多种设备（USB 游戏垫、触摸屏和 3D 鼠标），也可以跨越不同的显示平台

6.2.2　Revit 与 Fuzor 数据对接

（1）Revit 软件可以直接与 Fuzor 软件实现数据互通，在电脑上安装好 Revit 和 Fuzor 程序后，在 Revit 软件中会自动添加"Fuzor Plugin"选项卡，点开选项卡，出现"Fuzor Ultimate"面板，面板中有"Launch Fuzor"等八个工具。如图 6-6、图 6-7 所示。

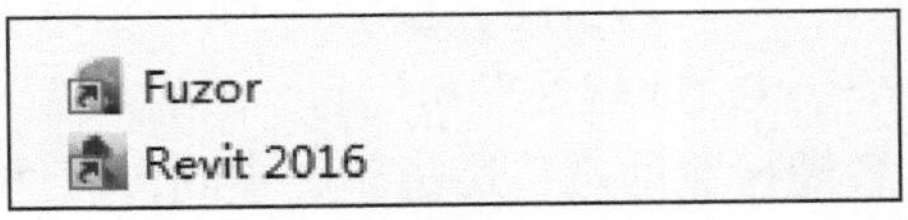

图 6-6

图 6-7

（2）保持 Revit 软件和 Fuzor 软件同时处于打开状态。切换到 Revit 软件，单击"Fuzor Plugin"选项卡"Fuzor Ultimate"面板中的"Launch Fuzor"。Revit 软件开始将 BIM 模型输出到 Fuzor 软件，切换到 Fuzor 软件后等待片刻，可以看到 Revit 中模型传输到 Fuzor 软件。如图 6-8 所示。

图 6-8

（3）在 Fuzor 软件中可以对 BIM 模型进行浏览查看、碰撞检查、渲染图片、动画制作等操作，以配合现场投标、施工过程指导等工作。这里不再详述操作步骤，读者可自行寻找 Fuzor 软件资料进行学习。

6.3 Revit 与广联达算量软件（GCL）对接

通过了解广联达土建算量 GCL2013 软件，学习使用"导出 GFC"等命令导出 GFC 文件，实现 Revit 数据与广联达算量软件（GCL）对接。下面将从软件简介与数据对接两方面进行讲解。

6.3.1 广联达算量软件（GCL）简介

广联达土建算量软件 GCL2013 是基于广联达公司自主平台研发的一款算量软件，无需安装 CAD 软件即可运行。软件内置全国各地现行清单、定额计算规则，第一时间响应全国各地行业动态，远远领先于同行软件，确保用户及时使用。软件采用 CAD 导图算量、绘图输入算量、表格输入算量等多种算量模式，三维状态自由绘图、编辑，高效、直观、简单。

软件运用三维计算技术、轻松处理跨层构件计算，彻底解决困扰用户难题。提量简单，无需套做法也可出量，报表功能强大、提供了做法及构件工程量，满足招标方、投标方各种报表需求。Revit 与广联达算量软件（GCL）数据对接具体步骤如下。

6.3.2　Revit 与广联达算量软件（GCL）数据对接

（1）由于 Revit 数据不能直接导出广联达算量软件（GCL）可识别的数据格式，所以需要安装广联达研发的"GFC 插件"来实现两个软件之间的数据互通。GFC 插件在 Revit 和广联达算量软件（GCL）安装完毕后进行安装。GFC 插件安装完毕后在 Revit 软件中会自动添加"广联达 BIM 算量"选项卡，点开选项卡，有"广联达土建"面板，面板中有"导出 GFC"等五个工具。如图 6-9、图 6-10 所示。

图 6-9

图 6-10

（2）单击"广联达 BIM 算量"选项卡"广联达土建"面板中的"导出 GFC"工具，弹出"导出 GFC- 楼层转化"窗口，无需修改，点击"下一步"按钮，弹出"导出 GFC- 构件转化"窗口，无需修改，点击"导出"按钮，弹出"另存为"窗口，指定存放路径为"Desktop\ 案例工程 \ 专用宿舍楼 \Revit 与广联达算量软件（GCL）对接"，命名为"Revit 与广联达算量软件（GCL）数据对接"，默认保存的文件类型为".gfc"格式。点击"保存"按钮，弹出"构件导出进度"窗口，等待片刻，全部导出完成后弹出"提示"窗口，显示导出成功。如图 6-11 ～图 6-14 所示。

图 6-11

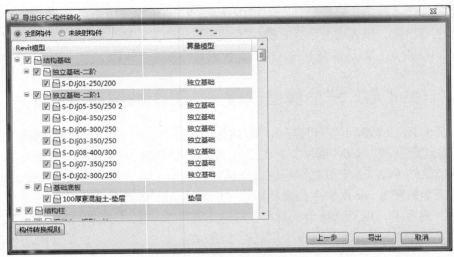

图 6-12

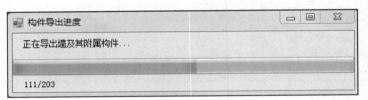

图 6-13

图 6-14

（3）打开广联达算量软件（GCL），新建工程后，需要登录广联云账号，如图 6-15 所示。注意广联达算量软件（GCL）在导入 Revit 导出的 .gfc 数据时需要登录广联云账号，没有广联云账号的需要先注册。

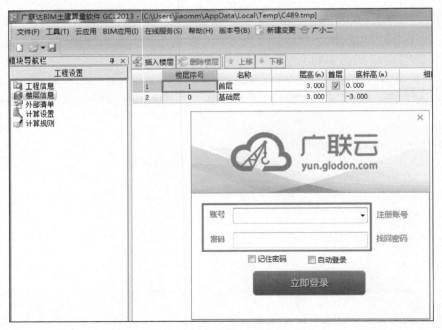

图 6-15

（4）广联云登录完成后，单击"BIM应用"选项卡"导入Revit交换文件（GFC）"→"单文件导入"工具，弹出"打开"窗口，选择刚导出的"Revit与广联达算量软件（GCL）数据对接"文件，点击"打开"按钮，弹出"GFC文件导入向导"窗口，无需修改，点击"完成"按钮，弹出"GFC文件导入向导"窗口，导入完成后，点击"完成"按钮，弹出"确认"窗口，点击"否"按钮，关闭窗口。此时Revit数据已经导入到广联达算量软件（GCL）中。过程如图6-16～图6-18所示。

图 6-16

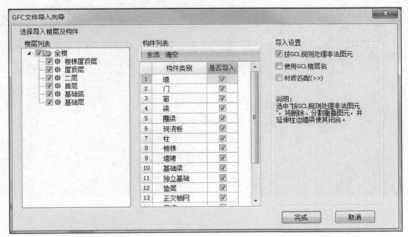

图 6-17

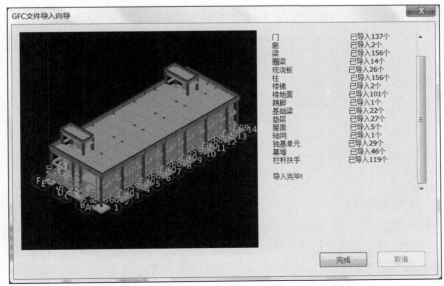

图 6-18

（5）点击软件左下角"绘图输入"进入绘图界面。如图 6-19、图 6-20 所示。

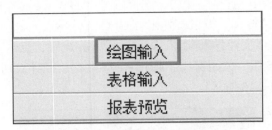

图 6-19

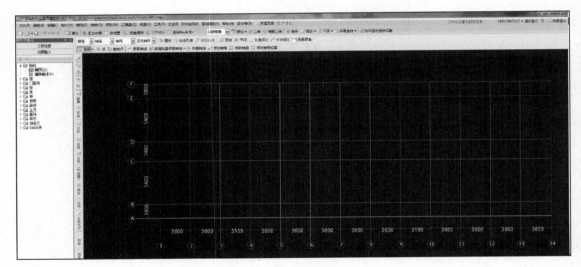

图 6-20

（6）单击"视图"选项卡下"构件图元显示设置"弹出"构件图元显示设置 – 轴网"窗口，勾选左侧全部图元（除轴线外）。如图 6-21、图 6-22 所示。

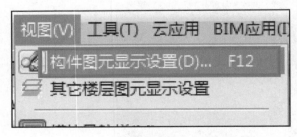

图 6-21

（7）点击"全部楼层"后点击"三维"工具，Revit 建立好的 BIM 模型整体显示在广联达算量软件（GCL）中，Ctrl 键 + 鼠标左键可旋转查看模型。如图 6-23、图 6-24 所示。

（8）在广联达算量软件（GCL）中可以对模型进行汇总计算，出具工程量表单数据，指导现场算量结算等工作。这里不再详述操作步骤，读者可自行寻找广联达算量软件（GCL）资料进行学习。

图 6-22

图 6-23

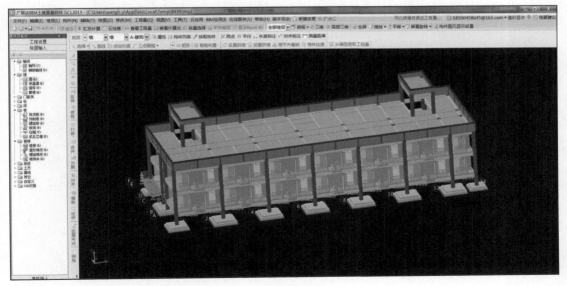

图 6-24

6.4 Revit 与广联达 BIM5D 软件对接

通过了解广联达 BIM 5D 软件，学习使用"BIM5D"等命令导出 E5D 文件，实现 Revit 数据与广联达 BIM5D 软件对接。下面将从软件简介与数据对接两方面进行讲解。

6.4.1 广联达 BIM5D 软件简介

广联达 BIM5D 以 BIM 集成平台为核心，通过三维模型数据接口集成土建、钢构、机电、幕墙等多个专业模型，并以 BIM 集成模型为载体，将施工过程中的进度、合同、成本、清单、质量、安全、图纸等信息集成到同一平台，利用 BIM 模型的形象直观、可计算分析的特性，为施工过程中的进度管理、现场协调、合同成本管理、材料管理等关键过程及时提供准确的构件几何位置、工程量、资源量、计划时间等，帮助管理人员进行有效决策和精细管理，减少施工变更，缩短项目工期、控制项目成本、提升质量。

广联达 BIM5D 包含以下几大模块内容：基于 BIM 的进度管理、基于 BIM 的物资管理、基于 BIM 的分包和合同管理、基于 BIM 的成本管理、基于 BIM 的质量安全管理、基于 BIM 的云端管理和基于平台安全权限控制管理。

6.4.2 Revit 与广联达 BIM5D 软件数据对接

（1）目前电脑上单独安装 Revit 软件是不能直接把数据导出为广联达 BIM5D 软件可识别的数据格式，只有电脑上同时安装 Revit 软件和广联达 BIM5D 软件，并且在安装广联达 BIM5D 软件过程中需要勾选 BIM5D 软件所要支持的 Revit 版本（目前广联达 BIM5D 软件支持 Revit 2014 ～ Revit 2017 版本），勾选后安装完成才会在 Revit 软件的"附加模块"选项卡中添加"广联达 BIM"面板（含有"BIM5D"图标及下拉下的"配置规则、导出全部图元、导出所选图元、关于"四个下拉工具）。如图 6-25 ～图 6-27 所示。

图 6-25

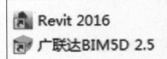

Chapter 6

图 6-26　　　　　　　　　　　图 6-27

（2）单击"广联达 BIM"面板中的"BIM5D"下拉下的"导出全部图元"工具，弹出"E5D 文件路径"窗口，指定存放路径为"Desktop\ 案例工程 \ 专用宿舍楼 \Revit 与广联达 BIM5D 软件对接"，命名为"Revit 与广联达 BIM5D 软件数据对接"，默认保存的文件类型为".E5D"格式。点击"保存"按钮，弹出"范围设置"窗口，在"选项设置 – 专业选择"中勾选"土建（土建、粗装修、幕墙、钢构、措施）"，实际项目中需根据项目所属专业选择合适的专业，如图 6-28 所示。窗口中其他设置保持不变，点击"下一步"按钮，进入"跨层图元楼层设置"窗口，如图 6-29 所示。默认继续点击"下一步"按钮，进入"图元检查"窗口，图元检查窗口，含有"已识别图元、多义性的图元、未识别的图元"三个选项卡，点击"未识别的图元"选项卡，向下滑动右侧滚动条，可以看到未识别图元主要为"独立基础 – 二阶"以及"门、窗"构件，如图 6-30 所示。可以快速批量选择同类构件进行 BIM5D 专业的匹配和构件类型的匹配。点击序号 1 的"独立基础 – 二阶"，按住键盘的 Shift 键，向下滑动右侧滚动条，点击序号 29 的"独立基础 – 二阶"，全部选中后，点击序号 29 对应的"BIM5D 专业"下拉小三角，点击"土建"专业，此时被选中的序号 1 ～ 29 行"构件类型"自动显示为"墙 – 墙"，继续点击序号 29 对应的"构件类型"下拉小三角，点击"基础 – 独立基础"，此时选中的 1 ～ 29 行的"BIM5D 专业"和"构件类型"修改正确。同样的操作，点击序号 30 的"M-1"，按住键盘的 Shift 键，点击序号 119

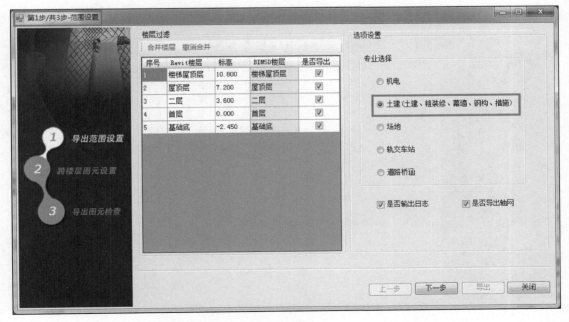

图 6-28

的"M-1",统一修改"BIM5D 专业"为"粗装修","构件类型"为"门窗－门"。同样的方法修改窗构件。全部修改完毕后,查看最后的序号 227 ～ 229 行,双击定位到三维模型中,可以看到"属性"面板显示为"漫游",这些不影响实体构件,无需修改。最后除序号 227 ～ 229 行外,将序号 1 ～ 226 行全部选中,勾选"是否导出"复选框,如图 6-31 所示。点击"导出"按钮,弹出"确认"窗口,提示还有图元专业为"未知"(就是指的序号 227 ～ 229 行),是否继续导出,点击"是"按钮,关闭窗口,切换到进度条模式,等待片刻,全部导出完成后弹出"导出完成"窗口,Revit 模型数据导出为 .ED5 文件数据。如图 6-32 ～图 6-34 所示。

图 6-29

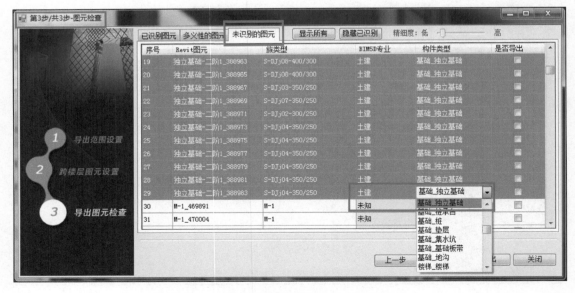

图 6-30

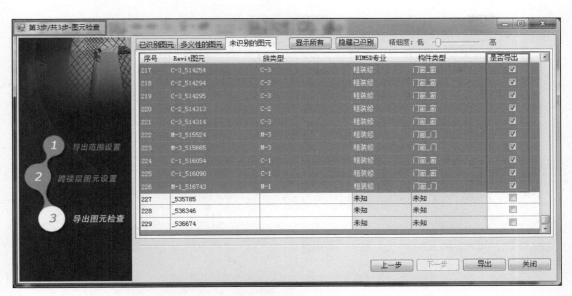

图 6-31

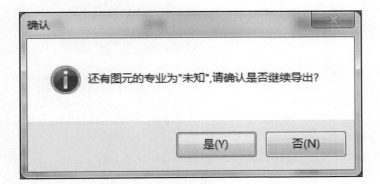

图 6-32

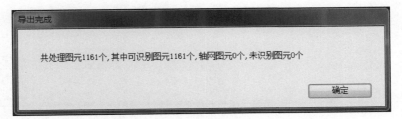

图 6-33

图 6-34

（3）打开广联达 BIM5D 软件，新建工程后，在导航栏左侧功能模块区点击"数据导入"，在"模型导入"选项卡，"实体模型"一栏中点击"添加模型"，弹出"打开模型文件"窗口，选择刚导出的"Revit 与广联达 BIM5D 软件数据对接"文件，点击"打开"按钮，弹出"添加模型"窗口，可以修改"单体匹配"中单体的名称，点击"导入"按钮，将模型导入到 BIM5D 软件。选中刚导入的模型文件，点击"文件预览"，可以对导入进来的三维模型进行各维度查看。如图 6-35 ～图 6-38 所示。

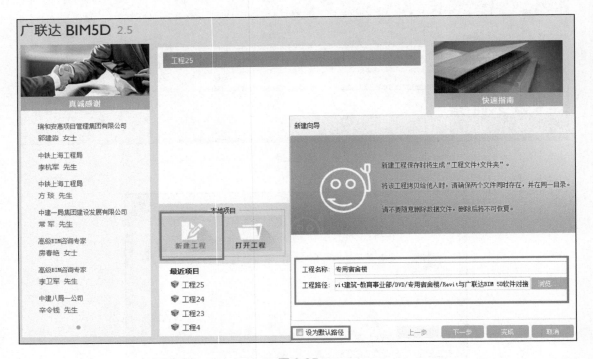

图 6-35

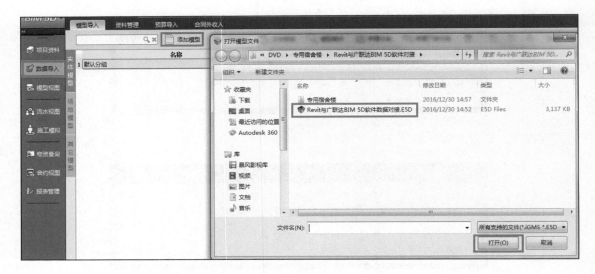

图 6-36

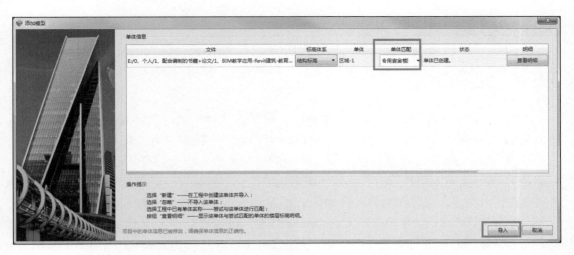

图 6-37

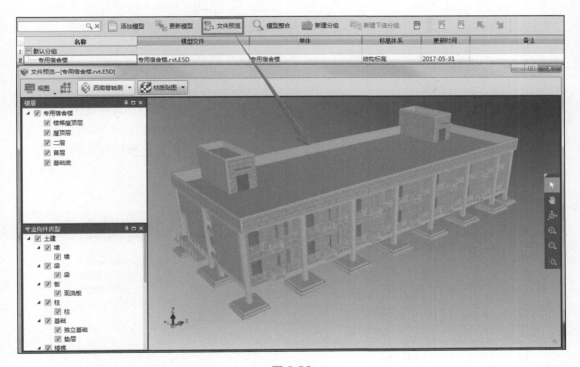

图 6-38

（4）BIM5D 软件作为一个平台型的软件，不仅可以集成 Revit、Tekla、MagiCAD、GCL、GGJ 等不同的 BIM 软件产生的模型，还可以利用这些 BIM 模型进行项目进度管理，实时获得项目进度详情，显示进度滞后预警；可以进行 BIM 的物资管理，多维度地快速统计工程量、自动生成物资报表；能够通过移动端进行质量安全数据采集，将质量安全问题反馈到平台上并与模型定位挂接，实现质量安全过程管理的可视化、统一化；能够进行 5D 模拟的多方案对比，预测随着项目进展所需的资源需求以及消耗情况。这里不再详述操作步骤，读者可自行寻找广联达 BIM5D 软件资料进行学习。

6.5 总结

6.5.1 业务总结

在用 Revit 软件进行 BIM 建模的过程中，除了上述讲到的可以将 Revit 软件中的模型导出为 Navisworks、Fuzor、GCL、BIM5D 软件可读取的数据之外，Revit 中创建的模型也可以导入到 3ds MAX 中进行更加专业绚丽的渲染操作；也可以导入到 Autodesk Ecotest Analysis 中进行生态方面的分析，比如环境影响模拟、节能减排设计分析等；还可以通过专用的接口将结构柱、梁等模型导入到 PKPM 或 YJK 软件进行结构模型的受力计算。

由此可见，Revit 软件具有强大的 OPEN 特性，可以和众多主流 BIM 软件进行数据交换，以提高数据共享、协同工作的效率，这也是 Revit 软件作为 BIM 圈内市场占有率较高的一款软件的重要原因。通过上述内容，读者需要了解的是没有任何一款 BIM 软件可以解决实际项目中所有的需求，在现阶段 BIM 模型创建及应用的过程中，应该根据项目需求选择更轻便快捷的软件进行组合，通过数据传输保证各 BIM 软件都发挥最大的价值，这也体现了 BIM 生态圈内合作共赢的理念。

6.5.2 软件总结

上述内容详细讲解了 Revit 模型与其他 BIM 类软件数据流转的操作，下面将以视频形式展示上述操作内容，读者可以扫描下面的二维码，进入教学补充链接进行更详细直观的视频收听。具体视频内容如表 6-3 所示。

表 6-3

序号	视频分类	视频内容	二维码
1	Revit 与 Navisworks 对接	主要按照上述实施操作部分内容制作的视频操作	见下面
2	Revit 与 Fuzor 对接		见下面
3	Revit 与广联达算量软件对接		见下面
4	Revit 与广联达 BIM5D 软件对接		见下面

1
Revit 与
Navis works 对接

2
Revit 与 Fuzor 对接

3
Revit 与广联达算量
软件对接

4
Revit 与广联达
BIM5D 软件对接

7

员工宿舍楼项目实训

7.1　建模实训项目概述

本书在前述章节讲解中，主要以专用宿舍楼项目为例进行讲解，意在帮助读者快速了解 Revit 软件建立模型的流程，并在建模过程中熟悉 Revit 功能、掌握 Revit 建模技巧。为了继续巩固读者的 BIM 软件操作技能，本章节将通过一个与前述章节类似的员工宿舍楼项目让读者再次对 Revit 建模有深入了解。由于两个项目类型接近，所以在本章节的讲解中主要是介绍建模思路，具体操作步骤不再赘述。

7.2　建模思路概述

（1）建模前期准备　利用专用宿舍楼中讲到的创建项目、建立标高、建立轴网的方式，建立员工宿舍楼对应项目文件、标高体系、轴网体系。

（2）结构模型搭建　利用专用宿舍楼中讲到的创建结构模型的方式，建立员工宿舍楼对应结构体系构件。

（3）建筑模型搭建　利用专用宿舍楼中讲到的创建建筑模型的方式，建立员工宿舍楼对应建筑体系构件。

（4）模型后期应用　进行模型浏览、漫游动画、图片渲染、材料统计、出施工图等操作。

（5）与其他软件对接　将 Revit 模型与 Navisworks 软件、Fuzor 软件、广联达算量软件（GCL）、广联达 BIM5D 软件实现数据对接。

整体建模过程如图 7-1 所示。

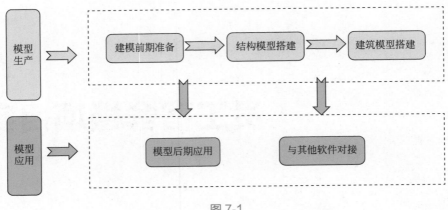

图 7-1

7.3 建模前期准备

7.3.1 准备资料

搭建实体模型前，需要先进行底层基础数据的设置，以保证后期模型的正确性。一般情况下建立模型前需要先建立项目文件，并建立好标高及轴网体系。如图 7-2 所示。

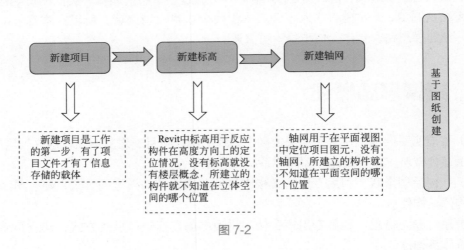

图 7-2

7.3.2 新建项目

启动 Revit 软件，通过"应用程序"中的"新建"→"项目"命令，以"项目模板 2016.rte"为样板文件创建项目并保存为"员工宿舍楼 .rvt"项目文件。

7.3.3 新建标高

进入立面视图，先打开"南"立面视图，根据建筑立面图及结构图中的结构层楼面标高，使用"建筑"选项卡"基准"面板中的"标高"工具建立标高体系，如图 7-3 所示。

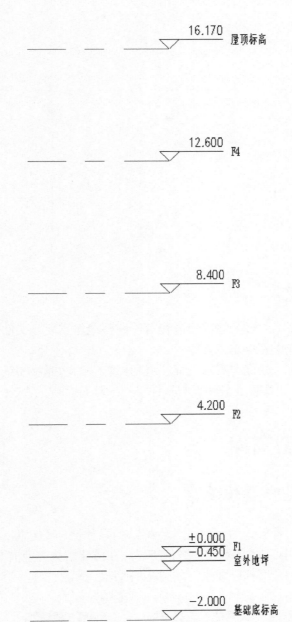

图 7-3

7.3.4 新建轴网

进入楼层平面视图，打开"首层"楼层平面视图，根据"一层平面图"，使用"建筑"选项卡"基准"面板中的"轴网"工具建立轴网体系，如图 7-4 所示。

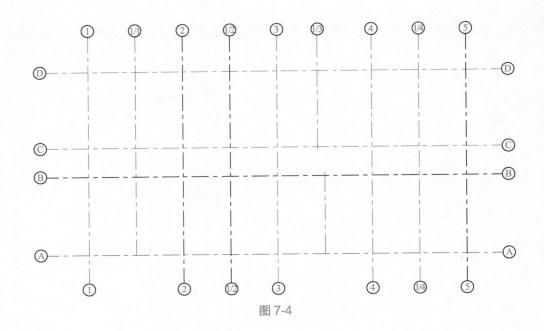

图 7-4

7.3.5　成果总结

（1）建模能力提高　通过上述操作流程可以完整地建立项目文件，创建轴网及标高体系，为后期创建实体模型做准备。

（2）综合能力提高　通过本案例工程能够利用软件的功能将图纸信息、业务知识以及施工现场场景进行转化，实现业务知识与软件操作的双向提高。

7.4　结构模型搭建

7.4.1　结构模型搭建思路

结构是一个项目的骨架，为了保证"骨架"的强壮性、稳定性，需要将项目的基础、结构柱、结构梁、结构板、楼梯等构件进行搭建。在搭建结构模型前要以图纸为建模依据，正确创建 BIM 模型，并及时保存成果。如图 7-5 所示。

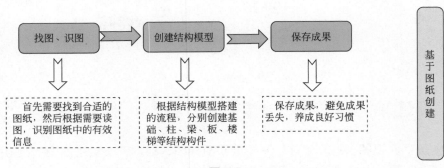

图 7-5

7.4.2 结构模型创建流程

本员工宿舍楼项目配备了完整的图纸资料，在建立结构模型的过程中需要对应查阅图纸，并按照由下到上、由主体到局部的思路进行模型的创建。如图 7-6 所示。

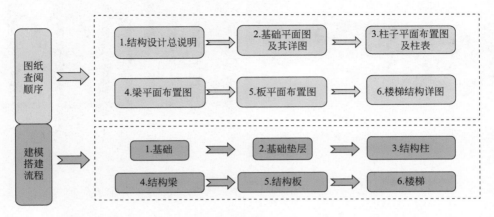

图 7-6

7.4.3 新建条形基础

启动 Revit 软件，通过"应用程序"中的"新建"→"族"命令，以"公制结构基础 .rft"为族样板文件创建条形基础模型。在族文件中切换到"左 / 右"立面视图，使用"创建"菜单下的"拉伸"命令，"绘制"面板中的"直线"工具描绘出条形基础截面轮廓。为了方便条形基础在项目中使用，对条形基础进行参数设置。如图 7-7 所示。

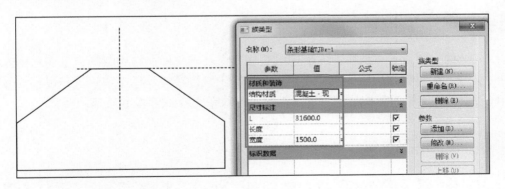

图 7-7

对建立好的条形基础族进行保存，并将其载入到"员工宿舍楼 .rvt"项目中。参照"基础平面布置图"进行绘制，绘制完成后如图 7-8 所示。

7.4.4 新建基础垫层

以"结构"选项卡"基础"面板中的"板"下拉下的"结构基础：楼板"工具为基础，

复制出"基础垫层构件",根据"基础平面布置图"进行相应厚度、材质、标高信息设置后进行基础垫层绘制。绘制完成后如图 7-9 所示(为了方便展示,下图将基础垫层进行选中)。

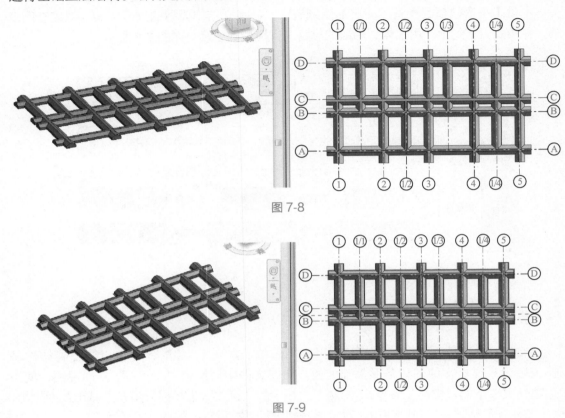

图 7-8

图 7-9

7.4.5　新建结构柱

以"结构"选项卡"结构"面板中的"柱"为基础,根据结构图纸信息建立相应结构柱构件类型,并对各结构柱的尺寸、材质、混凝土强度等级、标高信息进行设置。最终依据相应各层结构图纸对结构柱进行逐层创建。绘制完成后如图 7-10 所示。

7.4.6　新建结构梁

以"结构"选项卡"结构"面板中的"梁"为基础,根据结构图纸信息建立相应结构梁构件类型,并对各结构梁尺寸、材质、混凝土强度等级、标高信息进行设置。最终依据相应各层结构图纸对结构梁进行逐层创建。绘制完成后如图 7-11 所示。

7.4.7　新建结构板

以"结构"选项卡"结构"面板中的"楼板"下拉下的"楼板:结构"为基础,根据结构图纸信息建立相应结构板构件类型,并对各结构板厚度、材质、混凝土强度等级、标高信息进行设置。最终依据相应各层结构图纸对结构板进行逐层创建。绘制完成后如图 7-12 所示。

图 7-10   图 7-11

7.4.8 新建屋顶

以"建筑"选项卡"构建"面板中的"屋顶"下拉下的"迹线屋顶"为基础，根据图纸信息建立相应屋顶构件类型，并对屋顶厚度、材质、混凝土强度等级、标高信息进行设置。最终依据相应图纸在相应位置创建屋顶。绘制完成后如图 7-13 所示。

图 7-12   图 7-13

7.4.9 新建屋顶檐板

以"建筑"选项卡"构建"面板中的"屋顶"下拉下的"屋顶：封檐板"为基础，根据图纸信息建立相应屋顶封檐板构件类型。并在相应位置创建屋顶封檐板。绘制完成后如图 7-14 所示。

7.4.10 新建楼梯

以"建筑"选项卡"楼梯坡道"面板中的"楼梯"下拉下的"楼梯（按草图）"为基础，

根据图纸信息建立相应楼梯构件类型，并对楼梯各参数、材质、混凝土强度等级、标高信息进行设置。最终根据相应图纸在相应位置创建楼梯。绘制完成后如图 7-15 所示。

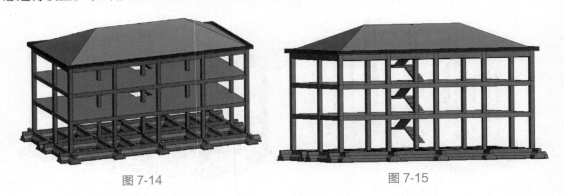

图 7-14   图 7-15

7.4.11 结构模型搭建总结

（1）建模能力提高　通过上述操作流程可以完整地建立结构基础、结构柱、结构梁、结构板、屋顶、楼梯等构件，不断提高自身实操能力。

（2）综合能力提高　通过本案例工程能够利用软件的功能将图纸信息、业务知识以及施工现场场景进行转化，实现业务知识与软件操作的双向提高。

7.5 建筑模型搭建

7.5.1 建筑模型搭建思路

建筑模型是项目的外皮构造，给人最直观的感受。在搭建建筑模型前，需要找到对应的图纸进行分析，并结合软件操作进行构件的创建及图元的绘制。如图 7-16 所示。

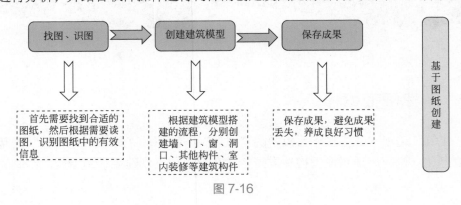

图 7-16

7.5.2 建筑模型创建流程

本员工宿舍楼项目配备了完整的图纸资料，在建立建筑模型的过程中需要对应查阅图纸，并按照由主体模型到细部构件的思路进行模型的创建，如图 7-17 所示。

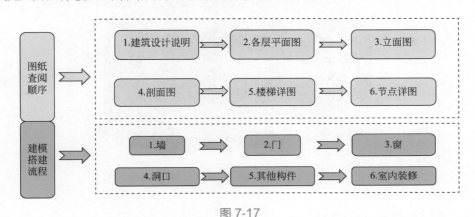

图 7-17

7.5.3 新建墙

以"建筑"选项卡"构建"面板中的"墙"下拉下的"墙：建筑"为基础，根据建筑图纸信息建立相应建筑墙构件类型，并对墙厚度、材质、混凝土强度等级、标高信息进行设置。最终依据相应各层建筑图纸对建筑墙进行逐层创建。绘制完成后如图 7-18 所示。

7.5.4 新建门

以"建筑"选项卡"构建"面板中的"门"为基础，根据建筑图纸信息建立相应门构件类型，并对门各参数、材质、标高信息进行设置。最终依据相应各层建筑图纸对门进行逐层创建。绘制完成后如图 7-19 所示。

图 7-18

图 7-19

7.5.5 新建窗

以"建筑"选项卡"构建"面板中的"窗"为基础，根据建筑图纸信息建立相应窗构件类型，并对窗各参数、材质、标高信息进行设置。最终依据相应各层建筑图纸对窗进行逐层创建。绘制完成后如图 7-20 所示。

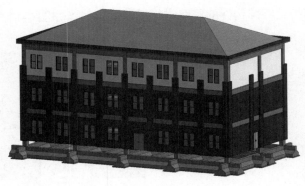

图 7-20

7.5.6　新建其他零星构件

对于员工宿舍楼中的零星构件，如台阶、散水、坡道、栏杆等构件，可以参见前述章节中教学步骤进行建模，此处不再赘述。

7.5.7　建筑模型搭建总结

（1）建模能力提高　通过上述操作流程可以完整地建立墙、门、窗、其他零星等构件，不断提高自身实操能力。

（2）综合能力提高　通过本案例工程能够利用软件的功能将图纸信息、业务知识以及施工现场场景进行转化，实现业务知识与软件操作的双向提高。

7.6　模型后期应用

将搭建好的员工宿舍楼模型进行模型后期的应用，并完成员工宿舍楼项目的模型浏览、漫游动画、图片渲染、材料统计、出施工图等应用操作。如图 7-21 所示。

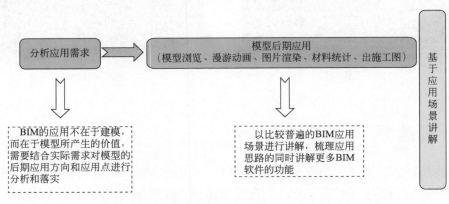

图 7-21

7.7 与其他软件对接

利用数据接口或插件文件，将搭建好的员工宿舍楼模型与建筑行业其他主流 BIM 软件进行对接，以方便模型后期的多层次应用，最终为 BIM 模型提升应用价值。如图 7-22 所示。

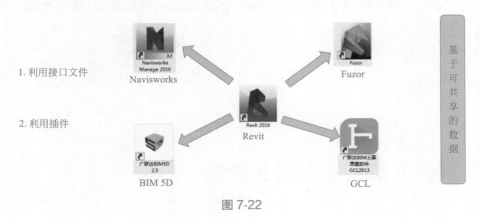

图 7-22

7.8 项目总结

① 本项目员工宿舍楼的创建流程与上一章节相同，先建立标高、轴网，然后开始结构、建筑构件的搭建。

② 读者在掌握一般项目建模流程的基础上可以逐步加深对 Revit 软件操作的熟练程度。

③ 读者在学习过程中可以举一反三，将 Revit 软件灵活应用在各种不同类型的建筑中，最终实现 BIM 设计。

对于上述所讲解的建模实训部分内容的解读，读者可以扫描下面的二维码，进入教学补充链接进行更详细直观的视频收听。具体视频内容如表 7-1 所示。

表 7-1

视频分类	视频内容	二维码
员工宿舍楼项目实训	主要按照上述讲解内容制作的视频操作	见下面

员工宿舍楼项目实训

Chapter 7

8

Revit 使用技巧及常见问题解答

8.1 Revit 软件安装常见问题

Revit 作为一款 BIM 的主流软件，安装软件是应用的前提，但是成功安装 Revit 并不是一件容易的事，很多时候会遇到各种安装失败的问题。这一小节将重点讲解 Revit 安装失败的原因及解决办法。

8.1.1 对于电脑操作系统的选择

对于 win7 系统：要求 win7 系统必须是带有 sp1 升级包的系统，也就是安装系统时是 win7 sp1，如果不带 sp1 升级包，则不能安装 Revit 软件。并且需要注意的是 win7 32 位系统只能安装 Revit 2014 及以前的版本，Revit 2015/2016/2017 版本不能安装。

对于 win8 系统：当遇到安装不成功时，需要进行兼容性设置。具体方法为找到 Revit 文件的安装包，找到 Setup.exe，鼠标右键→属性，打开"Setup.exe 属性"窗口，在"兼容性"页签中勾选"以兼容模式运行这个程序"。如图 8-1 所示。

对于 win10 系统：基本上都会安装成功。

8.1.2 对于安装路径的设置问题

建议 Revit 安装路径不要太长，并且路径中不要出现中文，最好也不要有空格或者特殊字符，默认英文最好。

8.1.3 Revit 安装过程问题

安装日志文件中显示部分产品无法安装，出现 1603 错误。Install.NET Framework Runtime 4.5 Failed Installation aborted，Result=1603。可以通过搜索功能找到安装失败的

组件名称，然后进入控制面板，将其卸载。当问题程序删除后，可以再次运行 Revit 安装程序。

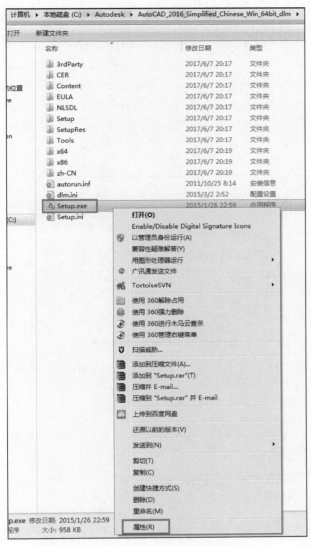

（a）　　　　　　　　　　（b）

图 8-1

8.1.4 Revit 软件安装不全（以 Revit 2016 为例）

Revit 安装过程有时会卡在安装 Content Libraries 时出现安装慢的问题，这个快慢主要是取决于可用带宽和需要下载的内容大小。

此时如果断开 Internet 连接，安装过程将会快速继续进行，但是可能造成 Revit 安装不完整。也就是安装完 Revit 软件后，会发现在创建项目文件时样板文件为空，或者在载入族时没有族文件，这就意味着 Content Libraries 没有完整安装。解决办法是可以寻找一台 Revit 软件安装完整的电脑，找到 C:\ProgramData\Autodesk\RVT 2016（若安装路径没变的话），将 RVT2016 文件夹整体拷贝到未完整安装 Revit 软件的电脑 C:\ProgramData\Autodesk（若安装路径没变的话）目录下。这时再创建项目时，就会显示默认样板，载入族时可以找到相应族文件，最终保证了 Revit 安装的完整。

　　如果在安装 Content Libraries 时出现安装慢的问题，没有断开网络，则需要检查下要下载内容的网址（也就是 https://Autodesk.com）是否是受信任的站点。可以打开 Internet 选项对话框，单击"安全"页签，点击"受信任的站点"，点击"站点"，在"将该网站添加到区域（D）"对话框中，输入" https://Autodesk.com"，然后单击"添加"按钮，关闭窗口后点击"确定"按钮以应用更改。再次启动安装 Revit 安装包即可顺利安装。如图 8-2所示。

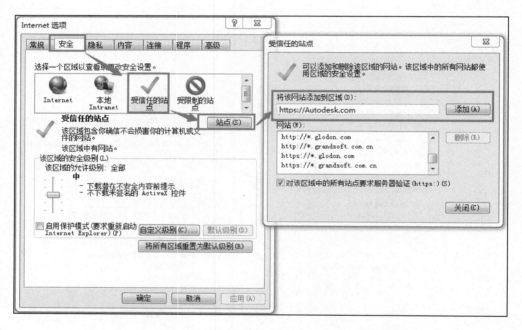

图 8-2

　　如果还没有办法正常安装 Content Libraries，则可以将安装 Revit 的电脑使用办公室或家中的其他网络进行连接执行安装，并且暂时禁用防火墙和防病毒软件，然后再次尝试安装。如图 8-3 所示。

8.1.5　其他注意事项

　　Revit 安装时可以以管理员身份运行安装程序，给予安装过程的权限保障。具体为找到 Revit 文件的安装包，找到 Setup.exe，鼠标右键→以管理员身份运行。如图 8-4 所示。
　　如果电脑安装 Revit 后进行了卸载操作，又想要重新安装 Revit，则需要保证之前的 Revit 卸载干净了，最好在卸载时显示出所有隐藏文件，查找和 Revit 相关的数据全部删除，以保证卸载完整，这样再重新安装 Revit 时才可以顺利安装成功。

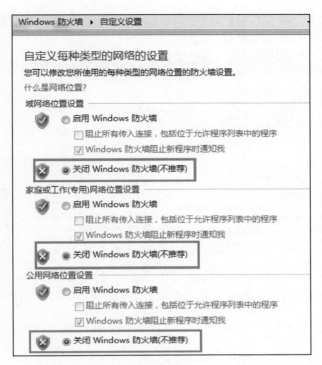

图 8-3

图 8-4

8.2　Revit 软件界面功能设置

在 Revit 软件中，有默认的界面设置，比如对于快速访问栏、选项卡、面板、属性面板、项目浏览器、绘图区域默认都是显示的。但是在使用软件时常常会不小心将默认的窗口或面板进行关闭操作，或者是想自定义绘图区域背景色，那么该如何操作呢？这一小节将重点讲解针对 Revit 软件界面功能按钮显示隐藏的一些小操作。

8.2.1　Revit 绘图区域背景色的修改

在 Revit 软件中，绘图区域默认显示为黑色。如果想要修改绘图区域背景色，则点击右上角应用程序 R 图标，打开"选项"对话框，切换至"图形"选项卡，点击"颜色"

Chapter 08

栏中的"背景",打开"颜色"窗口,进行颜色选择,确认即可。如图 8-5 所示。

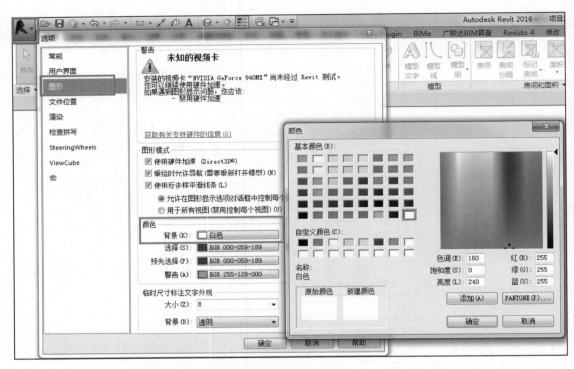

图 8-5

对于默认的三维视图,还可以通过打开"属性"面板中的"图形显示选项"窗口,将"背景"设置为天空、渐变、图像的不同背景颜色。如图 8-6 所示。

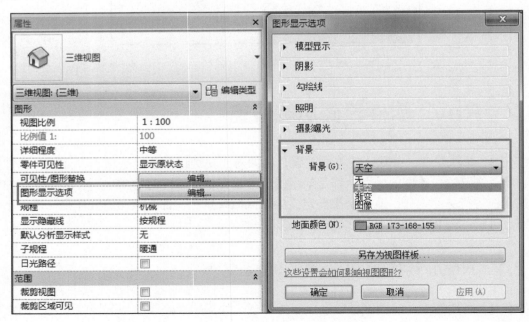

图 8-6

8.2.2 "属性"面板的显示隐藏

在 Revit 软件中，"属性"面板默认显示在软件的左侧，当不小心将"属性"面板关闭后，可以通过在绘图区域空白位置右键，勾选"属性"功能将其面板调出。如图 8-7 所示。

当然，也可以通过"视图"选项卡"窗口"面板中的"用户界面"下拉功能处勾选"属性"功能，将其面板调出。如图 8-8 所示。

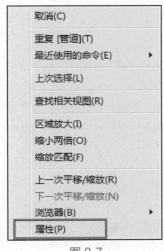

图 8-7

图 8-8

8.2.3 "项目浏览器"窗口的显示隐藏

在 Revit 软件中，"项目浏览器"窗口默认显示在软件的右侧，当不小心将"项目浏览器"窗口关闭后，可以通过在绘图区域空白位置右键，勾选"浏览器"下"项目浏览器"功能将其面板调出。如图 8-9 所示。

当然，也可以通过"视图"选项卡"窗口"面板中的"用户界面"下拉功能处勾选"项目浏览器"功能，将其面板调出。如图 8-10 所示。

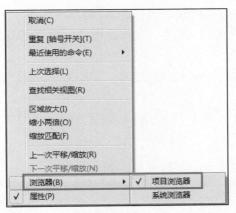

图 8-9

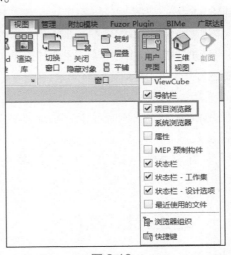

图 8-10

8.2.4 面板标题、面板工具的显示隐藏

在 Revit 软件中，面板标题、面板工具默认全部显示，当不
小心将这些功能按钮隐藏后，可以通过点击选项卡最右侧小三角
功能将其调出。如图 8-11 所示。

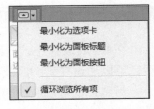

图 8-11

8.3 Revit 常用插件简介

Revit 作为一款设计软件，在创建模型上功能已经较为完善，但是如果想使用 Revit 软
件快速识别图纸信息创建模型，现阶段功能还达不到。在算量、出图方面，Revit 本身也不
大符合国内的一些规范要求，加上 Revit 本身提供的族信息也有限，所以不管国内还是国
外都涌现出了一批基于 Revit 软件的插件。具体都有哪些呢？这一小节将重点讲解下 Revit
常用的十大插件，以帮助大家高效地创建正确的 BIM 模型。

8.3.1 橄榄山快模

橄榄山快模是 Revit 平台上的插件程序，主要可以帮助 BIM 建筑工程师快速完成模型
构建方案，可以将 CAD 设计的 DWG 模型文件转换为 Revit 平台上使用的建筑模型，转
换的方式非常简单，只需要在电脑上预先安装 Revit 软件就可以实现格式文件之间的转换，
大大地提高了模型设计的时间，节约了工程开发流程。

橄榄山快模软件在安装的时候需要在电脑中预先安装 Revit 软件，并且需要在电脑上
安装任意一个版本的 AutodeskCAD 程序才可以使用。

8.3.2 翻模大师

翻模大师也是辅助快速创建 Revit 模型的插件。可以根据已经设计好的 CAD 平面图纸
快速制作成 Revit 模型，能够极大地缩减 BIM 建模的时间及成本。

翻模大师是一款基于 Autodesk Revit 的插件产品，可以帮助 Autodesk Revit 用户快速对
平面图纸进行翻模，即根据已经设计好的 CAD 平面图纸快速制作成 Revit 模型。

翻模大师（建筑）支持建筑、结构专业，翻模大师（机电）支持机电专业中的暖通、给
排水、消防、电气专业。

使用翻模大师这款产品能够极大地缩减 BIM 建模的时间及成本，提高 BIM 建模效率，
降低普及难度。

目前翻模大师（建筑）V2.3.0，翻模大师（机电）V1.6.0 版本适用的 Revit 版本为：
Revit 2014/2015/2016/2017 64 位。

8.3.3 理正 BIM 软件

此插件是对 Revit 软件功能进行的扩展，提供了三十多个工具，可有效提高 Revit 的操

作效率，减少手工重复操作。部分构件如管道、梁、柱等，可以以 2D 线条及标注为基础批量转化为 Revit 构件。天正或斯维尔的墙、柱、门、窗等构件可通过该插件直接转换为 Revit 构件。

8.3.4 呆猫

呆猫插件合集主要包含以下内容。

① 族管理器：对族进行统一的管理，可以添加、删除、更新族库。可以从族库中直接将族载入到项目。

② 幕墙生成：选择按照标准建模的横梃、竖挺族，自动生成幕墙。

③ 房间装饰：自定义房间墙、顶、地的族和参数，自动生成这些模型。

④ 详图转换：批量将 CAD 的 DWG 详图文件转换成 Revit 的 rfa 格式。

⑤ 内置文档：一些标准文档的分享下载。

⑥ 房间图纸：生成房间的东南西北立面的图纸。

8.3.5 柏慕 1.02——BIM 标准化应用系统

柏慕 1.02 产品经过一年多时间，历经数十个项目的测试研究，基本实现了 BIM 材质库，族库，出图规则，建模命名规则，国标清单项目编码以及施工、运维的各项信息管理的有机统一，初步形成了 BIM 标准化应用体系，并具备以下六大突出的功能点。

① 全专业施工图出图。

② 国标清单工程量。

③ 建筑节能计算。

④ 设备冷热负荷计算。

⑤ 标准化族库、材质库。

⑥ 施工、运维信息管理。

8.3.6 isBIM 模术师

isBIM 模术师是一个强大的 Revit 建模插件，拥有很多的 Revit 建模增强功能，包含通用、土建、装饰装修、机电、出图等五大模块，广泛用于建筑、结构、暖通、装修等行业中。isBIM 模术师主要功能如下。

① 通用模块：该模块旨在提供对设计工程师有用、实用、好用的通用工具，解决建模过程中碰到的一些 Revit 功能限制；

② 快速建模模块：快速建模提供了对 DWG 图纸的快速翻模功能，能够快速、高效、精准的提取链接或导入的 DWG 图纸信息，并转换为 Revit BIM 模型；

③ 结构建模模块：结构模块注重模型构件的修改及圈梁、过梁、构造柱等构件的快速创建，通过该模块可以快速建立更加准确、符合标准的模型；

④ 机电管线模块：机电管线模块注重解决管线创建过程中复杂、烦琐、重复性高的内

容，提供了高效、方便、简洁的功能以提高设计师和工程师的效率；

⑤装饰装修模块：提供了墙面贴砖、墙体砌块、楼板拆分、抹灰操作等功能，涵盖了地面、隔墙、吊顶各类装修方式，有效缩短了人为建模时间；

⑥出图模块：100% 基于 Revit 模型，快速、灵活进行施工图纸的标注和出图。

8.3.7 红瓦族库大师

红瓦族库大师官方版是一款互联网与本地客户端结合的 Revit 插件，是广大用户工作中的好帮手。红瓦族库大师官方版在使用中，每次打开都能看到实时更新的族列表，既能享受到互联网的实时快速，又能感受到本地客户端的方便易用，是真正的互联网云族库。

目前族库大师中公共族库含 7 大专业，近万个族，并且公共族库全部永久免费使用。可以实现快速导入设计项目，辅助工程设计工作。

8.3.8 型兔 BIMto 云族库

型兔 Revit 插件是型兔 BIMto 官方提供的 BIM 云族库 Revit 插件，安装后，可以在 Revit 中快速进入型兔 BIMto 主页，直接下载和使用型兔提供的 BIM 族库资源，从而大大提升用户的建模效率和建模能力。

型兔 Revit 插件主要特性：效率提升，有了 BIMto，大大提高建模效率，提升建模能力；实时更新，有了 BIMto，只要连接网络，随时拥有最新云族库；成本降低，有了 BIMto，无需花费精力制作族，可更专注于核心业务。

8.3.9 毕马汇族助手

毕马汇族助手是一个专业的 Revit 族库管理插件，也叫 NBimer 族助手，拥有上万的 BIM 云族库资源，均可以免费下载使用，支持自定义收藏和云同步功能，适用于 Revit 2014/2015/2016/2017，是 BIM 设计师、工程师必备插件。

8.3.10 毕马搜索 Revit 版

毕马搜索是毕马科技的产品，该产品内嵌于 Revit、AutoCAD、Sketchup 中，是一款锁定"建筑相关信息"的建筑业专用聚合搜索引擎。整合了百度、搜狗等第三方搜索引擎的优势，剔除商业推广，搜索速度更快，搜索结果也更加精准和专业，不用打开网页浏览器就可以方便地搜索资料，方便又实用。

8.4 Revit 链接协同工作简介

在创建实际项目工程时，一般都需要建筑、结构、机电等专业的工程师共同参与协作完成。目前基于 Revit 软件实现各专业间协同工作和协同设计的方式主要有两种，其中一种是使用 Revit 链接的方式进行协同。这一小节将重点讲解下使用 Revit 链接方式的工作流程、使用条件、优缺点以及常见问题。

8.4.1　使用 Revit 链接方式工作流程

使用 Revit 链接方式工作流程及 Revit 链接功能如图 8-12、图 8-13 所示。

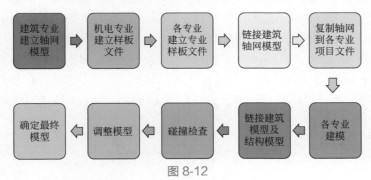

图 8-12

在链接图元时，可以将链接项目中的轴网、标高等图元复制到当前项目中，以方便在当前项目中编辑修改。但为了当前项目中的轴网、标高等图元保持与链接项目中的一致，可以使用"复制 / 监视"工具将链接项目中的图元复制到主体项目中，用于追踪链接模型中图元的变更和修改情况，并及时协调和修改当前主项目模型中的对应图元。"复制 / 监视"工具如图 8-14 所示。

图 8-13

图 8-14

8.4.2　Revit 链接方式的使用条件

需要采用相同版本的建模软件，建立统一的标高轴网文件，各专业工程师建立自己的项目文件。

8.4.3　使用 Revit 链接方式的优缺点

优点：可不受建模人员所在地点和使用设备的限制，各专业人员可随时随地独立完成负责范围内的模型文件的创建和修改，建立完成的模型文件还可存储于便携式设备或通过网络传输，建模地点不受限制，较为灵活。还可通过"复制 / 监视"工具等方法实现链接文件部分或全部转换为本项目图元，选择性强，并可以减少项目文件的内容，减少对建模设备内存的占用。

  缺点：各专业构件模型调整信息的实时性不强，由于建模协调工作不及时会造成模型的反复调整。

8.4.4 使用 Revit 链接方式的常见问题

  当 Revit 项目 A 链接了 Revit 项目 B，使用"附加模块"选项卡"外部"面板中的"外部工具"下拉下的"Navisworks 2016"工具，导出中间数据文件进入 Navisworks 软件后发现只有项目 A 的数据，没有项目 B 的数据。

  解决办法为：在点击"Navisworks 2016"工具命令后，弹出"导出场景为"窗口，需要点击窗口下侧"Navisworks 设置"功能，在弹出的窗口中，拖动竖向滚动条，勾选"转换链接文件"，继续执行导出数据操作，最后进入到 Navisworks 中的模型不仅有项目 A，也会有项目 B。如图 8-15 所示。

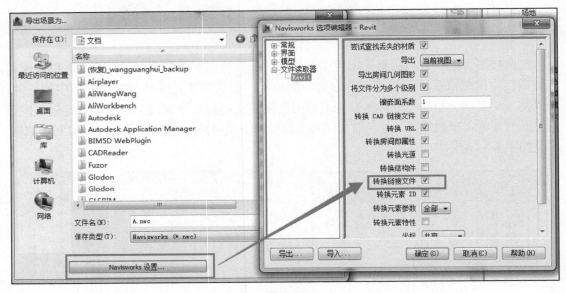

图 8-15

8.5 Revit 中心文件协同工作简介

  各专业间协同工作的方式除了 Revit 链接还有 Revit 中心文件的方式。实现 Revit 中心文件的方式主要是通过创建工作集，工作集是将所有人的修改成果通过网络文件夹的方式保存在中央服务器上，并将他人修改的成果实时反馈给项目各参与方，以便在设计时可以及时了解他人的修改和变更成果。要启用工作集，必须由项目负责人在开始协作前建立和设置工作集，并制定共享存储中心文件的位置，且定义所有参与项目工作的人员权限。这一小节将重点讲解下使用 Revit 中心文件方式的工作流程、使用条件、优缺点以及常见问题。

8.5.1　使用 Revit 中心文件方式工作流程

使用 Revit 中心文件方式工作流程如图 8-16 所示。

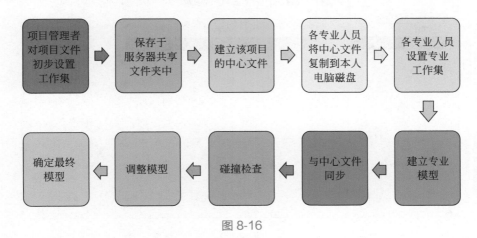

图 8-16

8.5.2　建立 Revit 中心文件操作步骤

（1）点击"协作"选项卡下的"管理协作"面板中的"工作集"功能，弹出"工作共享"窗口，确定后弹出"工作集"窗口，添加各专业工作集。如图 8-17、图 8-18 所示。

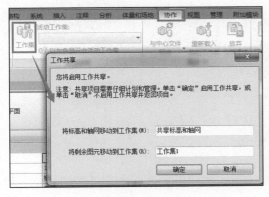

图 8-17

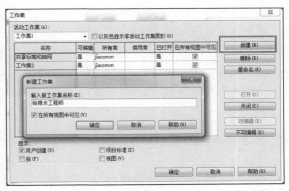

图 8-18

（2）在工程文件保存的情况下，再次打开"工作集"窗口，设置所有工作集的"可编辑"选项均为"否"，即对于项目管理者来说所有的工作集均变为不可编辑，完成后单击"确定"按钮，退出"工作集"窗口（需要说明的是，由于项目管理者一般不会直接参与项目的修改与变更，因此项目管理者设置完成工作集后，需要将所有工作集的权限释放，即设置所有工作集的"可编辑"选项均为"否"。如果管理者需要参与到中心文件的修改工作，或者需要保留部分工作集为其他用户不能修改，则可以将该工作集的"可编辑"选项设置为"是"，这样在中心文件同步后，其他用户将无法修改被项目管理者占用的工作集图元）。如图 8-19 所示。

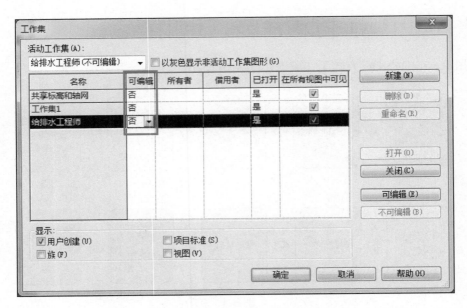

图 8-19

（3）在"协作"选项卡的"同步"面板中单击"与中
心文件同步"工具下拉下的"同步并修改设置"，弹出"与
中心文件同步"窗口，单击"确定"，将工作集设置为与中
心文件同步。完成后关闭软件，至此项目管理者完成了工
作集的设置工作。如图 8-20 所示。

（4）在各专业工程师全部或者阶段性完成各自绘制内
容后，可以单击"协作"选项卡下"同步"面板中"与中
心文件同步"工具，同步当前工作集的设置与绘制内容，
这样项目各参与方在同步之后都可以看到最新的项目状态。

图 8-20

8.5.3 Revit 中心文件的使用条件

需要有服务器存储设备及同一网络，采用相同版本的建模软件，由项目管理者统一建
立和管理工作集的设置。

8.5.4 使用 Revit 中心文件方式的优缺点

优点：多专业可对同一项目模型进行编辑，通过实时更新的方法，各专业人员可随时
了解整个项目模型的构件情况和细节，实时对模型进行调整和优化。该模式还可通过提出
修改申请的方式，允许其他专业人员提出调整模型方案，不仅实现了信息实时沟通，而且
提供了模型修改多人协作和采用授权管理的途径，使得建模过程中各种资源集中使用，减
少了反复调整模型的工程量，提高了创建模型的效率。

缺点：各专业人员必须使用链接同一台服务器的唯一设备进行工作，约束了建模人员的工作时间和工作地点。且中心文件不能通过网络传输或者拷贝等方式在另外的建模设备上编辑，只有采用与中心文件分离的方式后才可以，但分离后的文件又失去了与中心文件的关联，无法实时更新。

8.5.5　使用 Revit 中心文件的常见问题

当 Revit 中心文件损坏无法打开时，通常的解决办法如下。

（1）需要先把中心文件复制到本地，然后打开 Revit 程序，在打开软件界面单击打开复制到本地的中心文件，勾选"从中心分离"与"核查"，检查具体问题，如果是某个构件的问题，那么记录下该构件的 ID 号，在分离中心文件后的文件中使用"管理"选项卡"查询"面板中的"按 ID 选择"工具进行问题构件的定位，找到后删除问题构件。如图 8-21 ～图 8-23 所示。

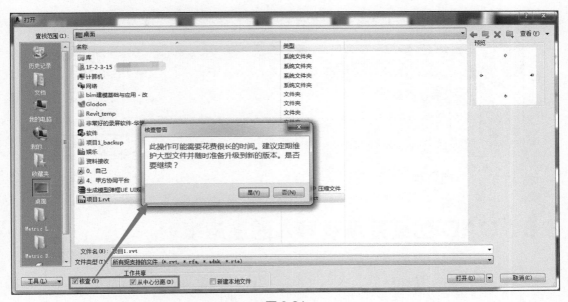

图 8-21

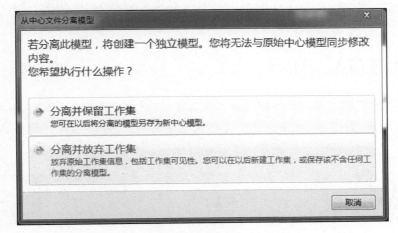

图 8-22

（2）如果文件还是有问题，那么可以使用"协作"选项卡"管理模型"面板中的"恢复备份"工具。如图 8-24 所示。

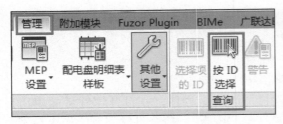
图 8-23

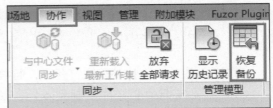
图 8-24

（3）如果上述办法还未解决，那么可以使用"插入"选项卡"链接"面板中的"链接 Revit"功能将此文件链接到一个新项目中，然后使用"复制 / 监视"功能将需要的模型构件进行复制，可以挽回一些损失。如图 8-25、图 8-26 所示。

图 8-25

图 8-26

8.6 CAD 图纸处理及导入的注意事项

目前市场上大部分建模的方式是依据二维 CAD 图纸进行 Revit 翻模，也就是在创建 BIM 模型或者是族文件之前都需要先将 CAD 图纸导入到 Revit 软件中，以此为底图创建模型以便提高建模效率。这一小节将重点讲解针对 CAD 图纸处理及导入的注意事项。

8.6.1 针对 CAD 图纸的处理

由于 CAD 图纸进入 Revit 软件后修改起来较为麻烦，所以为了导入 Revit 软件的图纸正确、轻便，需要在 AutoCAD 中对图纸进行一系列的处理操作，具体内容如图 8-27 所示。

图 8-27

（1）版本格式处理　最好将 CAD 图纸转化为天正 T3，否则在使用 Revit 导入 CAD 图纸时可能会出现 CAD 图纸中图元超出范围的提示（这是因为一般使用的 CAD 底图都是由天正 CAD 绘制的，但是天正 CAD 绘制的图形文件，是一个三维图形，也就是 Z 轴方向有参数，这时候就需要转为 T3 格式）。如图 8-28、图 8-29 所示。

图 8-28

（2）清理多余对象　转存好版本格式之后，需要进一步清理图纸中没有必要的图形信息。有如下方法：方法 1，可以关闭显示多余的图层；方法 2，使用清理功能（快捷键：PU），在清理过程中有可能遇到 CAD 底图中有很多块参照信息，无法分解，也无法"PU"掉，此时可以使用在位编辑器功能（快捷键：Refedit），进一步删除掉顽固的块参照；方法 3，如果觉得上述方法清理不彻底，可以把需要的 CAD 底图正向框选，复制粘贴到新的 CAD 文件中将其另存为。一般经过上述方法，就可以保证 CAD 图纸处理干净了。如图 8-30 所示。

（3）保存为单个文件　通常设计师设计的一个 CAD 文件中会包含多张图纸，如"一层平面图"、"二层平面图"等，为了建模的方便性，需要将 CAD 文件中的图纸一一提取出来并依次导入到 Revit 不同的视图中。可以使用 CAD 的外部块工具（快捷键：W）进行提取（也可以使用天正建筑"文件布图"中的"备档拆图"功能进行快读拆分图纸。读者可自行学习）。如图 8-31、图 8-32 所示。

（4）图纸位置修正　针对即将导入 Revit 的 CAD 图纸，最好设置下图纸在界面中的位置。一般可以使用移动工具（快捷键：M），将 CAD 图纸移动到"0，0，0"的位置上（因为 Revit 文件中默认中心位置为"0，0，0"）。这样可以避免将 CAD 图纸导入 Revit 后发现图纸距离绘图区域中心位置非常远或者根本就看不到的问题。如图 8-33 所示。

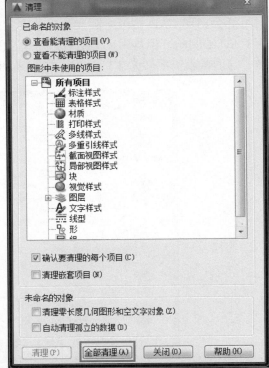

图 8-30

Revit ×

"总平面图 t3.dwg"文件中几何图元的范围超过
1E9。超出此范围的数据会被截断。单击"确定"
继续；单击"取消"退出导入。

确定　取消

图 8-29

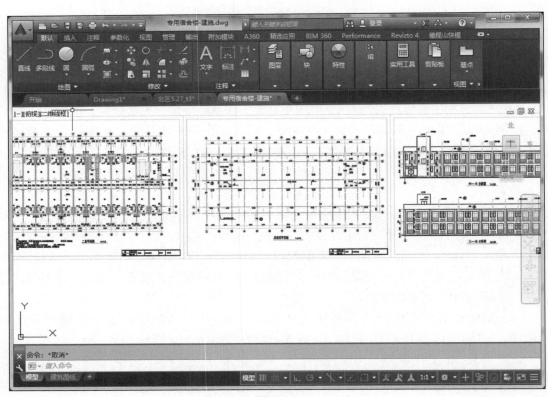

图 8-31

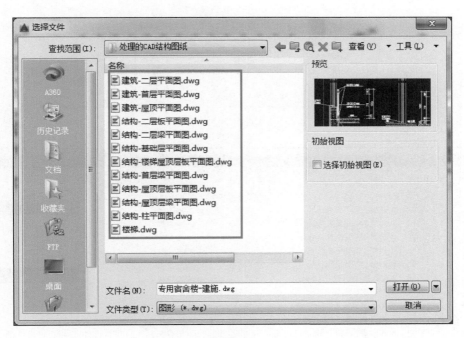

图 8-32

图 8-33

（5）二次检查 对保存好的单文件 CAD 图纸进行二次检查，确保图纸没有问题。

8.6.2 CAD 图纸导入 Revit 的注意事项

（1）导入 CAD 使用"插入"选项卡"导入"面板中的"导入 CAD"工具导入 CAD 图纸。在"导入 CAD 格式"窗口中，选择需要导入的一张图纸，勾选"仅当前视图"（保证导入的图纸只在当前视图显示）；"颜色"选择"保留"，喜欢黑白的可以下拉选择"黑白"；"图层/标高"选择"全部"；"导入单位"选择"毫米"（此处如果不修改为"毫米"，很可能在 Revit 绘图区域会发现 CAD 图形扩大或者缩小了 N 倍）；"定位"选择"手动"（建议选择为手动，这样可以自定义设置导入的 CAD 图在 Revit 绘图区域的位置。如果在前面处理 CAD 图纸时候已经将 CAD 图放在了原点位置，那么此处也可以选择为"自动 – 原点到原点"）。点击"打开"按钮，导入 CAD 就完成了。如图 8-34、图 8-35 所示。

（2）链接 CAD 使用"插入"选项卡"链接"面板中的"链接 CAD"工具链接 CAD 图纸。注意事项与导入 CAD 一致。如图 8-36、图 8-37 所示。

图 8-34

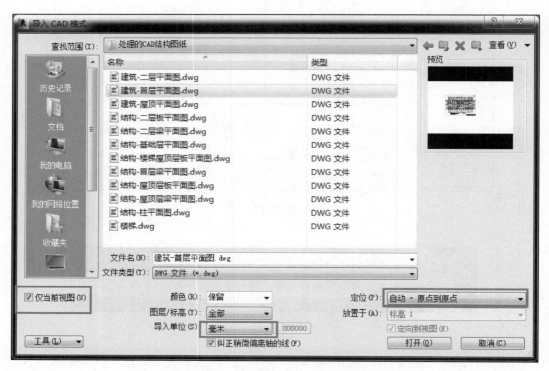

图 8-35

图 8-36

（3）导入 CAD 与链接 CAD 的区别 链接 CAD 可以理解为 AutoCAD 功能里面的外部参照文件。该 CAD 链接文件是必须随着 Revit 文件的移动而移动的，需要保持相对文件位置不变，才能一直被正确载入。

而导入 CAD 实际是把该 CAD 文件融入到了 Revit 项目中，变成了 Revit 项目文件的一部分。

另外导入 CAD 命令，也可以用来导入其他平台的模型文件，比如草图大师文件、犀牛文件等，但是需要注意的是，导入其他平台文件，一定要预先设置好单位。

（4）对于导入进来的图纸移动　对于 Revit 中的图纸，不管是使用"链接 CAD"还是使用"导入 CAD"载入进来的，有时需要对图纸进行移动等操作，当图纸无法移动时，可以先选择图纸，单击"修改"面板中的"解锁"工具（Revit 2016 版本的软件更新之后，所有 CAD 文件载入之后默认都是锁定状态），然后就可以进行移动操作。如图 8-38所示。

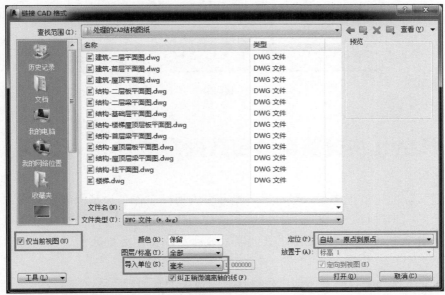

图 8-37

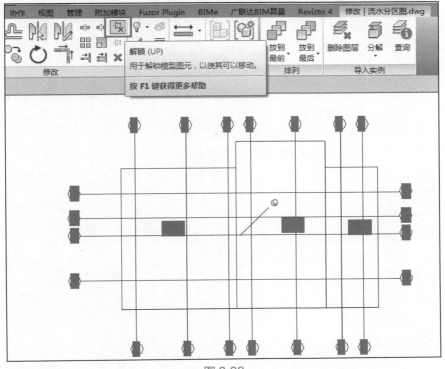

图 8-38

有时 Revit 中 CAD 图根本无法选择，也就更无法移动，则可能是因为 Revit 操作界面右下角的选择控制项中的第三个"选择锁定图元"工具状态为禁止，所以无法进行选择操作。将其激活后再选择图纸进行解锁操作即可。如图 8-39 所示。

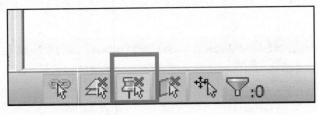

图 8-39

8.7 Revit 快速复用项目数据方法

在创建实际项目过程中，一般都是各专业多人协同工作。为了提高工作效率，一般会把项目通用的内容进行归纳整理，并形成基准样板作为其他人工作的基础性文件。这一小节将重点讲解下 Revit 如何快速使用其他项目或自身项目的标准数据进行正确的模型创建和完善。

如何快速地使用项目的通用信息，现在比较常用的有三种方式。

8.7.1 创建项目样板（任何项目都适用）

项目样板解读：在 Revit 中新建项目时，Revit 会自动以一个后缀为".rte"的文件作为项目的初始选择，这个".rte"格式的文件就被称为"样板文件"。Revit 中样板文件的功能相当于 CAD 的".dwt"文件。样板文件中定义了新建项目中默认的初始参数，例如项目默认的度量单位、楼层数量的设置、层高信息、线型设置、显示设置等。Revit 允许用户自定义属于自己的样板文件，并保存为新的".rte"文件。

创建一个项目样板都需要些什么？具体内容如下。

① 导入相关族到项目中。

② 制定共同的轴网和标高。

③ 定义好视图属性。

④ 包括项目经常使用的图元，或者最基础的图元。

⑤ 保持一定的规范性，例如：族命名的设定。

⑥ 设置好机械设置，管道连接形式定义。

⑦ 设定好文字、标注等。

⑧ 导入相关出图图框。

⑨ 另存为 .rte 样板文件。

创建项目样板的具体操作步骤如下。

（1）根据项目的要求选择 Revit 软件自带的一个基础样板。如图 8-40 所示。

图 8-40

（2）根据图纸的具体情况，可以将通用的数据进行提前录入，比如项目的柱表信息中的柱子尺寸、结构梁图中的梁截面尺寸等（可以参见专用宿舍楼中的结施图纸）。如图 8-41、图 8-42 所示。

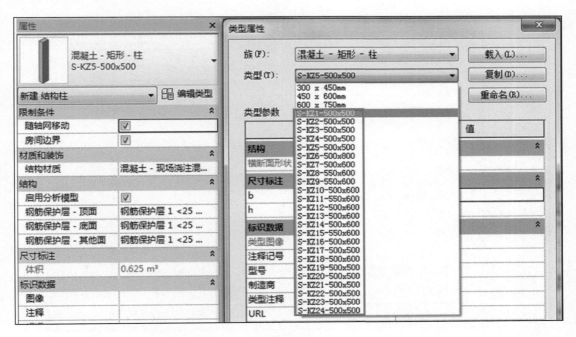

图 8-41

（3）创建好信息后，需要将文件保存为样板文件。如图 8-43 所示。

8.7.2 传递项目标准（项目之间传递）

简单来说就是可以将一个项目中的项目标准（如系统族、线宽、材质、视图样板、对象样式、机械设置、电器设置、标注样式、颜色填充方案、填充样式、打印设置等）复制到另一个项目中。操作比较快捷，规范性不如项目样板严格。

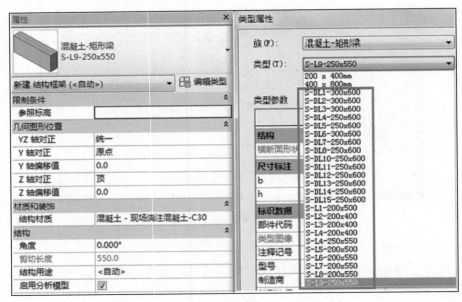

图 8-42

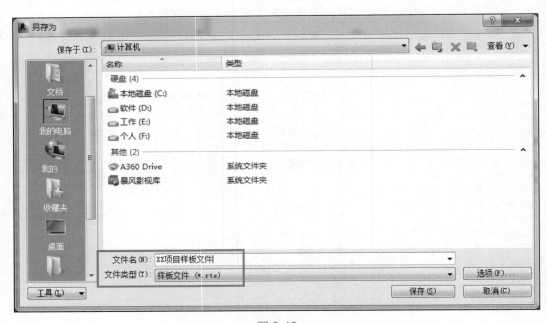

图 8-43

需要注意的是项目之间的传递仅包括系统族，而不是可载入的族。并且传递的是可选择的这一类的全部内容，不能单独选择具体的哪一项。

传递项目标准的具体操作步骤如下。

（1）使用 Revit 程序同时打开需要传递标准的项目 A 和接受标准的项目 B，以 Revit 案例工程建筑项目（里面已经设置很多标准数据）定义为项目 A，以一个空白项目定义为项目 B。查阅项目 A 的项目信息中填入了一些数据，项目 B 的项目信息为空。如图 8-44、图 8-45 所示。

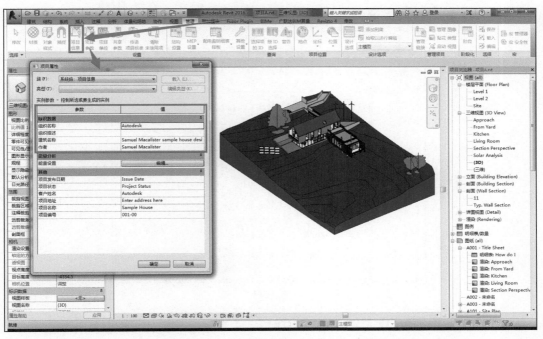

图 8-44

（2）在保证项目 B 处于当前激活状态下，单击"管理"选项卡"设置"面板中的"传递项目标准"工具，弹出"选择要复制的项目"窗口，选择"项目 A"，去掉其他勾选，只勾选"项目信息"，点击"确定"按钮后，项目 A 中设置的项目信息数据就传递到了项目 B。如图 8-46、图 8-47 所示。

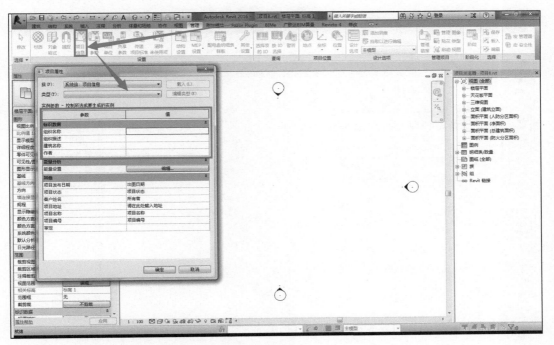

图 8-45

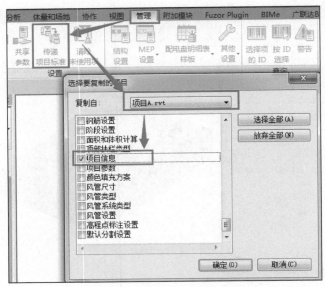

图 8-46

（3）当然传递项目标准功能还可以传递构件类型、尺寸标注、视图样式等各类信息，以便于快速实现同一项目数据的共享与一致。

（4）需要注意的是如果在传递项目标准时遇到"没有可'传递项目标准'的已打开项目"的提示，原因是由于 Revit 是允许多个项目同时启动的，也就是项目 A 是使用 Revit 启动程序打开的，项目 B 也是使用 Revit 启动程序打开的。解决办法是关掉其中一个项目，如项目 B，然后使用打开项目 A 的 Revit 应用程序下的"打开"命名打开项目 B，就可以正确使用"传递项目标准"功能了。如图 8-48 所示。

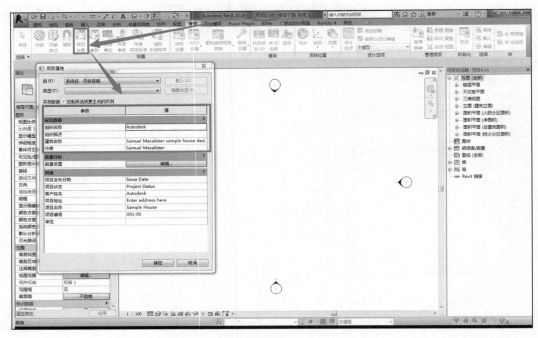

图 8-47

图 8-48

8.7.3　共享视图样板（自身项目传递）

　　视图样板包含一系列视图属性，例如：视图比例、规程、详细程度以及可见性设置。视图样板常常应用于模型的配色显示，或者是出图的操作，尤其在出图阶段应用广泛，因为在 Revit 中处理出一张符合国内标准的图纸并不简单，需要对构件详细程度、规程、显示隐藏、颜色、线型等做很多操作。而使用视图样板，则可以保证在同一项目中各视图可以快速应用已经做好的视图样板，提高工作效率，减少重复劳动。

　　以出图为例讲解共享视图样板的操作步骤，具体如下。

　　（1）使用 Revit 程序打开模型，假设对于模型中的一层楼层平面视图我们已经对其进行了完整的出图设置，此时可以点击"视图"选项卡"图形"面板中的"视图样板"下拉下的"从当前视图创建样板"工具，在弹出的窗口中将其保存为"出图视图样板"。如图 8-49、图 8-50 所示。

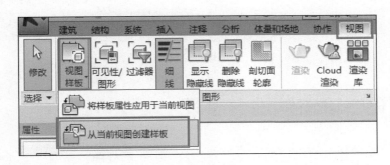

图 8-49

图 8-50

（2）进入其他楼层平面视图，如二层楼层平面视图，点击"属性"面板中"视图样板"右侧按钮，在弹出的"应用视图样板"的窗口中选择"出图视图样板"。这样二层楼层平面视图在出图时直接应用了一层楼层平面视图的出图设置，无需重复劳动。如图 8-51 所示。

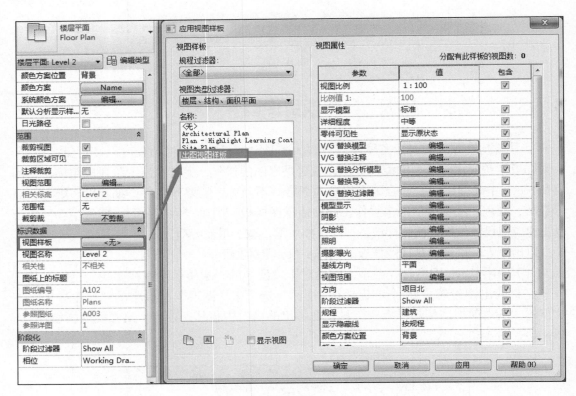

图 8-51

8.8 可见性设置的注意事项

在使用 Revit 创建项目模型的时候，不管是二维平面视图、三维模型视图，还是剖面图中，常常会遇到某些图元或者某些信息不可见的问题，影响我们对于模型的理解。这一小节将重点讲解下针对 Revit 中数据不可见的常见解决办法。

8.8.1 方法一：对于 VV 可见性窗口的设置

首先在 Revit 空白绘图区域输入快捷键"VV"（也可以点击"属性"面板中的"可见性 / 图形替换"右侧编辑按钮），在可见性 / 图形替换的窗口（在不同的视图中 VV 打开的窗口名字不一样）中进行操作。

（1）"模型类别"页签控制实体构件的显示隐藏。如图 8-52 所示。

（2）"注释类别"页签控制标记、注释、剖面框、标高、轴网等的显示隐藏。如图 8-53

所示。

图 8-52

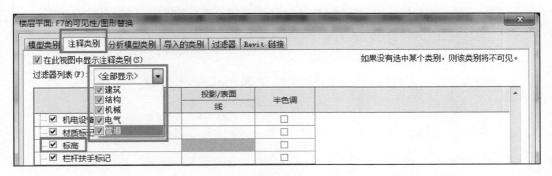

图 8-53

（3）"导入的类别"页签控制导入进来的 CAD 图纸的显示隐藏。如图 8-54 所示。

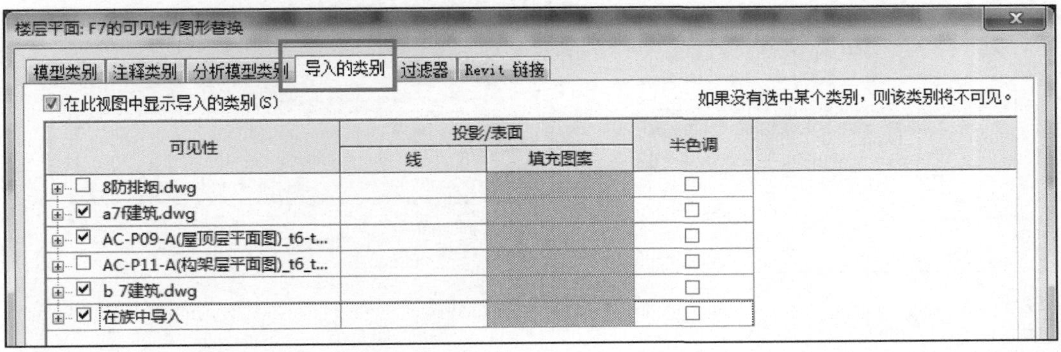

图 8-54

（4）"过滤器"页签针对不同分类的构件统一设置显示隐藏（一般在建模前期策划阶段就会做项目各专业的构件配色表，可以统一在过滤器中设置）。如图 8-55 所示。

（5）"Revit 链接"页签控制链接进来的 Revit 文件的显示隐藏。如图 8-56 所示。

（6）"工作集"页签针对当使用工作集来创建模型时，此处可控制各个工作集下构件的显示隐藏。如图 8-57 所示。

Chapter 08

图 8-55

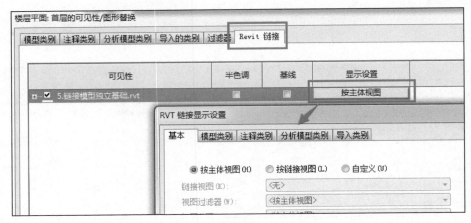

图 8-56

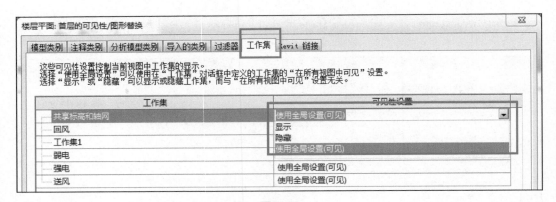

图 8-57

8.8.2 方法二：对于"属性"面板的设置

（1）可以通过调整"属性"面板中"视图范围"设置，在"视图范围"窗口中进行数值的修改。注意此功能对应楼层平面视图显示，在三维模型视图下不显示。如图 8-58 所示。

（2）可以通过调整"属性"面板中"规程"设置，对其他专业模型进行整体显示隐藏。如果一个 Revit 模型既含有建筑、结构构件，还含有机电管线，那么建议"规程"设置为"协调"。如图 8-59 所示。

图 8-58

（3）可以通过调整"属性"面板中"阶段过滤器"设置，对创建模型时设置过阶段的构件进行显示隐藏。如图 8-60 所示。

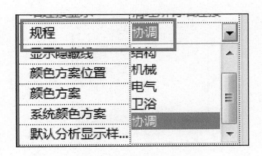

图 8-59

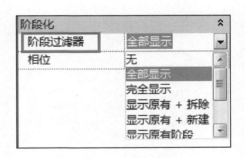

图 8-60

（4）可以通过调整"属性"面板中"视图样板"设置，将视图样板修改或去掉以便控制构件的显示隐藏（注意在有视图样板的情况下 VV 视图可见性不可调节）。如图 8-61 所示。

（5）可以通过调整"属性"面板中"基线"设置，控制其他层对应对象的轮廓显示或隐藏。注意此功能对应楼层平面视图显示，在三维模型视图下不显示。如图 8-62 所示。

（6）可以通过调整"属性"面板中"裁剪视图"、"裁剪区域可见"设置，控制构件是全部显示还是部分显示。注意在三维视图下还可以通过"剖面框"来进行控制。如图 8-63、图 8-64 所示。

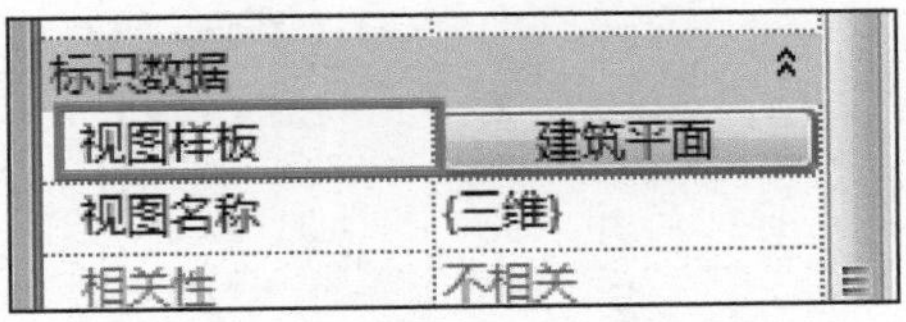

图 8-61

图 8-62

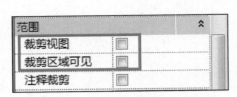

图 8-63

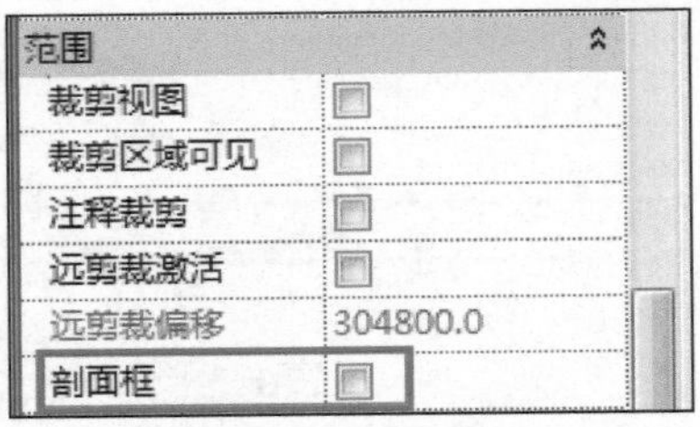

图 8-64

8.8.3　方法三：对于视图控制栏的设置

（1）可以通过调整视图控制栏中的"临时隐藏／隔离"控制构件的显示隐藏，此功能可以配合"过滤器"功能一起使用。如图 8-65 所示。

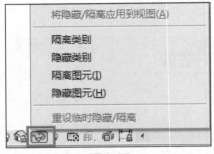

图 8-65

图 8-66

（2）可以通过调整视图控制栏中的"详细程度"控制构件的显示样式，此功能对于机电管线比较适用，可以控制管线是单线显示还是三线显示。如图 8-66 所示。

8.9　如何控制项目的大小

Revit 模型本身包含了用户创建的所有数据信息，随着构件数量的越来越多，保存的文件本身体量也会越来越大，这将直接影响到软件的运行速度和用户的感官体验。这一小节将重点讲解下模型体量压缩的操作方法。

方法一：清除未使用项。

在保存模型前，可以点击"管理"选项卡"设置"面板中的"清除未使用项"工具，将未使用的数据进行清除，以降低文件大小。如图 8-67 所示。

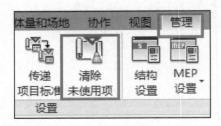

图 8-67

图 8-68

方法二：清除导入 Revit 的数据，如 CAD 图纸。

在保存模型前，可以点击"插入"选项卡"链接"面板中的"管理链接"工具，将 CAD 格式页签下无用的数据删除，以降低文件大小。如图 8-68 所示。

方法三：另存为项目。

可以将体量较大的这个模型进行另存为的操作，因为重新另存为文件，数据会被重新编译。

方法四：将模型拆分。

对于体量大的模型，想要很流畅地查阅，可以将模型进行拆分，按照楼层、专业、单体或者其他方式都可以，拆分完成后将其另存为多个小模型文件，想要整合查阅模型，可以将这些文件统一导入 Navisworks 中进行合模展示。

8.10 对于明细表的多方面应用

明细表是 Revit 软件的重要组成部分。通过定制明细表，可以从所创建的 Revit 模型中获取所需要的各类项目信息，通过表格的形式直观表达，以便于指导现场的材料采购、算量结算等工作。这一小节将重点讲解下针对明细表重复使用以及将明细表导入 CAD 图纸中的操作方法。

情景一：明细表的重复使用（适用于项目间）

方法一：可以将做好明细表的项目保存为一个常规的样板文件（剔除其他不必要的数据信息），其他项目可以以此样板为基础创建模型，这样明细表中已做的设置就继承了下来。如图 8-69 所示。

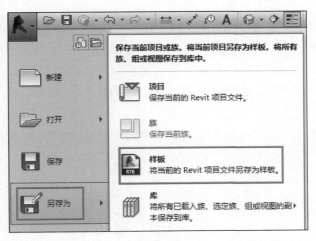

图 8-69

方法二：在两两项目之间进行明细表数据的传递。比如项目 B 需要项目 A 的明细表数据，则可以打开项目 B，点击"插入"选项卡"导入"面板中的"从文件插入"下拉下的"插入文件中的视图"工具。在弹出的"打开"窗口中找到项目 A 并打开，在弹出的"插入视图"窗口中下拉选择"仅显示明细表和报告"，然后勾选需要拿到项目 B 使用的明细表。新导入的明细表默认显示在项目浏览器的"明细表 / 数量"下。如图 8-70 ～图 8-72

所示。

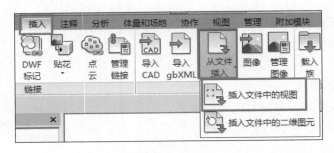

图 8-70

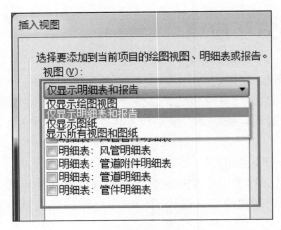

图 8-71

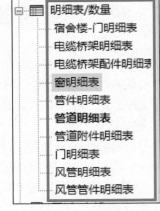

图 8-72

情景二：将 Revit 中明细表导入到 CAD 中

方法一：将明细表粘贴到 CAD 中。由于 Revit 软件只能将明细表导出为纯文本文件，所以需要将此文本文件转化到 Excel 中，然后复制（Ctrl+C）Excel 中的数据直接粘贴（Ctrl+V）到 CAD 中，指定好文字大小后，再指定粘贴点后就完成了。如图 8-73 ～图 8-76 所示。

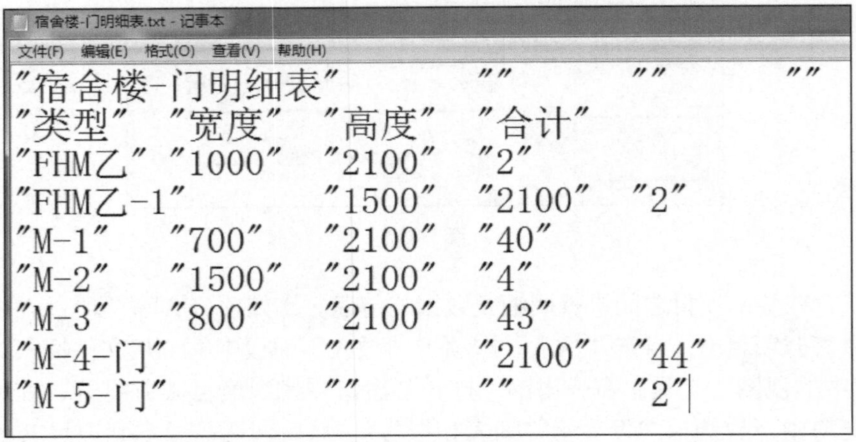

图 8-73

宿舍楼-门明细表			
类型	宽度	高度	合计
FHM乙	1000	2100	2
FHM乙-1	1500	2100	2
M-1	700	2100	40
M-2	1500	2100	4
M-3	800	2100	43
M-4-门		2100	44
M-5-门			2

图 8-74

图 8-75

宿舍楼-门明细表			
类型	宽度	高度	合计
FHM乙	1000	2100	2
FHM乙-1	1500	2100	2
M-1	700	2100	40
M-2	1500	2100	4
M-3	800	2100	43
M-4-门		2100	44
M-5-门			2

图 8-76

方法二：在 Revit 中将明细表放在出图的图纸中，这样明细表将随着其他数据一起导出为 DWG 文件，打开此文件就可以在 CAD 中看到明细表了。如图 8-77 所示。

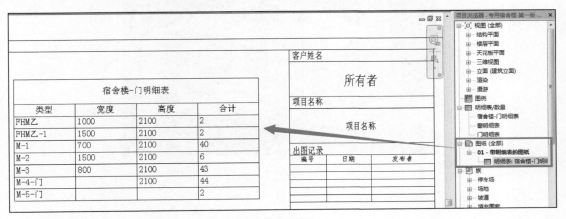

图 8-77

9

BIM 建模及应用案例

土建建模及应用类案例

9.1 广联达信息大厦项目 BIM 建模应用介绍

9.1.1 项目介绍

9.1.1.1 项目介绍

广联达信息大厦工程，位于北京市海淀区中关村软件园二期，地块面积 10042m²，容积率 ≤ 1.85，绿化率 ≥ 22%。建筑物地上 6 层，地下 2 层，建筑总高 24m。总建筑面积 30504m²，其中地上 18578m²，地下 11926m²。建成后，主要用于公司办公及软件研发，可容纳 1200 人办公。项目效果如图 9-1 所示。

图 9-1

9.1.1.2 应用目标

通过 BIM 技术将复杂工程可视化，利用虚拟三维模型，模拟施工工艺，促进各专业协同工作，及时发现问题并调整设计，避免施工浪费，降低风险。具体应用目标如下。

（1）可视化交底　利用 BIM 建模的应用实现可视化交底，让工人直观了解项目建造的理念和施工操作工艺。

（2）深化设计　基于 BIM 技术深化设计，直观展示复杂节点的空间位置关系和不规则形体信息，对复杂节点图纸信息一目了然，提高复杂节点和方案的技术交底问题发现率和整体工作效率，从而保证深化设计的准确性和可靠性。

（3）4D 施工模拟　运用 BIM 软件对施工进度进行模拟展示，利用 BIM 模型实时展示实际工程进度。

9.1.2　BIM 建模前期策划

9.1.2.1　对于人员的策划

总体规划是：建立从 BIM 总院到设计院、施工单位、监理单位的 BIM 管理实施团队，建立 BIM 工作协同制度，搭建协同平台，创建工程全标段全周期的 BIM 应用体系。

而针对 BIM 建模和应用，为保证本工程 BIM 顺利实施，成立以总工任组长的 BIM 小组，并设立 BIM 建模组和 BIM 应用组。BIM 小组领导具有多年的 BIM 应用经验，BIM 小组成员也具有极强的 BIM 建模和 BIM 应用能力。人员策划如图 9-2 所示。

9.1.2.2　对于模型的策划

为满足 BIM 施工的规范性和业主后期运营管理的方便性，严格按照国家 BIM 规范制定了 BIM 模型创建标准，以保证工程后续 BIM 工作和对业主交付的协调统一。

具体建模流程为：BIM 建模开始→建立楼层线及网格→汇入施工图文档→建立柱、墙、梁、板等构件→建立门、窗、楼梯等构件→建立阳台、雨遮、栏杆→立体模型彩现→BIM 建模结束。

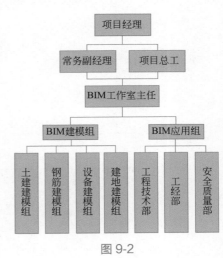

图 9-2

在模型创建过程中，需要检查原有图纸疏漏地方、图纸不清楚的地方，如有必要，需要进行现场实际测量，以便保证模型数据的正确性。具体建模流程如图 9-3 所示。

9.1.2.3　对于过程变更的策划

工程中不可避免的设计变更，要求 BIM 模型需要有完整的修正完善机制，以方便模型的使用者在第一时间得到修改后的模型，最终应用在变更结算、施工指导、运维管理等方面，促使 BIM 模型发挥真正的价值。本项目变更控制流程如图 9-4 所示。

9.1.2.4　对于深化设计流程的策划

在深化设计过程中，建立各专业深化设计 BIM 模型，通过 BIM 集成管理平台进行各专业 BIM 模型集成，通过全专业的碰撞检查，出具全专业碰撞检查报告及优化建议，通过 BIM 模型的可视化、可协调优势提高深化设计的质量，减少设计问题对施工过程的影响。

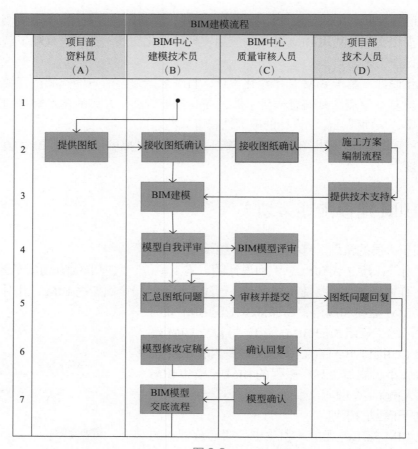

图 9-3

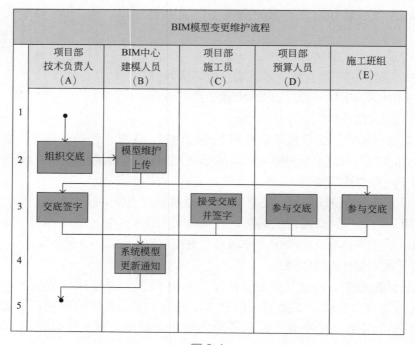

图 9-4

项目 BIM 团队全力配合现场，进行整个项目的建模及深化设计工作。实施主体为 BIM 建模及深化设计小组，实施配合为现场 BIM 经验丰富的工程师。项目具体深化设计流程如图 9-5 所示。

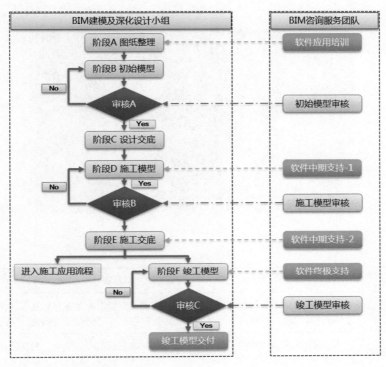

图 9-5

9.1.3　土建 BIM 模型创建及简单应用

9.1.3.1　模型创建

本项目在创建模型前期，根据梳理的图纸信息，并考虑合同要求及施工规范创建了 BIM 建模规范，明确了模型的几何位置、不同专业的建模精度及深度、属性等要求。规范包含的具体内容如下。

（1）建模软件标准　确定各专业采用的建模软件及版本；

（2）模型公共信息　建模公共信息，包括统一模型原点、统一单位、度量制、统一模型坐标系、统一楼层标高等；

（3）模型整合和数据交换标准　确定 BIM 模型格式、BIM 链接模型要求、浏览模型要求、BIM 模型导出数据标准规范等；

（4）模型文件命名规定　确定 BIM 相关数据的文件夹、文件等的命名方式，便于统一查阅管理；

（5）模型构件颜色规定　规定各专业构件的颜色并进行明示。

最终根据项目特征及施工蓝图，使用 Revit 软件建立了土建专业 BIM 模型。模型效果如图 9-6 所示。

9.1.3.2 碰撞检查

BIM 工程师通过全专业 BIM 集成模型进行碰撞检查，发现、调整、优化深化设计各类碰撞问题，出具全专业碰撞检查报告及优化建议，各专业工程师进行调整和修改直至各专业模型无碰撞，完成 BIM 辅助深设计的过程。碰撞检查方式如表 9-1 所示。

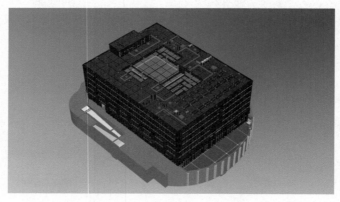

图 9-6

表 9-1

碰撞检查类别	碰撞检查内容及要求
土建内部碰撞检测	土建模型完成后，进行内部碰撞检测。主要检查模型中是否有重复构件，相连相交构件是否正确连接，项目的净高是否满足规范要求等问题，确保模型的精确性，利于后期指导施工
机电综合管线碰撞检测	进行综合机电管线内部、机电综合管线与结构之间的碰撞检测，查找碰撞点，导出碰撞报告，对综合管线布局方案、结构预留洞口提出优化建议，协助设计单位进行图纸优化，解决水、暖、电、通风与空调系统等各专业间管线、设备的碰撞
建筑与结构、机电管线碰撞检测	进行建筑与结构、机电管线的碰撞检测，重点关注预留孔洞问题，导出碰撞报告，对建筑及结构方案提出优化建议，协助设计单位进行图纸优化

各专业碰撞检查问题如图 9-7 所示，总包单位将问题筛选后集中汇总，报设计单位及业主，待回复后修改模型。

序号	难易程度	碰撞数量	描述
1	简单	811	不影响整体系统设计，可自行调整
2	中等	128	与设计有关的碰撞，需机电设计方调整
3	严重	13	需要建筑、结构和机电共同调整设计
4	合计	952	

图 9-7

9.1.3.3　图纸检查

图纸检查和碰撞检查是深化设计过程中核心的两项工作。为了更好地发现设计图纸的问题，利用 BIM 技术进行各专业模型的三维建模，更加直观形象地展现拟建建筑实体和各个复杂节点的同时，可以结合施工经验和要求对设计图纸进行细致检查，记录图纸问题和难点提交设计。检查出来的问题举例如图 9-8 所示。

问题 1：机房层电梯区楼板未开洞。　　　　问题 2：三层梁图 LLh6 标注 2 跨，实际为 1 跨。

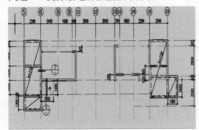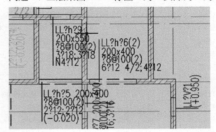

图 9-8

9.1.3.4　净高控制

在 BIM 模型的基础上根据业主净高要求进行净空分析，并向总承包提供净空分析报告，反馈优化方案。通过发现和解决冲突，提前模拟，限高 24m 的建筑物做到了六层，并把层高 2.25m 优化为 2.45m。净高控制如图 9-9 所示。

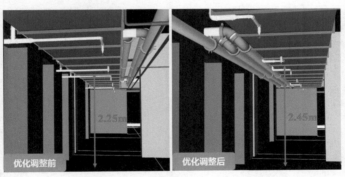

图 9-9

9.1.3.5　模型维护更新

本项目在 BIM 建模工作进行过程中，BIM 模型和模型信息及时更新，确保了模型处于完善的正确状态。一旦拿到设计与甲方签认的设计变更文件和图纸（包括洽商单等）后，就快速整理并将变更内容及时地反映到各类工程资料及 BIM 模型中，确保施工变更 BIM 模型与施工图纸文档的一致性。模型更新后进行碰撞检查，并将 BIM 碰撞检查报告及优化建议向设计与甲方进行反映，待甲方确认最终版变更设计图纸后重新完善模型。在具体实施过程中形成的变更通知检查单和发现问题报告如图 9-10、图 9-11 所示。

9.1.3.6　可视化展示

按照各项 BIM 建模标准完成各专业模型的创建以后，就可以通过 BIM 软件进行模型的三维浏览展示。BIM 模型提供了便捷的三维模型浏览功能，可按楼层、按专业多角度进行组合检查，可以在模型中任意点击构件查看其类型、材质、体积等属性信息。不同于传统的二维图纸和文档方式，通过三维模型可以更加直观地完成技术交底和方案交底，提高项目人员沟通效率和交底效果。可视化漫游展示如图 9-12 所示。

设计变更通知单表C2-3

序号	专业名称	资料编号	变更摘要	完成情况
1	建筑	03-C2-235	观光电梯加设一道二次砌筑墙体	已
2	建筑	03-C2-250	补充1#通廊首层西侧防水收头做法、明确B1层空调机房门洞尺寸、明确B2层前室门	已
3	建筑	03-C2-271	调整-1层A-e～A-f/A-10～A-11处强电间调整并改为库房	已
4	建筑	03-C2-276	1#、2#变电室因现有高度风道进入变配电间内无法保证净高要求，现部分房间调整	已
5	建筑	03-C2-300	明确门规格等	已
6	建筑	03-C2-303	需在B1层变配电室值班室下部夹层增加砌块墙体	已
7	建筑	03-C2-253	修改B1层电气管井位置（普）	已
8	建筑	03-C2-324	现补充高压细水雾机房	已
9	建筑	03-C2-329	设备基础	已
10	建筑	03-C2-332	加坡口	已
11	建筑	03-C2-349	开泄爆窗	已
12	建筑	03-C2-219	部分与幕墙交接处处理措施	已
13	建筑	03-C2-224	取消部分防火卷帘	已
14	建筑	03-C2-258	因1#、2#坡道调整，1#坡道-2F位置处强电间外墙为混凝土墙体需加高至2000mm	已
15	建筑	03-C2-297	补充污水处理站井盖、楼梯栏杆、井圈厚度等做法	已
16	建筑	03-C2-300	明确门规格等	已
17	建筑	03-C2-321	B1层变配电室北侧窗井处增加排风机房	已

图 9-10

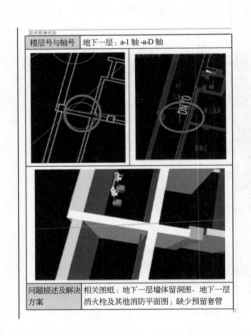
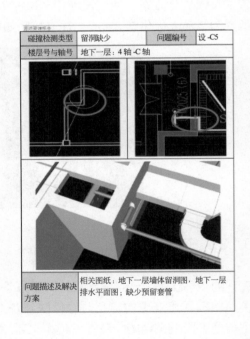

图 9-11

9.1.3.7 场地布置及管理

通过 BIM 技术可解决现场施工场地平面布置问题，解决现场场地划分问题。为使现场使用合理，施工平面布置应有条理，尽量减少占用施工用地，使平面布置紧凑合理，同时做到场容整齐清洁，道路畅通，符合防火安全及文明施工的要求。施工过程中避免多个工种在同一场地、同一区域进行施工引起相互牵制、相互干扰。施工现场设专人负责管理，使各项材料、机具等按已审定的现场施工平面布置图的位置堆放。本项目基坑阶段场地布置如图 9-13 所示。

图 9-12

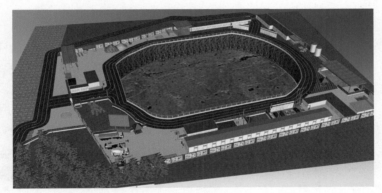

图 9-13

9.1.3.8　模架方案展示

模板脚手架是混凝土工程必需的措施项目，模架业务涉及算量、控量、专项方案编制、高大支模论证等业务环节，本项目通过采用基于 BIM 模型的模板脚手架设计软件，灵活布置各类模板以及脚手架，精确统计各类模板、背楞、支架、扣件等材料的用量，自动进行安全计算，并形成多个方案，从中选择性价比最高的方案运用在项目中。模板脚手架布置如图 9-14 所示。

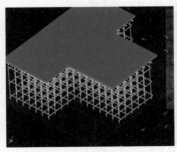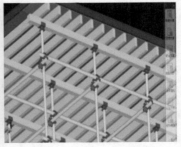

图 9-14

9.1.3.9　人员疏散分析

通过模拟，分析在紧急时刻大厦全体人员经过疏散通道走出大厦所需的时间，确保大厦疏散的安全性。模拟结果显示三层平面通道宽度较小，该层人员众多，不利于行人疏散，建议加宽。人员疏散模拟分析如图 9-15 所示。

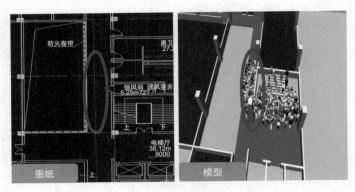

图 9-15

9.1.3.10 模型算量

本项目模型在创建过程中，BIM 工程师就随时利用建模软件本身的功能（"项目浏览器"中"明细表／数量"）来出具材料量，统计各类构件的数量，虽然利用 Revit 软件统计出来的工程量为实物量，并未考虑到算量中的各类扣减规则，但是这些材料表在一定程度上给商务部、物资部提供了数据的参考，并且也辅助 BIM 工程师校验了图纸中构件的数量，以及图纸中的其他绘图问题。Revit 导出的文本类型明细表可以脱离 Revit 软件打开，可以利用 Office 软件进行后期更方便地编辑修改，让材料表统计变得简单。Revit 统计的材料明细表如图 9-16 所示。

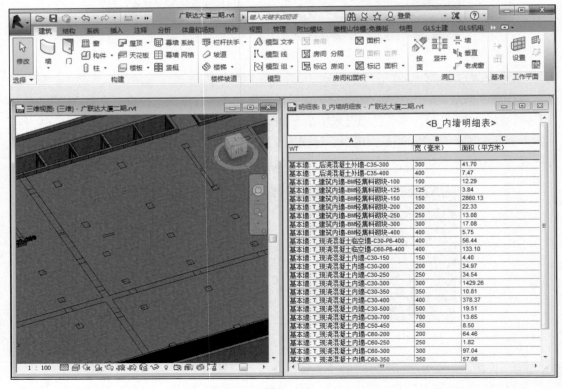

图 9-16

9.1.3.11　4D 进度模拟

基于 BIM 技术的 4D 施工模拟，是将 BIM 模型与项目施工进度计划、成本数据进行有效关联，并对施工组织过程、施工进度计划、施工现场工况进行形象化展示、合理性分析，并以进度为主线提供项目参与各方所需的数据，为管理决策提供支撑的过程。

在施工过程中通过每日实体工作在系统进度中的录入以及系统中进度计划与模型的关联挂接，实现任意时间点现场实时进度的三维动态展示，项目部人员通过三维模型视图实时展示现场实际进度，可以获取任意时间点、时间段工作范围的 BIM 模型直观显示。有利于施工管理人员进行针对性工作安排，真正做到工程进度的动态管理。4D 进度模拟如图 9-17 所示。

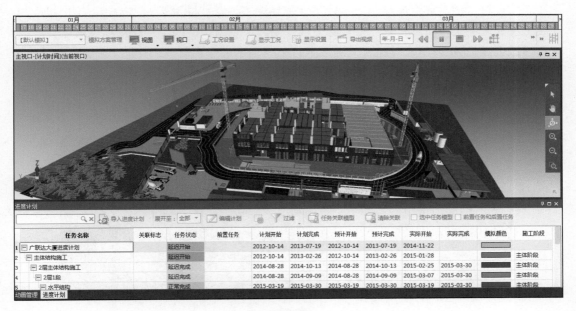

图 9-17

9.1.4　BIM 建模应用效果总结

可视化交底更全面地展现出设计师的设计意图，在模型验证的过程中，将抽象化的理念转换为具体化的模型，以其特有的直观性，降低了理解与设计上的偏差。

通过建立 BIM 模型，分析了影响楼层净空高度的因素，探讨了利用 BIM 技术的模拟优化功能实现楼层装饰完成面净空高度达到 2.45m 的方法，为 BIM 技术的推广应用提供了依据。

通过 BIM 技术深化设计应用，将整个深化设计过程变得更为直观、精确。实施成本和错误率大幅降低，工作效率大幅提升。在应用过程中，结合本项目特点，总结出了集标准规范、协同流程、深化成果实施保障机制为一体的 BIM 技术深化设计模式和管理流程，不但保证了 BIM 技术深化设计的有效实施，而且将甲方、设计、总包和分包等各参与单位的沟通协作统一在 BIM 模型提供的三维平台上进行，为项目部开创了一种全新的技术管理模式，提升了项目部的整体管理水平。

9.2 北京新机场航站区工程项目土建 BIM 应用介绍

9.2.1 项目介绍

9.2.1.1 项目介绍

本项目建筑面积 60 余万平方米（图 9-18），创建完成了包括：建筑、结构、机电、钢结构、幕墙在内的多专业模型，并按照各专业设计变更和新版图纸完成了模型调整和修改工作。该项目土建专业造型复杂，其他专业数量庞大，专业间交叉利用紧张，钢筋绑扎量，混凝土浇注量巨大，质量要求严格，施工难度高，一旦出现拆改，损失将难以估计。

通过创建 BIM 模型，对施工关键技术方案和工艺进行了模拟和验证，增强了技术交底的直观性和准确性，缩短了技术交底的时间，提高了技术方案实施的效率。

在现场管理方面，通过创建施工场地布置模型，模拟在不同施工阶段的场地布置情况，验证了场地布置的合理性，更加便捷地验证了空间高度方向上布置的科学性。

图 9-18

9.2.1.2 项目难点

该项目在建模方面存在以下技术难点：
① 模型创建体量大，结构存在异形梁、弧形墙等异形构件，技术要求高；
② 图纸版本变化多，模型修改量大；
③ 业主方没有 BIM 要求，设计图纸交付延迟情况严重，建模时间短；
④ 需要创建大量标准化族文件和样板文件，对于人员技术要求高。如图 9-19 所示。

9.2.1.3 应用目标

① 利用 BIM 技术进行各专业深化设计及管线综合，形成全专业的深化设计 BIM 模型，并进行综合协调检查，提高深化设计工作的质量和效率，减少设计问题对现场施工的影响；
② 选择较为成熟的基于 BIM 的管理平台，收集整理项目动态信息；
③ 利用 BIM 模型的可模拟性，对复杂施工技术方案、节点、施工工序进行可视化模拟，提高施工技术、安全、质量、进度管理能力；

④ 以自有 BIM 团队为主力，实现项目、集团公司两级的 BIM 应用能力持续增长，增强在施工领域 BIM 技术应用方面的竞争力。

9.2.2　BIM 建模前期策划

9.2.2.1　培养自身 BIM 团队

为建立企业自身 BIM 团队，项目开始之初，就建立了组织机构明确、专业配备齐全的 BIM 小组，并明确通过该项目培养 BIM 人员的目标。目标主要包括建模软件使用能力、模型应用能力、BIM 平台使用能力和利用 BIM 技术分析解决问题的能力。另外，通过专业的培训机构对 BIM 人员进行培训，确保人员取得相关 BIM 资格认证证书，扩大持证人员数量，普及 BIM 技术在项目中的基础应用。

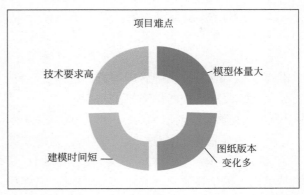

图 9-19

9.2.2.2　部分 BIM 建模分包

本工程建筑体量巨大，建模面积为 60 余万平方米，所含专业复杂，建模工作量巨大。单独依靠企业自有 BIM 人员很难完成此项工作。同时，为了保证建模工作的及时性和准确性，本项目采用了自有人员实施与外包 BIM 咨询业务相结合的方式。自有人员完成 30 万平方米范围内的建模工作，另外 30 万平方米由两家 BIM 咨询单位共同完成。三方采用统一的建模标准和样板文件，工作协同方式为：同专业建模采用中心文件的协同方式，专业间合模采用链接文件的方式。这样既保证同专业建模协同的高效率，又避免了多专业间协同时因为模型体量巨大对设备软硬件带来的压力。

9.2.2.3　BIM 建模策划

土建 BIM 模型根据设计图纸且基于三维建模软件建立梁、板、柱等三维信息模型，为后续机电深化工作提供准确的参照依据。

本工程建模初期制定建模规则、统一坐标原点，便于后期模型整合应用；设定了模型精度目标，建立了模型划分标准、命名及绘制方式等要求，便于后期各项工程量对比分析及多方协同运用；并制定了信息交换标准、信息维护方式、模型深度标准及模型交付标准。

建立了严格的模型自查互查与会签制度，各模型参建人员定期模型交叉检查，查漏补缺，梳理图纸问题，并在交付给其他人员应用时进行模型质量的会签工作，具体围绕模型完整性（是否完整表达图纸），模型合规性（是否符合规范），模型合理性（是否能指导施工）三项指标来检查。本工程在检查期间对夹层板标高、走道位置、电气小间位置、走廊宽度等信息进行调整，为后续工作的开展提供了更好的基础保障。

9.2.3　土建 BIM 模型创建及简单应用

通过 BIM 技术在北京市新机场航站楼核心区及后续新线项目全生命周期内的应用，达到项目所有参与方提高专业服务能力、提升项目品质的目标。

具体实施目标如下。

① 在各施工阶段中实现施工标准化、工厂化应用;

② 基于 BIM 模型进行设计方案的整体展现,充分展示设计意图;基于 BIM 模型构建项目周边的虚拟环境,提高设计方案交流效率;

③ 建设基于 BIM 的三维数据库,开展基于数据库的建设管理(风险管控、施工管理、关键点模拟)应用、设施管理等方面的研究工作,实现施工过程的全过程数据录入、储备,为后期运维及集团技术储备打好基础。

9.2.3.1 土建模型创建

新机场项目地上五层,地下两层,为框架结构,转换层、降板较多。平面面积大,地下结构错综复杂,节点大样种类繁多,比如:基础集水坑、通信电缆基坑、电梯基坑、深浅基坑挡土墙、变截面地梁、变截面梁、隔震垫、土建风道夹层、设备管廊夹层、消防水池等特殊构件大样种类繁多,需要花大量时间核对图纸,给建模带来了相当大的难度与工作量。为此制定了以下相应的建模流程:

① 确定统一的标高、轴网、项目坐标位置,并把标准传递给其他专业建模使用;

② 图纸熟悉与处理,了解待建模型的大概构造、内部构件,对不需要用到的图纸内容进行删除,减小电脑运行负担;

③ 在熟悉图纸后,对项目构件进行整理分类,结合广联达算量软件识别标准,完善建模标准,分发各工作人员熟悉;

④ 根据建模标准创建项目样板,添加模型构件,导入底图;

⑤ 模型创建,根据模型体量、后期算量、展示等需要,讨论后决定结构模型按照现场施工流水段分楼层分区域建模;

⑥ 每周工作任务完成后提交模型给广联达进行审核并提出工程量交预算部门参照,另外整理上交一份图纸问题报告,开一次工作进度汇报会;

⑦ 过程穿插零散任务。场地布置模型,临时设备、材料堆放、通道等按照现场情况创建大致的场地布置模型,并每隔一段时间与现场情况核对更新。

如图 9-20 所示。

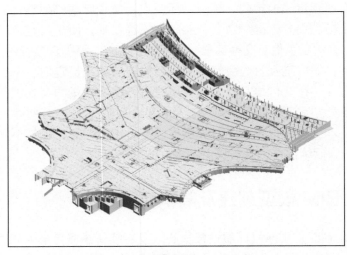

图 9-20

9.2.3.2 土建模型可视化交底

传统的技术交底，是以图纸为背景，在会议上通过语言的描述进行传递，但遇到描述不清楚或无法理解其意思时，只能通过绘制示意图加以辅助说明，所以这样的交底方式，到现场施工时问题还是有很多。所以通过建立 BIM 模型就可以在现场进行可视化的交底，这大大解决了传统方式存在的沟通难、效率低、交底不透彻等问题。

本工程采用 BIM 技术主要展示空间排布及位置关系，通过这种方式进行论证及模拟分析，既让施工作业人员明白施工作业要点和质量标准，也让管理人员掌握过程管理的关键点和验收的质量标准。为本工程提供精准的交底说明，减少返工，节约时间和资源。

在主体施工阶段由于 F2 层步道机没有剖面详图，通过软件对该处位置出图观察发现不满足施工要求，后在设计会议上通过沟通会签将此处梁高加大，并补充了该位置的详图，保证了项目的顺利施工。

针对粗装修专业，通过使用橄榄山快模对二次结构的模拟，为项目避免了很多拆改。例如新机场地下一层有很多机房位列其中，走道空间十分有限，有些管线进入对应小间，机房的高度很低，有时会造成竖向蹭到过梁，竖向与构造柱打架等问题，利用 BIM 技术就很好地规避了此类问题。如图 9-21 所示。

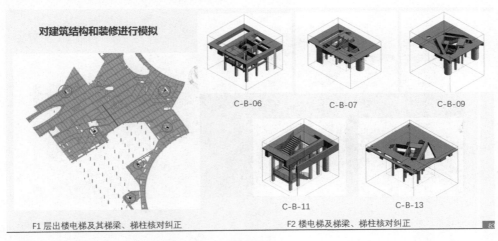

图 9-21

9.2.3.3 模型预留洞口

新机场安装工程存在机电系统复杂、后期机电设计施工图过程调整量大等问题。深化设计涉及 103 个系统，近 50 个专业，各系统覆盖面广，交互点多，协同工作量大，同时土建留洞工作的复杂性也随之提升。

本工程运用 Revit 创建了适用于出图的留洞族，在平面表达上与传统的二维图一致，根据现场提供的开洞规则，添加了相应的词条，表达洞的形式、尺寸、专业、高度。最终通过与洞口配套的标注族在三维模型上进行洞口预留，且通过软件出相关平面图、剖面图、轴侧图并最终经过相关单位和部门审核通过后交付项目部，实现了指导施工的目的。整个建造过程通过 BIM 技术预留洞口及出图大幅提高了预留洞口的准确性，降低洞口预留错误及返工重做的概率，有效节约了材料成本，缩短工期，更加符合国家的严格评选标准。如

图 9-22、图 9-23 所示。

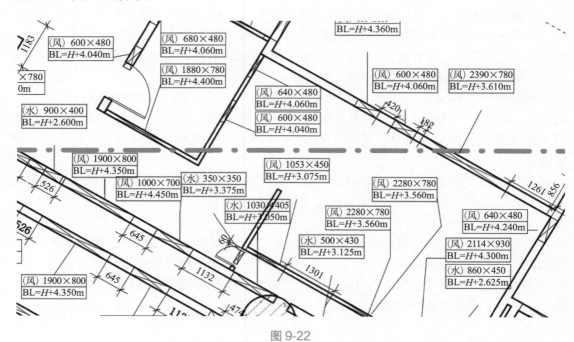

图 9-22

图 9-23

9.2.3.4 隔震支座施工工艺模拟

在隔震支座方面面临施工难度大、复杂及采用新技术、新材料等问题，项目运用 BIM 软件制作施工工艺模拟动画的方式直接表达施工的工艺流程和安装工艺，展示了隔震系统的水平结构施工缝、竖向结构墙体分割，以及各种设备管道、桥架等吸收变形做法等，体现出了很强的专业性和可视化性。这种方式有利于对现场施工技术方案和重点施工方案进行优化，对设计的可行性做出分析和可视化的技术交底，进一步优化施工方案质量，有利于施工人员更加清晰、准确地理解施工方案，避免施工过程中出现错误，从而保证施工进度，提高施工质量。

动画的制作要求必须做到工艺准确，符合实际施工情况，过程中还涉及多个模型、要同时实现相对位置、先后顺序、施工流程的准确性，并按顺序特写分镜各个构件的顺序，进行安装演示，以便更清楚地展示整个施工流程。如图 9-24、图 9-25 所示。

图 9-24

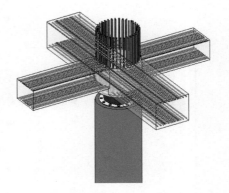

图 9-25

9.2.3.5　二次结构排砖

　　应用广联达 BIM5D 进行三维模拟排砖，其成果真实，可视化，信息化，不仅提高了排砖的效率，而且对排砖的前期工作和施工阶段都起到了良好的作用。具体方法为：土建对二次结构进行深化后，通过链接的方式导入机电模型，并通过规则将墙体开洞，将以上模型通过数据流转导入到 BIM5D 软件中进行排砖。过程中需要现场的技术部人员参与一同设置砌块灰缝、砌筑方式等参数。最终通过软件导出定位图、剖面图及所对应的工程量。减少了工程师二次建模的工程量，大大提高了信息的集成效率，保证了现场实施的准确性。如图 9-26、图 9-27 所示。

9.2.3.6　虚拟样板引路

　　应用 BIM 进行"虚拟样板引路"，对部分样板进行了三维模拟。首先用 BIM 软件按照深化设计和施工方案需求，建立高精度的样板间 BIM 模型，在计算机虚拟空间中表现样板间的效果，利用 BIM 软件的漫游、拍照、渲染等功能，可以检查地砖、墙砖和天花板的排版效果以及房间整体色彩搭配观感。如方案不符合要求，只需修改模型即可，调整至整体效果满足要求，变成施工真实的样板间。

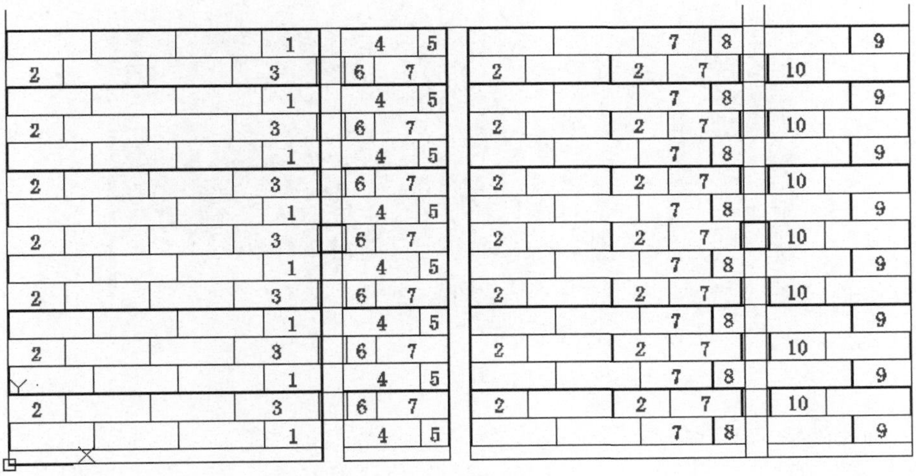

区域-1_屋面层_【Q】_加气混凝土砌块_200_编号752

图 9-26

砌体需用表

砌体类型	标识	材质	规格型号（长×宽×高）	数量/块	体积/m³
主体砖		蒸压砂加气混凝土砌块	600×100×200	76	0.9120
主体砖	1	蒸压砂加气混凝土砌块	410×100×200	8	0.0656
主体砖	2	蒸压砂加气混凝土砌块	400×100×200	21	0.1680
主体砖	3	蒸压砂加气混凝土砌块	590×100×200	7	0.0826
主体砖	4	蒸压砂加气混凝土砌块	540×100×200	8	0.0864
主体砖	5	蒸压砂加气混凝土砌块	200×100×200	8	0.0320
主体砖	6	蒸压砂加气混凝土砌块	206×100×200	7	0.0288
主体砖	7	蒸压砂加气混凝土砌块	510×100×200	22	0.2244
主体砖	8	蒸压砂加气混凝土砌块	230×100×200	8	0.0368
主体砖	9	蒸压砂加气混凝土砌块	416×100×200	8	0.0666
主体砖	10	蒸压砂加气混凝土砌块	390×100×200	7	0.0546

图 9-27

在关键工序进行 VR 体验模拟，通过 BIM 模型和模拟视频对现场施工技术方案和重点施工方案进行优化，对设计可行性进行分析和可视化的技术交底，进一步优化施工方案质量。

在机场钢筋加工区，进行的 VR 虚拟现实模拟，通过对钢筋构件交互查看，实现对钢筋样式的施工交底。通过场景中多媒体解读操作规程，降低工人对文字理解的认知难度，从而加深工人对施工场地的认识。另外，对项目的成本控制和管理起到了重要的作用。如图 9-28 所示。

图 9-28

9.2.3.7 临建及施工场地布置

在场地布置方面，同样也是应用 BIM 进行空间三维布置，负责完成了项目施工过程中场地布置的模型创建（道路布置、机械布置、临时拱棚等），协助项目实现工地临设标准化成果的可视化，后期负责部分基坑阶段 BIM 模型创建、现场平面布置场地模型创建，与施工方进行相关的场地布置沟通，在部分场地还进行了 VR 模拟展示，实现场地布置标准化、便捷快速化，帮助施工人员快速熟悉场地，方便施工。如图 9-29 所示。

图 9-29

在场地布置方面，实现在保证施工顺利进行的前提下尽量少占用施工用地，遵循技术安全和消防的要求，保证各场地的交通方便，场内的运输距离尽可能地缩短。

针对新机场水平运输距离长、需要材料二次搬运等特点，项目通过 BIM 技术辅助规划，在中心位置将一条钢骨混凝土栈桥临时改造成一条运输轨道，通过运输火车来传送材料，大大提高了效率，减少了二次搬运，提高了施工效率。同时由于浇筑作业面的紧张，还模拟了地下室底板的侧模搭接方案，保障了地下底板大体积混凝土浇注施工的进度、安全、质量。如图 9-30 所示。

图 9-30

9.2.3.8　辅助图纸会审

新机场项目由于专业多、系统多、设计单位多等问题，为施工人员深化会审带来了很大的难题。弱电系统更是多达十几个 G 的容量。并且各专业间存在大量的碰撞问题，同时到了施工阶段存在着许多工艺的因素，需要更加全面的思考问题。项目利用深化后的 BIM 模型，使设计与施工的意图尽快地达成一致，并且在一些不规则区域的专业协调问题的解决上，起了非常大的作用。

在土建模型配合机电深化变更内容上包括：夹层板标高调整、走道位置变更、电气小间移位、机房门位置移动、走廊宽度扩增等。在机电模型深化设计过程中，变更内容主要为设计路由变更确认及风管尺寸变更确认两部分。

在项目应用中，结合 BIM 三维特点、软件系统检查功能，及时发现了行李系统维修通道与土建底板冲突，C 形柱生根的钢骨柱处土建有降板标高对应不上及柱端的隔震垫防火构造与附近管线、抗震吊架打架等问题，大大提高了审核效率。在变更方案的同时，相关的工程量及时变化，方便现场管理者与设计师的高效沟通。如图 9-31 所示。

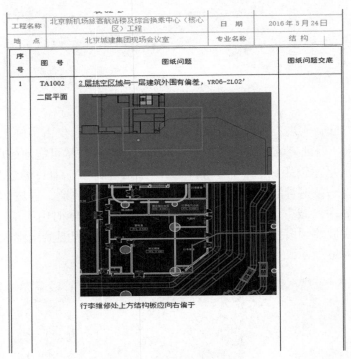

图 9-31

9.2.4　BIM 建模应用效果总结

将 BIM 模型与建造技术相结合，通过创建 BIM 模型，对关键工艺节点和重大施工方案进行模拟，大大增强了工艺做法交底的可视性和准确性，而且缩短了交底的时间，提高了交底信息传递的效率。利用 BIM 技术的可模拟性，在软件中对各类方案的比较分析，减少了以往通过建造缩小比例实体模型的资金、劳动力投入和时间成本，有效地缩短了方案论证的进程，为施工争取到了更多宝贵的时间。

通过本项目的 BIM 建模工作，培养了一批掌握 BIM 建模技术的专业工程技术人员，使他们具有了能够独立解决各类建模问题的能力，提高了他们的建模水平，其中主要包括：系统族文件、参数化族文件、各类样板文件的创建，以及共享参数的传递、中心文件的协同方式和利用 Revit 创建参数化图框族文件和各类标准族文件等。

通过本项目的实践，形成了包括《 BIM 实施方案》、《土建专业建模标准》、《机电专业建模标准》、《模型管理和交付标准》等在内的各项标准化文件和各类技术手册，是对 BIM 技术在具体工程项目中应用的高度总结。这些标准的形成和推广，将对企业应用 BIM 技术的标准化进程产生积极而深远的影响，将减少各项目 BIM 实施的重复工作，统一所有项目的 BIM 实施行为，提高项目应用 BIM 技术的效率，为企业的 BIM 标准的建立提供基础和支撑。

甲方、施工、运维类 BIM 应用案例

9.3　万达 BIM 总发包管理平台应用介绍

9.3.1　背景介绍

基于对房地产未来发展趋势的分析，万达集团从 2014 年开始进行全面转型，商业地产作为万达集团的核心产业，已由重资产向轻资产全面转型。为确保轻资产项目的规模化发展，2015 年万达集团在"总包交钥匙模式"的基础上再次进行创新性变革，引入以 BIM 技术为基础、通过项目信息化集成管理平台进行管理的"BIM 总发包管理模式"，万达是全球首家采用这种模式的企业，这一模式也被誉为全球不动产开发建设史上的一次革命。

9.3.2　平台介绍

9.3.2.1　平台介绍

BIM 总发包管理平台（以下简称 BIM 平台）其核心是万达方、设计总包方、工程总包方、工程监理方在同一平台上对项目实现"管理前置、协调同步、模式统一"的创新性管理模式（图 9-32）。BIM 模式成果，把大量的矛盾（设计与施工、施工与成本、计划与质量）前置解决、注入模型、信息化实施。项目系统过程中的大量矛盾通过 BIM 标准化提前解决，减少争议，大大提高了工作效率。这是管理格局的一次突变和革命。如图 9-32 所示。

BIM 平台经过将近两年的持续研发工作，万达 BIM 总发包管理模式初步形成了模型、插件、制度、平台四大成果。BIM 平台作为其中的一项重要研发成果，为各项成果应用落地提供了平台支撑，在有效承接各项设计成果的同时通过标准化、可视化、信息化的平台应用，进一步提升项目管理能力。

9.3.2.2　平台架构

BIM 平台实现了基于 BIM 模型的

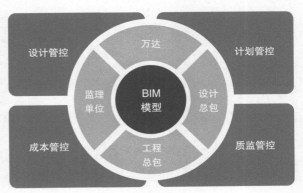

图 9-32

6D 项目管理，将各专业 BIM 模型高效集成的同时，也实现了计划、成本、质量业务信息与三维模型的自动化关联，从而提供更加形象、直观、细致的业务管控能力（图 9-33）。应用过程中，万达方、设计总包、施工总包、监理单位等项目各参与方可以打破公司、区域限制，围绕同一个 6D 信息模型方便地开展设计、计划、成本、质量相关业务工作，实现基于 BIM 模型的多方高效协同和信息共享，是一种创新的工作模式。如图 9-33 所示。

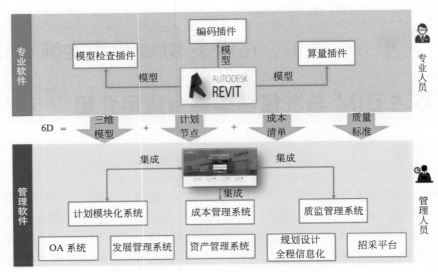

图 9-33

　　BIM 平台对万达现有项目管控体系进行信息化集成，将万达多个业务管理系统有效整合起来，为项目管理人员提供了统一的业务门户，实现了管理流程优化，从而大大提高管理效率，也是对传统项目管理模式的一项变革。

　　BIM 平台采用了混合云的技术架构，实现 6D 模型展现的同时也实现了海量云端数据的快速处理，既提升了平台性能和应用效率，也摆脱了对计算机硬件和专业应用软件的依赖，用户可以通过浏览器、手机方便快捷地访问平台开展业务。如图 9-34 所示。

图 9-34

9.3.2.3　平台特点

从技术架构层面来看，BIM 平台对原来的管理系统没有产生本质的影响。BIM 平台既支持原来的总包交钥匙模式，又支持现在的 BIM 总发包的模式。

万达 BIM 总发包模式是基于设计标准化、带单发展、带单招商和 BIM 模型信息化自动算量，并通过工程总包合同签订的两个阶段《总承包年度合作协议》和《总承包单项合同》，实现真正的"包成本、包工期、包质量"的一种万达特有的发包模式。

BIM 总发包管理模式开创了围绕三维模型进行项目全过程管理的先河，BIM 平台作为 BIM 总发包管理模式的基础与核心，在平台上用户的业务和管理工作可直接基于三维模型开展，各种业务信息可与模型自动化关联，实现了基于 BIM 模型的高效协同和信息共享，是一种创新的工作模式。

9.3.3　平台主要功能介绍

9.3.3.1　平台首页

筑云平台为项目管理人员提供了统一的业务门户，其中包含：用户待办事项的统一管理、用户月计划管理、重要的公告通知和其他业务系统（设计、计划、质监、成本）的快速通道，提高了工作的管理效率。平台还提供了多语言和移动端版本，使万达四方打通壁垒无阻碍访问筑云平台协同开展业务。如图 9-35 所示。

图 9-35

9.3.3.2　设计管控

BIM 平台可帮助用户实现多项目管理，提供基于云端的标准化、规范化、结构化的文件管理，解决了传统模式下文档共享、传输过程中存在的效率低、协同困难、版本混乱等问题；此外用户无需安装专业软件，可直接通过浏览器查看多专业的集成模型，形象直观获取多维建筑模型信息，实现基于模型的项目建设全过程监控。如图 9-36、图 9-37 所示。

9.3.3.3　计划管控

计划管理部分，是以 BIM 模型为载体，通过万达标准编码体系，将计划节点与模型关联，实现了计划管理工作可视化。用户在平台上基于三维模型可直观查阅整个项目 200 多个计划节点的模型分布，同时可以在平台上模拟整个施工建造过程，从而快速预判进度风险，做到事前策划和管控，预先采取规避措施，最大程度降低风险成本。如图 9-38 所示。

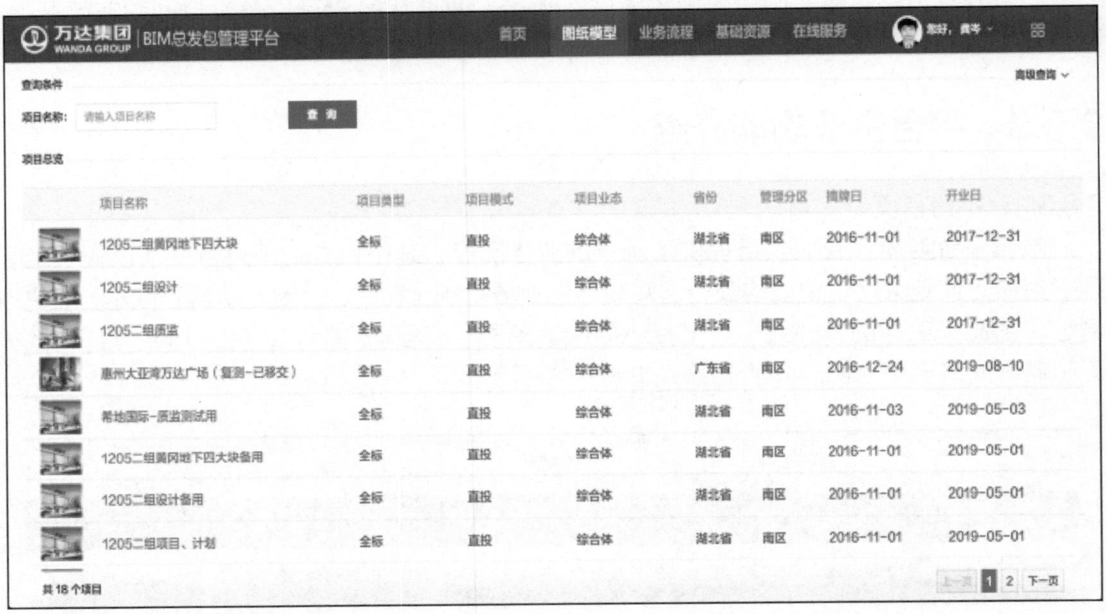

图 9-36

图 9-37

9.3.3.4　成本管控

成本管理部分，基于 BIM 模型的精确算量，实现了建造成本管理形象化、直观化，可以实时获取模型成本数据信息，分析建造过程的动态成本，实现成本的有效控制。在发生变更后，平台通过对各版本的模型和成本数据的管理，为用户提供了变更版本与原始版本的模型差异及工程量对比的展示，方便用户及时洞察成本异常状况，控制变更。如图 9-39 所示。

图 9-38

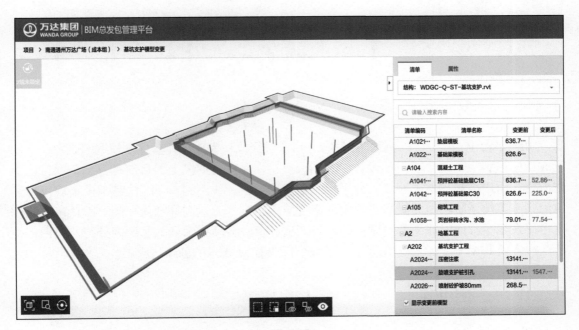

图 9-39

9.3.3.5　质监管控

质量管理部分，主要利用 BIM 技术，规范了质量管理流程，使质量管理工作有据可依，标准统一，实现了质量管理工作的可视化、可量化。首先，将验收标准植入 BIM 模型，使质监中心、项目公司、工程总包、监理单位等各参与方对工程实体进行检查验收时，做到标准统一；其次，基于模型信息预设了 27 类质量检查点（每个项目的数量 6000 左右），不但给业主方提供了透明的管理依据，而且业务人员在开展项目质监工作之前就能直观了解工作重点，避免检查部位和检查内容漏项，各检查单位的质监工作也实现了量化考核。同时所有检查工作结果及隐患整改情况会在模型上实时显示，用户可及时、直观跟踪项目质量。除此之外还支持移动端实时拍照、隐患记录和多方跟踪的技术手段。如图 9-40 所示。

图 9-40

9.3.4　阶段应用成果

BIM 平台于 2017 年 1 月份正式发布，目前已经成功完成十几套标准模型的研发，它们已成功应用到了十几个项目的设计、施工阶段；平台应用规模上，目前有百余个项目已上线应用，用户数量已达 1 万多人；平台应用成果上，上线不到 1 年，已有十多个项目持续应用到施工建造阶段，尤其质量管理的深度应用得到了万达内外部用户的一致认可。此外平台研发至今，研发成果得到国内外同行高度评价，多项技术填补了国内外行业空白，也已获得多项 BIM 知识产权，积极推动了整个行业 BIM 技术的创新与应用。

9.3.5　经验回顾

（以下内容摘自：公众号 < 万达 BIM 官微 > 文章：【管理动向】助力 BIM 研发落地万

达中区项目管理中心探索 BIM 总发包管理模式）

回顾 BIM 技术过去的推广经验，在万达中区项目系统推广初期，在分析了本系统 BIM 应用现状后，针对项目实际情况，推出了多项提升措施，树立 BIM 应用标杆项目，积极配合集团 BIM 总发包研发工作，培养 BIM 总发包试点项目，在 BIM 应用实践中稳步前行！

（1）群策群力，分析 BIM 应用现状。

中区项目系统在 2014 年初便提出《项目经营策划书》管理理念，要求《经营策划书》在"设计管控方案"中增加 BIM 设计专篇，明确设计团队、设计范围、实操计划。然而在 BIM 实际应用中仍存在诸多问题，主要体现在：

① 专业知识欠缺　项目公司、总包单位虽然设置了 BIM 专业工程师或引入外委 BIM 团队，但大多数为 BIM 软件建模人员，缺乏实际设计、施工实际经验，BIM 模型对施工指导意义有限。

② 设计生产脱节　个别项目 BIM 应用和项目施工两条线，"先施工、后 BIM"，照搬照抄他人成果，不能对号入座，设计与生产脱节。

③ 思想重视不足　个别项目"讨价还价"、"伸手要钱"，忽略 BIM 对减少拆改、成本节约、工效提高的积极意义。

④ 应用范围有限　现阶段大部分项目仅将 BIM 设计应用于"机电管线综合"，而机电与结构、机电与内外装结合不够，应用管理层面深度不足。

（2）多管齐下，夯实 BIM 运用基础。

针对 BIM 技术应用中存在的问题，中区项目中心建立了以"推总包、抓培训、抓管理、树标杆"为核心的 BIM 技术应用推广思路，并从 2016 年 2 月份起全面实施，狠抓落实。

① 推总包　充分调动总包积极性，发挥总包在交钥匙中的作用。2016 年 2 月份伊始，项目中心先后 6 次与中建一局、2 次与中建二局在集团反复修正 BIM 应用方案，确保对号入座；同时，在烟台开发区、昆山项目与中建二局局领导召开"总包交钥匙与 BIM 应用落地"现场会，明确了"总包牵头，兼顾分包"的 BIM 应用推广思路。

② 抓培训　开展多层级的"BIM 总发包"培训。项目中心组织各局万达事业部、项目公司、项目经理部、监理公司人员分别于 2 月、4 月份进行了"BIM 总发包管理集中专项培训"，累计参训 170 人次。

③ 抓管理　月度视频会推进 BIM 应用进度。通过每月初总包交钥匙项目月度述职会，梳理项目 BIM 设计、应用进度，分享实际操作过程中的经验，解答项目困惑。

④ 树标杆　2015 年 11 月份，中区项目中心、商业地产计划管理部、质监中心，中建各局组成联合巡检小组，对中区 14 个总包交钥匙项目，从项目经营、计划管控、实体质量、BIM 应用四大方面进行了巡检评比，选出 BIM 应用优秀单位——烟台开发区项目，并于 2016 年 3 月 18 日举行了"总包交钥匙 BIM 观摩大会"。

（3）培养试点，确保 BIM 总发包落地。

集团将 BIM 总发包研发成果的第一个试点项目选在了中区南通通州轻资产项目，它的启动标志着集团"BIM 总发包模式"由科技研发阶段进入到成果应用阶段，其试点成果将为 2017 年"BIM 总发包模式"全面推广奠定基础。中区项目中心高度重视，从"建体系、抓落实、勤复盘"三个方面，全力推进集团 BIM 总发包试运行。

① 找准定位，明确试点目标（表 9-2）。

表 9-2

试点牵头部门	试点内容
集团 BIM 工作站	族库、编码、插件、标准、平台、标准模型
项目管理中心	规范操作流程 确定组织架构 计划模块、成本目标管控 安全、质量监管
项目公司	项目设计模型变量、设计条件反馈 设计总包、施工总包、监理各方协调组织

② 建立专职团队，做好体系保障。

③ 整合资源，做好技术保障。

系统内：中区项目中心将选拔 BIM 专职人员，对试点项目培训，组织试点项目学习，确保项目掌握集团 6DBIM 技术应用。系统外：指导设计总包、工程总包、监理单位提前介入 BIM 建模、校模工作，确保步调一致。

④ 例会、复盘，纠偏。

中区项目中心将通过组织周例会、现场交底会以及阶段复盘会：收集项目 BIM 试运行中的问题，总结阶段经验，协调项目推进中问题。在模型校对、信息录入阶段牵头组织现场指导、答疑解惑，保证试点项目进度、质量、效果。如图 9-41 所示。

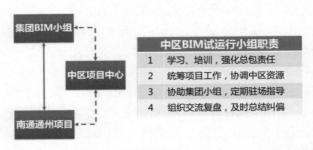

图 9-41

9.4　北京新机场航站区工程项目 BIM 应用介绍

9.4.1　项目介绍

9.4.1.1　项目介绍

北京新机场航站区工程项目，以航站楼为核心，由多个配套项目共同组成的大型建筑综合体，总建筑面积约 143 万平方米，属于国家重点工程。其中，航站楼及换乘中心核心区工程建筑面积约 60 万平方米，为现浇钢筋混凝土框架结构。结构超长超大，造型变化多样，施工人员众多，对施工技术与管理的要求较高，需引进新技术协助项目施工。项目效果图如图 9-42 所示。

图 9-42

9.4.1.2　项目难点

本工程具有结构超长超大；中心区钢连桥跨度大；隔震系统将上下混凝土结构分开，节点处理非常复杂；钢结构的竖向支撑柱形式多样；钢网架屋面结构跨度大；机电系统复杂，深化设计工作量大等技术难点。具体难点如图 9-43 所示。

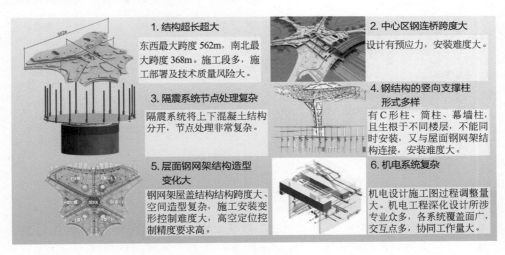

图 9-43

9.4.1.3　应用目标

为了配合集团公司 BIM 技术推广应用的总体规划，在本项目 BIM 技术应用中，要实现两个目的，第一，解决项目本身管理过程中的问题；第二，验证和积累 BIM 应用方法，为后续的类似项目应用提供经验。在此之前，集团已经在多个房建项目上进行了 BIM 应用，对于房建项目的建模方法、建模标准、项目应用方法等已经有一定的积累。这些积累成果是否都可以在机场项目上应用？机场项目的 BIM 应用还有哪些特殊的要求？为了实现上述目的，本项目应用中确定了如下四个目标。

① 项目技术管理目标：根据项目特点进行施工部署和技术质量控制、制定技术方案和进行技术交底时注意项目中的难点细节、多造型钢结构的精准安装、项目协同管理及现场施工管理等问题。

② BIM 人才培养：建模人才、BIM5D 平台应用人才。

③ BIM 应用方法总结与验证：BIM 建模标准的优化、项目部各管理岗利用 BIM5D 进行项目管理的方法总结。

④ 新技术应用的探索：GNSS 全球卫星定位系统、三维数字扫描、测量机器人及 MetroIn 三维测量系统、大跨度钢网架构件物流管理系统。

9.4.2　BIM 应用方案

9.4.2.1　BIM 应用内容

针对以上项目难点和 BIM 应用目标，本工程在项目管理、方案模拟、商务管理、动态管理、预制加工和深化设计等六大方面应用了 BIM 技术，具体内容如图 9-44 所示。

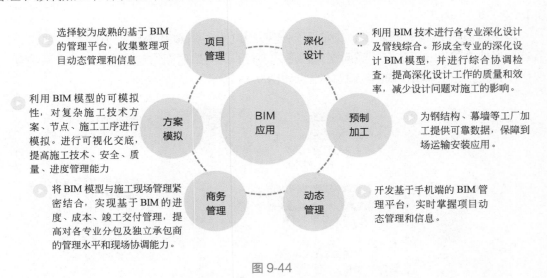

图 9-44

9.4.2.2　BIM 应用策划

在 BIM 实施前期，制定相关技术标准，包括《BIM 模型管理标准》、《BIM 技术应用实施方案》、《土建模型标准指南》、《BIM 建模工作流程》、《机电建模标准指南》、《机电三维深化设计方案》等。

（1）模型分区方案　本工程 BIM 建模和 BIM 实施采取项目部自施与 BIM 业务分包相结合的方式。主要的 BIM 业务分工按施工区域分为四块，即 AL 区、BL 区、AR 区、BR 区。各分区及负责单位如图 9-45 所示。

（2）咨询服务方案　广联达负责协助项目部进行模型验收，并对原有的建模标准提出改进意见，现场实施服务，培训项目部各相关岗位利用 BIM5D 进行现场

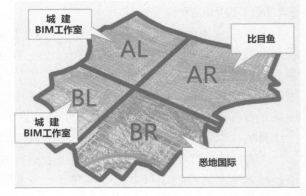

图 9-45

管理。

北京比目鱼工程咨询有限公司负责 AR 区全专业建模，CCDI 悉地国际负责 BR 区全专业建模，并对原有的建模标准提出改进意见。

（3）BIM 组织结构 本工程组建了以项目经理为主管领导，以 BIM 主管为核心的 BIM 团队，负责制定了 BIM 总体实施方针，为本项目 BIM 实施工作奠定了扎实的基础。如图 9-46 所示。

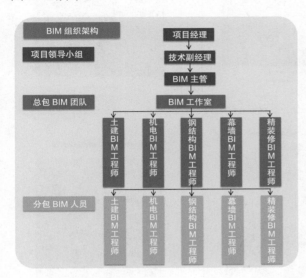

图 9-46

（4）BIM 管理制度 本工程建立了包括：BIM 工作管理方案、文件会签制度、BIM 例会制度、质量管理体系在内的四项管理制度，以保证本工程 BIM 技术的有效实施。如图 9-47 所示。

图 9-47

（5）BIM 标准及规范 本工程在 BIM 实施之初，就编写了一整套完整的 BIM 技术应用标准化文件，其中包括：工作规范、建模标准、应用标准和交付标准，为本工程 BIM 技术的实施创建了统一且可行的技术标准。如图 9-48 所示。

图 9-48

（6）BIM 应用环境　本工程采用的 BIM 软件工具主要包括：Revit、Navisworks、Magicad、AutoCAD、3D MAX、Lumion、Fuzor。软件平台主要包括：广联达 BIM5D 和广联达 GCL。硬件类主要包括：塔式工作站、移动工作站和移动终端。如图 9-49 所示。

9.4.3　BIM 综合应用

9.4.3.1　基坑工程 BIM 技术应用

本工程土方开挖量大，且桩基工程质量要求高、工期短，现场地质条件复杂，为了能够最大限度提升管理效能，保证施工质量，减少人工浪费，本项目利用 BIM 技术通过创建土方模型、桩基模型，对各类施工方案进行模拟分析，并通过研发桩基精细化管理平台，对基坑工程进行高效率精细化的管控，达到了良好的效果。

（1）BIM 模型创建　本工程根据勘测报告与地质文件建立地表模型及土层模型，进行地质条件的模拟和分析。按照项目土方开挖方案和技术文件，建立土方开挖的 BIM 模型，进行土方开挖工差算量和分析。共计创建了 1300 根护坡桩模型及其节点做法，将现场 8275 根基础桩按真实尺寸反映在了基坑总体模型中，并导入到桩基精细化管理平台中对桩基施工进行高效的精细化管理。如图 9-50 所示。

图 9-49

| 地表模型 | 土方模型 | 边坡模型 | 桩基模型 |

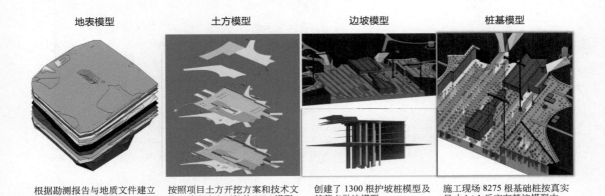

根据勘测报告与地质文件建立地表模型及土层模型。　按照项目土方开挖方案和技术文件，建立土方开挖的 BIM 模型。　创建了 1300 根护坡桩模型及其节点做法模型。　施工现场 8275 根基础桩按真实尺寸 1∶1 反应在基坑模型中。

图 9-50

（2）BIM 方案模拟　根据施工需要，对关键施工工艺和施工流程进行 BIM 模拟演示，以验证施工方案和技术措施的可实施性，提高技术交底的可行性。如图 9-51 所示。

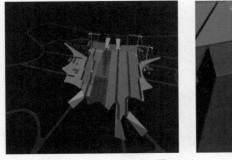

图 9-51

（3）BIM 桩基精细化管理

① 桩基进度控制　通过对桩基每区段、每桩、每工序的施工进展实时监控，可以实现按照总体进展、各区段进展、各工序、各队伍的进展进行分析。并且在模型平台中，构件

施工完成状态均以不同的颜色显示，快捷直观地展示出各个部位的施工进展情况。并附有实际和计划工程量对比图，实时掌握工程量变化情况。如图 9-52 所示。

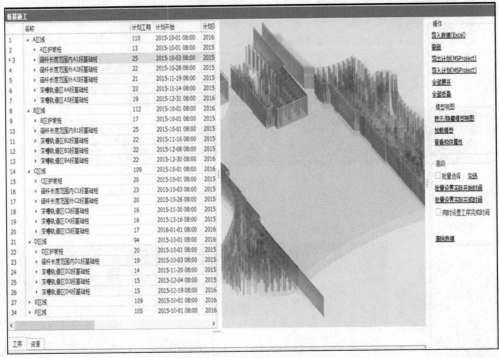

图 9-52

② 移动端管理平台　本项目通过移动端平台，即时发布桩基施工进展情况和施工偏差检查结果，第一时间通报偏差责任单位，实现管理高效性和记录准确性。并可对比计划与实际情况，以及工序完成情况。如图 9-53 所示。

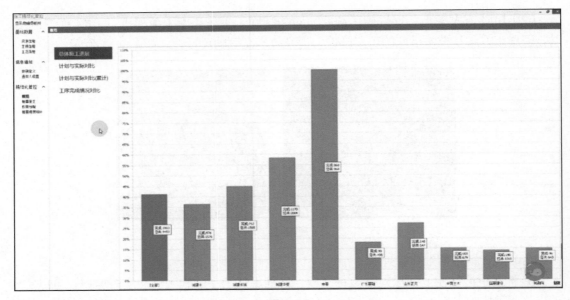

图 9-53

（4）BIM 土方开挖控制　本项目土方开挖量 270 万立方米，区域内标高变化多，由于留设的马道以及在雨雪天时敷设渣土，为商务部门准确地统计工程量带来了巨大的挑战。本项目将三维激光扫描数据与 BIM 模型对比，可快速计算出土方施工差，指导现场做出相应的施工调整。如图 9-54 所示。

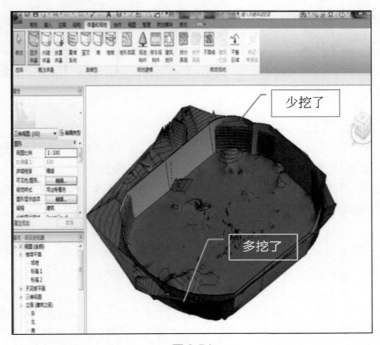

图 9-54

本项目采用激光扫描仪对基坑进行三位数字化扫描，并将形成的点云文件通过 Realworks 软件转换后，与按照设计图纸创建的基坑模型进行比对校验，可以快速直观准确地发现现场土方开挖的差值，及时调整开挖工作，有效避免重复作业。如图 9-55 所示。

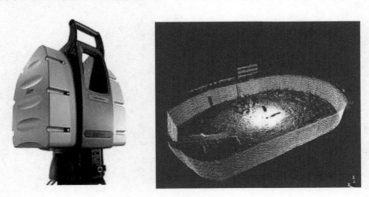

图 9-55

本项目采用全站仪对基坑进行水平角、垂直角、距离、高差测量。一次安置仪器就可完成全部测量工作，且操作简单，还可有效避免读数误差的产生，大大提高了测量工作的精度和效率。采用该项技术，仅用两人就完成了全场区的测量工作。如图 9-56 所示。

图 9-56

9.4.3.2 结构工程 BIM 技术应用

本工程主体结构具有体量庞大，工艺节点多样复杂，抗震层面积巨大等特点，应用 BIM 技术对重要的施工工艺节点进行模拟，对其做法和方案进行优化，减少建造实体模型的费用，节约施工时间，增强技术交底的准确性和可视化程度。同时，应用 BIM 技术对大型临时钢栈道等关键措施进行模拟建造，对最终的决策起到了至关重要的作用。

（1）劲性结构工艺做法模拟　本工程劲性钢结构具有体量大、分布广、种类多、结构复杂等几方面特点。劲性钢结构用量达 1 万余吨，与混凝土结构大直径钢筋错综复杂连接。

在正式施工前，土建专业和钢结构专业深化设计人员利用 BIM 技术，将所有劲性钢结构和钢筋进行放样模拟，确定钢筋在钢骨周边的排布、与钢骨的连接方式，在钢结构加工阶段完成钢骨开孔和钢筋连接器焊接工作，并与结构设计师密切沟通，形成完善的深化设计方案指导现场施工。如图 9-57 所示。

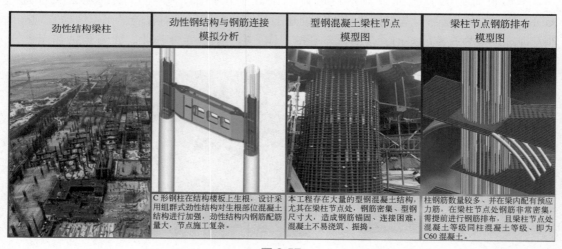

图 9-57

（2）临时钢栈道施工模拟　本工程首次将钢栈道应用在超大平面的建筑工程中，以解决深槽区中间部位塔吊吊次不足等现实性问题。栈道的结构设计、使用方式、位置选择是钢栈道工程的难点，要在最大限度满足日后需求的前提下，优化设计、节约材料是体现钢栈道经济性的关键。

　　在东西方向的后浇带部位设置两道通长钢栈桥，打通东西料场的大通道，北侧栈道总长度约 546m，南侧栈道总长度约 369m。钢栈道采用支撑格构塔架及钢管柱门式架组成支撑系统，支撑结构上部为支撑梁系统。支撑柱梁顶部设置 4 道通长的 H 形钢梁，梁上安设花纹板钢平台、轨道梁和物料运输车，钢栈道打通东西大通道。作为新的运输通道，两端设置装料平台。栈道采用轨道式无线遥控运输车，在桥面铺设标准轨道及道岔，采用轨道运输车倒运材料，形成了施工现场新的运输格局，以满足物料倒运的各项需求。如图 9-58 所示。

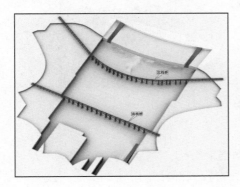

图 9-58

　　临时钢栈道的设计和施工费用预计约为 1000 余万元，本着节约成本、优质建造的原则，钢栈道在方案策划和设计的过程中充分利用 BIM 技术进行方案的比选，对钢栈桥的生根形式、支撑体系、构件选择以及货运小车在运行中的受力情况进行了详细的模拟和验算。方案模拟为最终的决策起到了至关重要的作用。如图 9-59 所示。

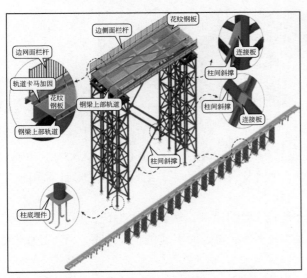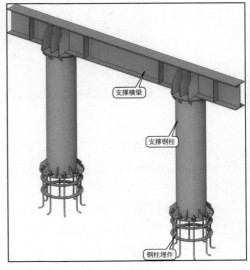

图 9-59

　　（3）隔震支座施工模拟　本工程建成后将成为世界上最大的单体隔震建筑，共计使用隔震橡胶支座 1124 套，弹性滑板支座 108 套，黏滞阻尼器 144 套，如此超大面积超大规模使用超大直径隔震橡胶支座和弹性滑板支座在国内外尚属首次。

通过建立 BIM 模型，对隔震支座近 20 道工序进行施工模拟，增强技术交底的可视性和准确性，提高现场施工人员对施工节点的理解程度，缩短工序交底的时间。如图 9-60 所示。

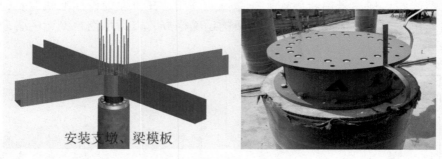

图 9-60

9.4.3.3 钢结构工程 BIM 技术应用

航站楼核心屋盖为不规则自由曲面空间网格钢结构，建筑投影面积约 18 万平方米。钢构件主要采用圆钢管，节点为焊接球，部分受力较大部分采用铸钢节点。屋盖网架杆件总数量约 63450 根，球节点约 12300 个。图 9-61 为钢结构 BIM 模型展示。

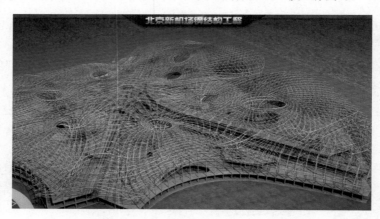

图 9-61

（1）施工方案模拟 本工程利用专业软件 MST、Xsteel、AutoCAD、ANSYS、SAP、MIDAS、3D MAX 建立空间模型，进行节点建模及有限元计算、结构整体变形计算和施工过程模拟。

利用 BIM 技术根据现场实际工况进行施工过程的模拟，做到技术先行，提前发觉并预防施工过程中存在的各种问题，杜绝因设计、考虑不周到而引起的返工现象，节约施工成本，提高施工效率。如图 9-62 所示。

（2）物流管理系统 针对屋盖钢结构杆件 63450 根，焊接球 12300 个的管理，研究基于 BIM 模型与物联网的钢结构预制装配技术，将 BIM 模型、激光三维扫描、视频监控等与物联网传感器等集成应用智能虚拟安装技术和系统，开发 APP 应用移动平台，实现利

用物联网技术进行分类、统计、分析、处理，实现可在 BIM 模型里面显示构件状态。如
图 9-63 ～图 9-65 所示。

图 9-62

图 9-63

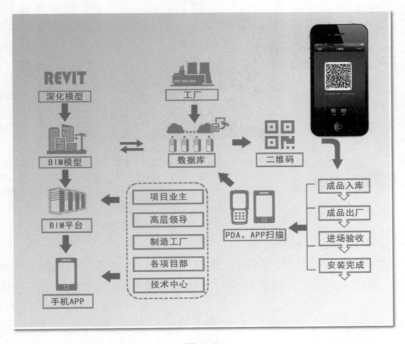

图 9-64

影像资料　　　　模型快照　　　　实时进度

记录生产全过程中　　　构件到场及安装进度　　实时显示各阶段构件数量
各类影像资料　　　　在模型中清晰展现

图 9-65

（3）三维扫描与放样机器人结合使用　在复杂的施工环境下，利用先进的测量设备：测量机器人、智能全站仪、GPS 及电子水准仪，建立优于 3mm 的高精度三维工程控制网，为空间异形钢结构安装提供了控制依据。如图 9-66 所示。

数据导入移动端　　　　　　放样机器人　　　　　　　形成点云文件

首次采用基于测量机器人及 Metroln 三维测量系统的精密空间放样测设技术，实现了大型复杂钢结构施工快速、准确的空间放样测设。

采用三维激光扫描技术，对构件拼装、安装的空间形态进行实时检测，为消除安装偏差、卸载后天窗结构拼装、安装施工提供依据，实现了偏差的预控和提前消除。

图 9-66

9.4.3.4　机电安装工程 BIM 技术应用

本项目机电专业实现了利用 BIM 技术进行深化设计，并通过创建族文件和各类样板文件及共享参数，利用 Revit 软件直接出图，大大减少了出图工作量，提高了深化设计的协同效率。

建立了由"模型创建"、"初步深化设计"、"完成深化设计"到最终"正式出图"的完整深化设计体系，并首次将施工区域管理人员纳入深化设计团队，对各级进行深化设计成果进行质量验收，并签字确认，确保各阶段深化设计成果可以满足施工工艺和工序的要求。

（1）深化设计，创建系统族文件　机电专业系统共计 110 余个。各类构件的连接方式多样，根据设计图纸说明和实际工艺要求，创建机电专业建模所需的各类能够满足现行施工工艺标准的系统族文件，保证模型创建的标准化，并实现利用 BIM 模型直接出图后可以满足施工工艺的要求。如图 9-67 所示。

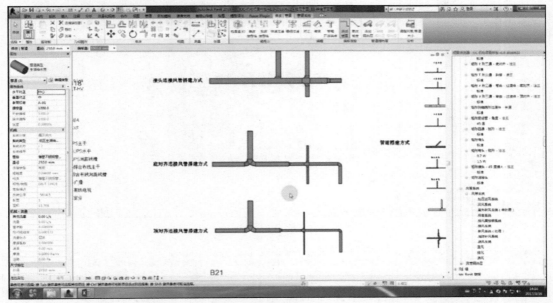

图 9-67

（2）Revit 模型直接出图　按照制定好的出图流程，通过导入制作好的图纸标准样板文件和共享参数，实现利用 Revit 软件直接出图，并保证了出图成果的统一性和准确性。

对图纸的大样图、剖面图、轴侧图建立统一的视图样板文件并进行编号划分，显示标准要求，使各类图纸相互关联，便于团队协同和施工查找。

设计图纸经设计人员和现场施工区域负责人双方签字确认后，才可正式提交设计方审核，以保证图纸可以同时满足设计和施工标准的要求。如图 9-68 所示。

（3）二次结构留洞图　通过创建洞口标注族文件，可以在 Revit 中对二次结构洞口自动生成标注，其内容包括：所在机电系统名称、洞口外形尺寸、洞口标高（可按照系统需求自动标注底部标高或中心标高）等。大大减少了以往需要在 CAD 图纸中手动标注的工作量，并且避免了人为失误导致的标注错误的发生，极大地提高了标注的准确性和统一性。如图 9-69 所示。

9.4.3.5　BIM5D 综合管理应用

BIM5D 基于云平台共享，PC 端、网页端、移动端协同应用，以 BIM 平台为核心，集成土建、钢筋、机电、钢构、幕墙等全专业模型，并以集成模型为载体，关联施工过程中的进度、成本、质量、安全、图纸、物料等信息。利用 BIM 模型的形象直观、可计算分析的特性，为项目的进度、成本管控、物料管理等提供数据支撑，协助管理人员有效决策和精细管理，从而达到项目无纸化办公、减少施工变更、缩短工期、控制成本、提升质量的目的。如图 9-70 所示。

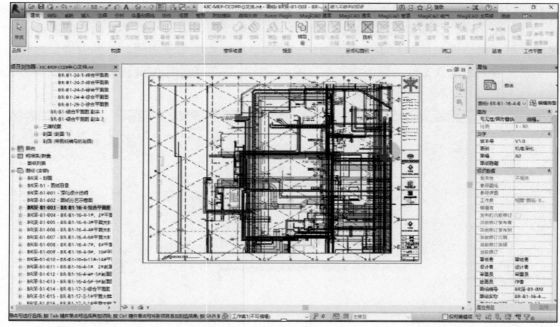

图 9-68

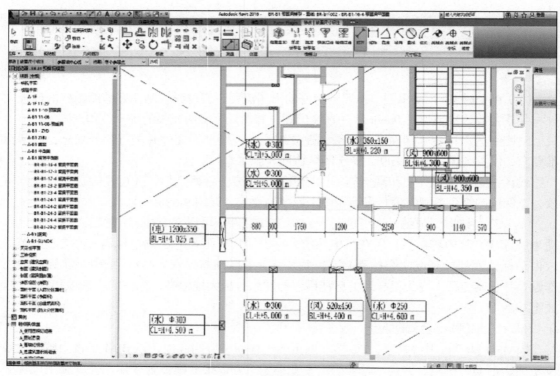

图 9-69

（1）进度管理　本工程通过基于 BIM 模型的流水段管理，对现场施工进度、各类构件完成情况进行数据管理。最后通过将模型与进度计划相关联，实现对施工进度的精细化管理，并可进行资金、资源曲线分析。如图 9-71 所示。

图 9-70

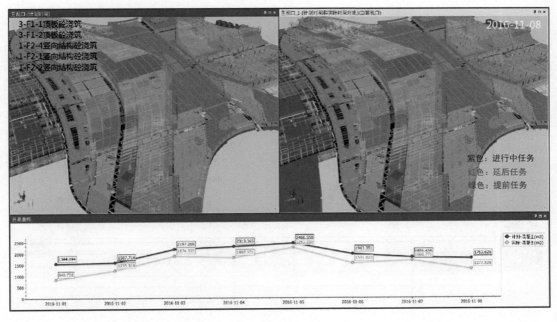

图 9-71

（2）商务管理　Revit 模型通过 GFC 接口导入算量软件，直接生成算量模型，避免重复建模，大大提高各专业算量效率。将模型直接导入到 BIM5D 平台，软件会根据所选的条件，自动生成土建专业和机电专业的物资计划需求表，提交物资采购部门进行采购。如

图 9-72 所示。

图 9-72

（3）质量管理　本项目在质量管理方面，主要依托于移动端采集数据，将问题在 BIM 模型上直接定位，设定问题责任单位和整改期限，输入文本信息，上传手机拍照图片，下发和查看整改通知单，整改状态实时跟踪，实现质量问题追踪复查的快捷方便。

除此之外，在移动端上还可以查看轻量化的模型，实现现场巡检虚拟模型与真实模型的精确对比。如图 9-73 所示。

图 9-73

9.4.4　BIM 应用效果总结

本工程利用 BIM 技术对超大超长结构工程临时运输钢栈道进行建模、方案布置模拟及方案比选，快速高效地解决了钢栈道的结构设计、使用方式、位置选择等技术难点，解决了深槽区无法用塔吊进行物料运输的难题，最终优化设计、节约材料，降低投资费用，保证物料运输的高效完成。

利用 BIM 技术对隔震支座进行建模，并对近 20 道施工工序进行模拟，更加直观地检验工序设置的科学性和合理性，缩短技术交底的时间，保证施工工序统一性和施工质量。

在钢结构工程中，利用 BIM 技术进行施工方案模拟，并将 BIM 技术与三维扫描、物联网相结合，解决了钢结构施工部署和技术方案的确定、物料加工情况的跟踪及到场安装进度的实时检查等技术难题，提高了钢结构工程管控的精细化程度和管理效能。

利用 BIM 技术进行机电系统深化设计，并通过创建各类族文件，实现二次洞口标注自动生成，使二次结构洞口标注工作量减少 80% 以上；利用 Revit 软件直接出图，使出图时间缩短 70% 以上；在正式施工前，发现机电专业图纸问题及管线碰撞，使问题解决的时间缩短 60% 以上；通过合理化管线排布，提高机电专业施工效率 10%～15%。

利用 BIM5D 管理平台，对项目的技术、进度、质量、安全进行管理，将管理信息传递效率提高 15%～20%，决策效率提升 10% 以上；通过 BIM5D 平台基于模型直接生成标准化物资提取单，打印后由物资人员直接签字确认即可生效，减少物资人员手动填写表格的工作量，物资提料所用时间减少 15%～20%。

明确数据使用需求。在创建模型之前，首先明确模型数据使用需求，并根据需求建立模型创建标准，以保证模型一次创建完成而不进行二次修改或重建。

利用好 Revit 族文件。通过将各类洞口、标注、图框和目录制作成参数化的族，可以大大减少出图的重复性操作和人为错误的发生，并且提高出图文件的标准化、统一化程度。通过视图样板文件和共享参数的建立和传递，可以提高多方协同作业的效率，并保证其标准的一致性，在由众多参与方进行协同工作的深化设计中，可以发挥出 BIM 技术在协同方面的更大价值。

9.5 广联达信息大厦项目 BIM 智慧运维应用介绍

9.5.1 智能运维介绍

9.5.1.1 行业现状

近年来，BIM 技术在国内建筑行业得到了广泛的应用，特别是设计、施工阶段，BIM 技术的使用得到了包括业主、设计院、施工总包在内的项目各参与方的一致肯定，产生了巨大的经济效益。但 BIM 技术的价值并不仅仅局限于建筑的设计与施工阶段，在运营维护阶段，BIM 同样能产生极其巨大的价值。

已有相当多的研究表明，在整个建筑生命周期中，维护管理的部分占其整个生命周期的 83%，在运营维护阶段，充分发挥利用 BIM 的价值，不但可以提高运营维护的效率和质量，而且可以降低运营维护费用，基于 BIM 的空间资产管理、设备设施管理、能源管理等功能，实现在可视化、智能化、数据精准化等方面都大大优于传统的运维软件。互联网、物联网 +BIM+FM 建筑模型等新技术的集成应用将是智慧运维的必然趋势。

9.5.1.2　智慧运维

智慧运维是以信息化技术为依托，以业务规范化为基础，以精细化流程控制为手段，运用科学的方法对客户的业务流程进行研究分析，寻找控制重点并进行有效的优化、重组和控制，实现质量、成本、进度、服务总体最优的精细化管理，以降低客户的运营成本、提高客户运营效率及收益，最终实现专业化、精细化、集约化、智能化、定制化的高效运维。

9.5.1.3　现阶段运维存在的问题

运维人员投入大，知识传递周期长，业务经验需要时间积累；服务水平与能力评定缺乏精确的数据支撑，缺乏标准化评测手段，服务品质较大依赖于个人能力和责任心；管理模式较为粗放，工作业绩考核以计件制和主管抽检为主，管理成本高，颗粒度粗。

在日常运维中，人工巡检、现场抄表效率较低，占用大量人力资本；报警、报事响应不够及时，业务环节流转不畅，影响服务体验，甚至造成严重损失；建筑用能、安保、应急处置等运行过程中的事务，缺乏快速、科学的管理工具，往往事倍功半，增加运行成本，却没有提高满意度。

各类资产的运行收益未达到最大化，既有资产未得到充分保护；机电设备数量及关联复杂度增加，人工管控方式响应慢，技术能力要求高，不能保证设备运行效果；设备维护未得到较好的执行，缩短设备使用寿命，造成资产浪费；空间资产使用缺乏数据支撑，布局策略较多依赖经验。

9.5.2　项目介绍

广联达信息大厦位于海淀区中关村软件园二期，占地面积 10042m²，总建筑面积 30504m²，建筑总高度 24m，建筑共 8 层，地上 6 层，建筑面积 18578m²，地下 2 层，建筑面积 11926m²。主要用于公司办公及软件研发，可容纳 1200 人办公。该项目建设标准较高，在质量安全方面获得"北京市结构长城杯金奖"、"北京市建筑长城杯"在节能环保方面获得"美国 LEED 认证"。2014 年建成投入并投入使用。

9.5.3　实施目标及方案

9.5.3.1　实施目标

（1）集中管理　对各子系统进行全局化的集中统一式监视和管理，将各集成子系统的信息统一存储、显示和管理在智能化集成统一平台上。准确、全面地反映各子系统运行状态，当某些事件发生后，系统中多个控制系统做出反应，具体体现在子系统的联动上。如：安防联动、消防联动、主要设备突发故障的全系统联动。

（2）分散控制　各子系统进行分散式控制，保持各子系统的相对独立性。协调各控制系统的运行状态，需要能够同时与实时获取不同控制系统的各种运行数据，同时实时地对不同系统进行状态控制以分离故障、分散风险、便于管理。

（3）系统联动　以各集成子系统的状态参数为基础，实现各子系统之间的相关联动。当入侵报警、火警、重要设备故障等发生后，系统要做相应的动作。如非法闯入发生时，监控中心报警并自动连续切换画面以跟踪报警目标；如火灾发生时，监控中心报警并自动切换现场视频对现场进行实时监测，协助判断火情；启动紧急预案，保证人群能正确及时地疏散。

（4）优化运行　在各集成子系统的良好运行基础之上，快速准确地满足用户需求以提高服务质量，增加设备控制、无人值守台、自动远程报警等功能，通过集成将楼宇主要耗能设备进行智能化联动控制，实现节能环保。

9.5.3.2　实施流程

项目实施流程主要包括以下六个阶段内容，流程如图 9-74 所示。

（1）项目准备　这部分的工作包括项目团队组建，进行售前咨询、项目交接，实施准备与实施规划。

（2）系统调研与设计　这一阶段主要是完成业务和分析，系统设计，并制定相关的建模标准、数据编码方案以及智能化系统建设方案。

（3）系统建设　本阶段主要是进行智能化系统建设，并按业务需求分析设计进行系统研发，按建模标准进行模型建立及集成，按编码完成相关数据准备及在模型中进行点位绑定。在系统研发完成后，进行系统、模型、数据、IBMS 等的集成测试，为系统试运行做准备。

（4）系统上线　将集成测试完成的系统进行部署，进行基础数据录入或导入到系统中，设置系统运行参数和业务流程。制定上线步骤和上线计划，对用户进行操作培训，进行系统试运行，检验系统和系统完善。

（5）系统交付验收　系统试运行完成后，进行系统上线运行，并对系统实施进行总结，对系统进行验收。

（6）售后服务支持　系统交付验收后，进入售后服务。免费售后服务期按合同约定执行，在免费服务到期后，应与客户签订售后服务合同。

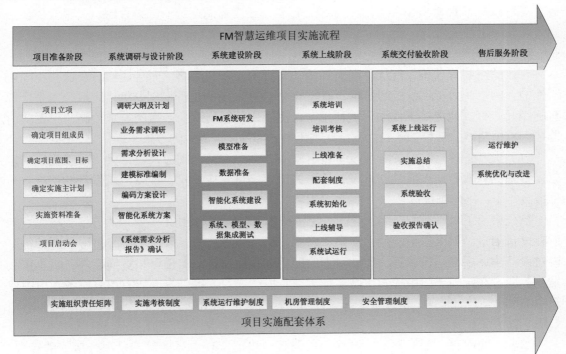

图 9-74

9.5.3.3 实施架构

如图 9-75 所示。

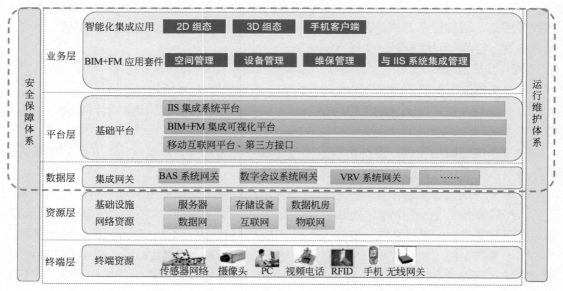

图 9-75

9.5.4 实施内容及成果

搭建一个统一的运维管理平台，通过标准的技术协议和接口实现对各个子系统进行集成，并可以基于 BIM+FM 数据实现系统 / 设备安全生命周期统一维护管控、工单管控及空间管理等应用系统功能，最终满足运维管理的相应需求。

9.5.4.1 空间管理

有效的空间管理不仅能优化空间和相关资产的实际利用率，而且还能对在这些空间中工作的人的生产力产生积极的影响。通过 BIM 模型对空间进行规划分析，可以合理整合现有的空间，有效地提高工作场所的利用率，提供战略规划改变，空间需求预测，租赁实时监控，数据精准分析等，达到提高空间利用率，降低运营成本的效果。

（1）资产管理　常规的纸质设备资料繁多，文档资料翻阅起来数量大、难查找、难定位，资源的有效时间迫使浪费；设备故障的历史信息无从查找，难以判断设备健康度、预估报废年限、维修难度高。

系统集成了对设备的搜索、查阅、定位功能。通过点击 BIM 模型中的设备，可以查阅所有设备信息，如供应商、使用期限、联系电话、维护情况、所在位置等；该管理系统可以对设备生命周期进行管理，比如对寿命即将到期的设备及时预警和更换配件，防止事故发生；通过在管理界面中搜索设备名称，或者描述字段，可以查询所有相应设备在虚拟建筑中的准确定位；管理人员或者领导可以随时利用三维 BIM 模型，进行建筑设备实时浏览。如图 9-76 所示。

（2）空间库存　能实现对本地房产的管理，也能实现对异地甚至是海外房产的管理。既能实现对自有房产的管理，也能实现对租赁房产的管理。实现空间布局、功能区域划分、空间现状可视化。

图 9-76

　　通过 BIM 模型可视化空间布局情况，查询办公室内空间使用情况，工位规划摆放是否合理、空间利用是否到位。如图 9-77 所示。

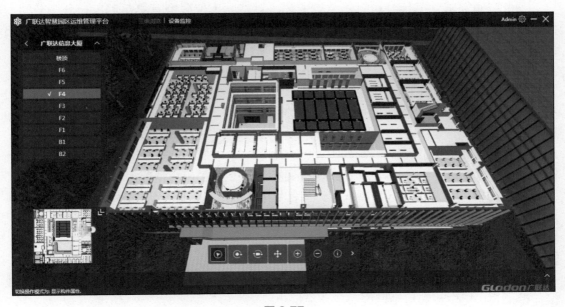

图 9-77

　　二三维一体化可视查询，可按功能区／使用部门展示空间占用情况，如占用房间数量、空置房间数量、工位信息、使用面积、公摊面积、人员数量，相关空间使用信息等。辅助空间管理人员和空间规划人员进行合理分配及规划，提高工作效率。如图 9-78 所示。

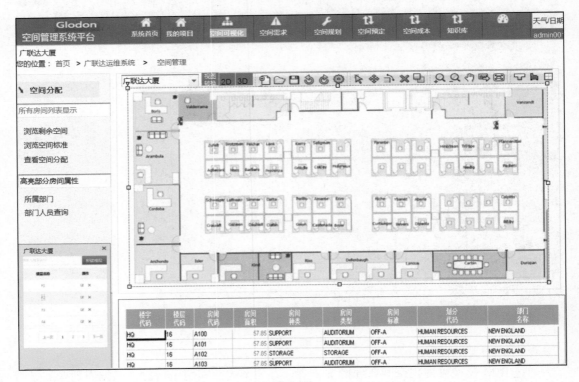

图 9-78

（3）空间需求　每年公司组织结构变化；对空间工位调整有更新需求；分子公司业务扩张或者其他变动，工位需求变化；空间扩充，配置需求等，需要对未来空间需求做出预测。

系统规范空间需求管理流程，由一级部门或分子公司填报需求单提交空间需求申请，管理员统筹分析、合理制定空间分配方案，行政经理进行最终方案的审批。通过一系列信息流转，关键节点流程管控，提升空间需求管理效率、避免空余资源的浪费。如图 9-79 所示。

（4）租赁管理　空间租赁涉及相关管理部门、人员较多，职责不清。房屋状态变化频繁，数据信息更新不及时。需要可视化直观展示机动空间的出租情况。

通过 BIM 模型呈现园区房屋状态，及租赁相关的信息管理，包括对租户能耗使用及费用情况的管理，与移动终端相结合，商户的活动情况、促销信息、位置、评价可以直接推送给终端客户。如图 9-80 所示。

9.5.4.2　设备设施管理

可视化呈现各类指标信息总览，实时掌握建筑物各类设备设施运行情况，并进行大数据分析预测，提供智慧运维调度和应急模拟手段，实现智能调节，及时排障，建立科学运维管理机制。

对建筑内消防、安防、设备、环境、能耗等进行集中的可视化管理，分楼层、专业对设备运行状态进行实时监测和控制，实现各系统间联动，保证建筑安全、低碳运行。如图 9-81 所示。

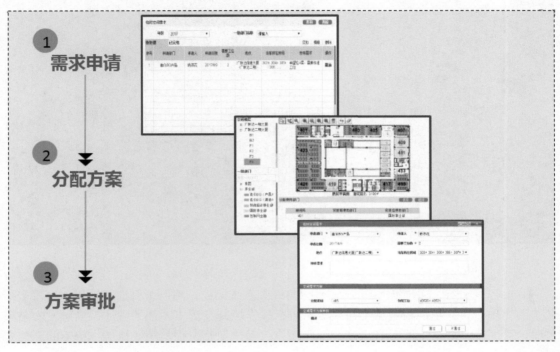

图 9-79

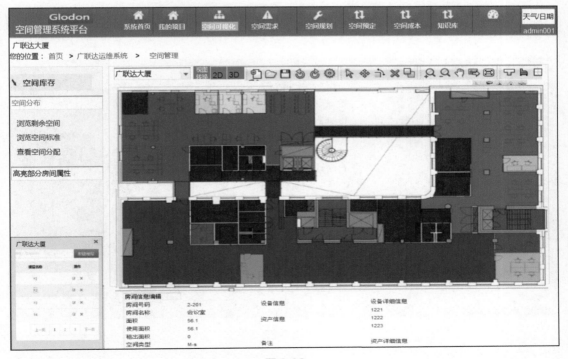

图 9-80

图 9-81

（1）智能安防 通过 BIM 可视化平台与视频系统集成，不但可以清楚地显示出每个摄像头的物理位置，也能在模型上对摄像头进行操作控制及历史图像的回放，当触发安防事件时，可同一个屏幕上同时显示多个视频信息，通过视频识别与图像追踪，可不间断锁定目标，并在 BIM 模型上记录轨迹。

虚拟周边安防：当外物非法入侵时，第一时间跟踪并锁定到入侵位置，通过 BIM 模型调动周围多个视频监控，能更直观看到现场情况，为安保人员提供更准确信息。如图 9-82、图 9-83 所示。

图 9-82

门禁系统管理：与原门禁系统对接，对门禁信息读取、处理并在 BIM 模型上显示各门禁点的位置，实时监测门禁电控锁的开启状态，在处于长时间开启或异常开启状态时，发出报警提示，同时报警点与周边视频系统联动，清晰了解现场情况，帮助安保人员快速决策。如图 9-83 所示。

图 9-83

（2）智能消防　通过 BIM 可视化平台与消防系统数据集成，对消防系统报警点实时监测，并在模型上显示各报警故障点的位置，发出报警信息提示，消防管理人员根据报警点与其附近视频联动，清晰可见报警现场情况。如图 9-84 所示。

图 9-84

（3）空调系统　通过 BIM 可视化平台与空调系统集成，可清晰直观地反映每台设备、每条管路、每个阀门的情况。根据应用系统的特点分级、分层次或是聚焦在某个楼层或平面局部，也可以定位到某些设备信息，进行有针对性的分析，可以清楚地了解系统风量和水量的平衡情况、各个出风口的开启状况。当与环境温度相结合时，可以根据现场情况直接进行风量、水量调节，从而达到调整效果实时可见。在进行管路维修时，运维人员通过 BIM 模型可以清楚地查询各条管路的情况，为维修提供了极大的便利。如图 9-85、图 9-86 所示。

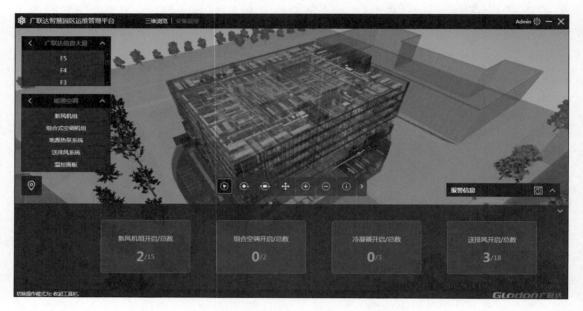

图 9-85

图 9-86

（4）电梯运行管理　通过 BIM 可视化平台与电梯系统集成，可以在 BIM 模型上清晰地显示每部电梯在建筑的空间位置及其运行状态。其内容包括：电梯上下行运行状态监测、电梯运行速度的监测、电梯停驻楼层的监测、电梯轿厢的开启、关闭状态监测、电梯轿厢内照明系统监测、电梯轿厢内视频图像的监测。运维人员可以清楚直观地看到电梯的使用状况，通过对人行动路线、人流量的分析，可以帮助管理者更好地对电梯系统的运行进行调整。如图 9-87 所示。

图 9-87

（5）给排水系统　通过 BIM 运维平台不但可以清楚显示建筑内水系统位置信息，还能对水平衡进行有效判断，通过对整体管网数据的分析，可以迅速找到渗漏点，及时维修，减少浪费。如图 9-88 所示。

（6）环境监控管理　通过 BIM 实现可视化管理，对建筑物内的温湿度、二氧化碳浓度、一氧化碳浓度、空气洁净度等环境数据进行监测，将超过标准值的监测点位进行筛选，及时调整设备开启状态，使环境舒适度达到最优效果。如图 9-89 所示。

（7）故障报警管理　通过 BIM 可视化平台与建筑物设备数据集成，当设备发生故障发出报警时，不但能快速定位故障设备的物理位置，还能清晰地反映出设备故障原因，运维人员根据故障原因，快速生成工单，提高维修人员维修效率。如图 9-90、图 9-91 所示。

（8）APP 应用　通过 BIM 可视化平台与设备数据集成，当设备触发故障报警时，经过系统或管理人员判断，生成工单，工单生成后，由系统自动或管理员分配，下发至维修人员。维修工程师通过 APP 接收工单并执行维修任务。

运维人员还可以通过 APP 执行巡检任务，执行人在指定时间和规定的路线内进行巡检操作，大大提高了巡检的真实性，保证了巡检的实效性。

在设备信息初次录入 BIM 运维系统时，系统自动生成设备二维码，在运维人员巡检时通过扫描二维码确定设备的运行状态，如发现设备故障，亦可扫描二维码进行报修。如图 9-92 所示。

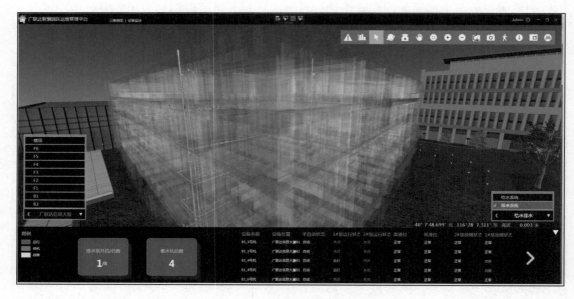

图 9-88

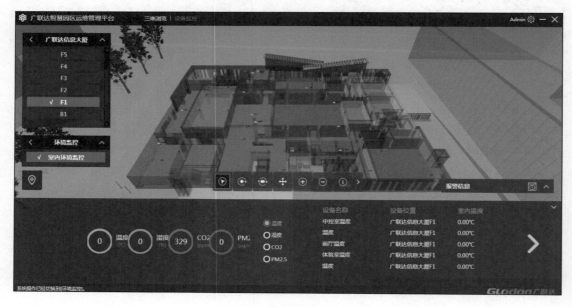

图 9-89

（9）统计报表　系统通过对 BIM 模型信息和运维中产生和采集的数据进行分析，（如故障分析处理统计表、设备资产统计表、设备损毁分析表、备件情况表、维修费用统计表、空间利用情况统计表），可以提供各类信息的查询，并提供统计报告，为资源盘查、配件采购、财务预算等提供数据参考。

（10）能耗管理　建筑能耗管理往往是建筑运营阶段的重要工作，此项目通过 BIM 模型与能耗设备集成，对用能设备进行能耗监测、能耗分析、用能优化，极大地提高了办公环境质量，降低了能耗使用。如图 9-93 所示。

图 9-90

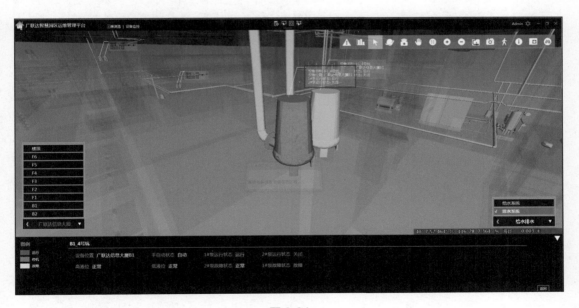

图 9-91

数据采集以秒为周期，实时监测能耗数据，通过 BIM 平台各系统用能一目了然。通过 BIM 平台，设定设备能耗范围值，实时监督能耗使用情况，提前预警，超出报警。如图 9-94 所示。

对各类能耗数据，横向、纵向对比分析，找出高能耗、低能效、浪费或不合理的相关设备或区域，通过对能耗的分析，实时控制、增减、优化设备运行，实现节约用能。如图 9-95 所示。

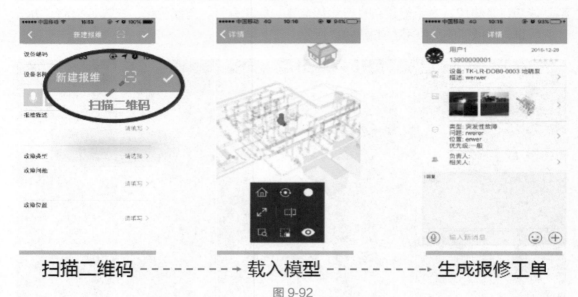

扫描二维码 - - - - - - - → 载入模型 - - - - - - - → 生成报修工单

图 9-92

图 9-93

9.5.5 BIM 运维应用总结

通过上述案例得出 BIM 运维的四大特征，并可以在项目应用过程中不断地产生实用价值。

（1）专业化管理　BIM+FM 运维提供策略性规划、财务与预算管理、不动产管理、空间规划管理、设备设施管理、能源管理等多方面内容，需要专业的知识和管理，需要大量专业人才参与。

（2）精细化管理　设施管理致力于资源能源的集约利用，通过流程优化、空间规划、能源管理等服务对客户的资源能源实现集约化的经营和管理，以降低客户的运营成本、提高收益，最终实现提高客户营运能力的目标。

（3）智能化管理　设施管理充分利用现代技术，通过高效的传输网络，实现智能化服务与管理。设施管理智能化的具体体现是智能家居、智能办公、智能安防系统、智能能源管理系统、智能物业管理维护系统、智能信息服务系统等。

（4）定制化管理　每个公司都是不同的，专业的设施管理提供商根据客户的业务流程、工作模式、经营目标，以及存在的问题和需求，为客户量身定做设施管理方案，合理组织空间流程，提高物业价值，最终实现客户的经营目标。

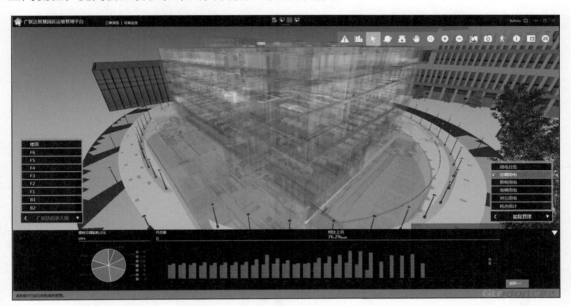

图 9-94

图 9-95

附录 Revit 常用快捷键

建模常用快捷键		编辑修改常用快捷键	
命令	快捷键	命令	快捷键
墙	WA	图元属性	PP 或 Ctrl+1
门	DR	删除	DE
窗	WN	移动	MV
放置构件	CM	复制	CO
房间	RM	旋转	RO
房间标记	RT	阵列	AR
轴线	GR	镜像 - 拾取轴	MM
文字	TX	创建组	GP
对齐标注	DI	锁定位置	PP
标高	LL	解锁位置	UP
高程点标注	EL	匹配对象类型	MA
绘制参照平面	RP	线处理	LW
模型线	LI	填色	PT
按类别标记	TG	拆分区域	SF
详图线	DL	对齐	AL
		拆分图元	SL
		修建 / 延伸	TR
		偏移	OF
		在整个项目中选择全部实例	SA

捕捉替代常用快捷键		视图控制常用快捷键	
命令	快捷键	命令	快捷键
捕捉远距离对象	SR	区域放大	ZR
象限点	SQ	缩放配置	ZF
垂足	SP	动态视图	F8 或 Shift+W
最近点	SN	线框显示模式	WF
中点	SM	隐藏线显示模式	HL
交点	SI	带边框着色显示模式	SD
端点	SE	细线显示模式	TL
中心	SC	视图图元属性	VP
捕捉到云点	PC	可见性图形	VV/VG
点	SX	临时隐藏图元	HH
工作平面网络	SW	临时隔离图元	HI
切点	ST	临时隐藏类别	HC
关闭替换	SS	临时隔离类别	IC
形状闭合	SZ	重设临时隐藏	HR
关闭捕捉	SO	隐藏图元	EH
		隐藏类别	VH
		取消隐藏图元	EU
		取消隐藏类别	VU
		切换显示隐藏图元模式	RH
		渲染	RR
		视图窗口平铺	WT
		视图窗口层叠	WC

参考文献

［1］ 朱溢镕 . BIM 建模基础与应用 . 北京：化学工业出版社，2017.

［2］ 朱溢镕 . BIM 算量一图一练 . 北京：化学工业出版社，2016.